인간의 얼굴을 한 과학

인간의 얼굴을 한 과학

융합 시대의 과학 문화

홍성욱

서울대학교출판문화원

Science with a Human Face

Scientific Culture in the Age of Fusion

Sungook Hong

Seoul National University Press

책머리에

우리나라 교육과학기술부는 과학 발전을 위한 인프라 구축의 일환으로 과학 문화의 창달을 핵심적인 사업으로 추진하고 있다. 과학문화재단(2008년 5월부터 '과학창의재단'으로 개명)이 사용하는 예산이 매년 몇백 억에 이르고, 청소년과 주부를 대상으로 하는 전국 규모의 과학 문화 행사가 끊임없이 개최될 정도로 정부의 후원을 받는 과학 문화 활동은 광범위하다. 그렇지만 '과학 문화'가 무엇인가를 학문적으로 명확하게 정의하기는 쉽지 않다. 일례로 과학 문화를 영어로 번역하기 어렵다는 것은 여러 사람에 의해서 지적이 되었는데, 사이언스 컬처(science culture), 사이언스 애즈 컬처(science as culture), 사이언티픽 컬처(scientific culture), 컬처럴 사이언스(cultural science)와 같은 표현 중 어느 것도 우리가 사용하는 과학 문화에 대응하는 용어라고 딱 잘라 말하기 힘들다. 영미권에서는 '대중의 과학 이해(PUS: public understanding of science)'가 우리의 과학 문화와 가장 흡사하지만, 캐나다에서는 '대중의 과학 인식(public awareness of science)'이라는 표현이 선호된다. 프랑스 어권에서는 '과학 문화(culture scientifique)'라는 표현이 쓰인다. 그렇지만 우리와 같은 한자권 국가인 일본에서는 과학 문화라는 말 대신에 '사이언스 커뮤니케이션(science communication)'을 선호하고 있으며, 중국에서도 과학 문화가 우리와는 상당히 다른 뜻으로 사용된다.

과학 문화라는 개념이 학문적으로 조금 생소해도 '문화로서의 과학'에 대해서는 논의할 수 있다. 이 책은 문화로서의 과학이 가지는 여러 가지 '얼굴'을 분석한 책이다. 이 책의 목적은 문화로서의 과학이 갖는 지금의 다양한 얼굴이 만들어진 과정을 역사적·사회학적·철학적으로 분석하고, 이러한 분석에 기반하여 과학에 대해서 조금은 새로운 이해와 통찰을 얻으려는 데에 있다. 이를 위해서 이 책의 1장에서 8장까지는 인문학, 예술, 건축, 언어, 젠더, 법, 인권, 과학(박물)관이라는 여덟 가지 주제와 과학의 관계를 각각 한 장에 걸쳐서 다뤘다. 마지막 9장에서는 과학과 기술, 과학과 언론, 과학과 신과학이라는 세 가지 주제를 분석하면서, 과학과 비과학의 경계를 어떻게 그릴 수 있는가를 모색했다.

이렇게 과학이 다른 지식이나 활동과 갖는 접점과 상호 작용을 논하면서 필자는 '과학과 예술이 만나야 한다', '과학과 문학이 접점을 가져야 한다'는 당위론적인 주장은 되도록 피하려고 노력했다. 대신 필자는 '우리가 몰랐던 방식으로 과학과 예술이 어떻게 만나왔으며 어디서 만나고 있는가', '과학과 문학의 접점은 어떤 것인가'를 질문하고 이에 대한 답을 드러내려고 했다. 우선 과학이 자신의 범주 밖에 존재하는 다양한 지식이나 활동과 맺고 있는 접점과 상호 작용을 잘 보여주는 것이 미래를 위한 과학 문화의 더 의미 있는 비전을 모색하는 데 도움이 된다고 생각했기 때문이다. C. P. 스노우가 지적했던 '두 문화(two cultures)'의 간극이 중요하지 않아서가 아니라, 이 간극을 좁히기 위해서라도 실제로 이러한 간극을 좁히려고 애썼던 사람들의 노력을 드러내는 것이 중요하다고 본 것이다.

문화로서의 과학의 다양한 특성을 이해하기 위해서 우리는 과학에 대해서 상식적으로 잘 알려진 이미지를 잠시 잊어야 한다. 즉 과학을 추상적 지식 체계로 간주하면 과학이 다른 지식과 달리 높은 수준의 합리성, 보편성, 객관성을 가지고 있다는 사실을 강조할 수 있지만, 이런 추상적 지식 체계로서의 과학이 다른 인간의 활동이나 지식과 다양하게 연관된다는 점을 상상하기는 쉽지 않다. 이 경우 과학과 다른 분야 사이의 상호 작용은 과학 지식의 단순화된 형태의 응용이나 과학 지식의 왜곡이라는 식으로 묘사되기 쉽다. 실제로 과학 전공자 중에는 사회의 각 분야에서 이루어지는 과학에 대한 논의가 과학의 전문적인 내용을 충분히 반영하지 못한 채로 이루어진다고 생각하는 사람들이 있다. 그러나 과학을 다른 문화와 마찬가지로 하나의 문화적 표현 체계로 생각한다면, 우리는 과학과 다른 문화의 상호 작용을 지식의 전파, 단순화, 왜곡이 아니라, 두 문화의 다양한 구성 요소들 사이에 존재하는 풍성한 꿔 주기, 빌려 가기, 독창적으로 해석하기, 뿌리내리기의 과정으로 이해할 수 있다. 이 책에서는 과학을 지식의 체계가 아니라 이성과 감정을 가진 과학자들이, 구체적인 사회문화적 맥락 속에서 수행하는 인간의 활동으로 간주할 것이다. 여기서는 과학을 문화와는 무관한 대상으로 정의한 뒤에 이 둘 사이의 교류를 논하기보다는, 과학을 하나의 문화 체계로 보면서 다른 문화들과 과학이 얽혀 있는 양상을 그려볼 것이다.

지금부터 약 10년 전에 『생산력과 문화로서의 과학 기술』(1999년)을 낸 뒤에 다음 기획으로 '문화로서의 과학'과 '생산력으로서의 테크노사이언스(technoscience)'에 대한 책을 한 권씩 준비하겠다고 생각했다. 이 계획은 몇 가지 예상하지 못했던 이유 때문에 틀어졌다. 그중 하나는 필자가 2003년에 토론토 대학교에서 서울대학교로 적을 옮기고 서울대학교의 '과학사 및 과학철학 협동과정'의 운영을 맡으면서 예상치 않았던 일들이 늘어났기 때문이며, 또 다른 하나는 우리나라의 학자들 중 일부가 '사회구성주의' 또는 '구성주의' 과학기술학(STS:

Science and Technology Studies)을 너무 극단적으로 해석하는 경향을 보였고 그 결과 과학에 대해 왜곡된 이미지가 확산되었기 때문이었다. 필자는 사회구성주의를 우리나라에 일찍 소개했다는 데에 약간의 책임감도 느꼈지만, 그보다도 과학이 인간의 여타 다른 지식과 아무런 차이가 없다는 식의 극단적인 구성주의는 과학을 철학적·역사적·사회학적으로 연구하는 과학기술학의 입지를 좁힌다고 생각해서, 문화나 생산력으로서의 과학보다 이 문제를 먼저 다루어야겠다고 생각하게 되었다. 이러한 문제의식을 가지고 집필한 책이 『과학은 얼마나』(2004년)였다.

『과학은 얼마나』를 탈고할 무렵부터 문화로서의 과학을 본격적으로 다루기 시작했다. 2004년에 과학문화연구센터의 연구비를 받아서 '과학과 예술'에 대해 연구를 했고, 2005년에는 경제인문사회연구회에서 '인문학과 과학 기술'의 관련에 대한 연구를 할 기회를 얻었다. 2005년 가을에는 대학에서 '과학박물관'에 대해 실습을 곁들인 세미나 수업을 진행함으로써 이 주제에 대해서도 분석할 수 있었다. 2004년부터 과학의 문화적 측면을 들여다볼 수 있는 원고 청탁이나 강연을 틈틈이 수락함으로써, 과학과 언어, 과학과 법, 과학과 건축, 과학과 인권, 과학과 언론, 과학과 신과학 등에 대해서도 부분부분 개괄할 수 있었다.

이번 책을 집필하면서 예전의 원고 모두를 상당 부분 보완하고 수정을 가했으며, 과학과 젠더에 대한 장은 새롭게 집필했다. 물론 과학과 종교의 관계처럼 문화로서의 과학에 대한 논의에 꼭 들어가야 할 주제가 빠져 있긴 하지만(과학과 종교의 문제는 책 한 권의 분량으로 따로 다루어야 한다고 생각했기에 이번 기획에서는 제외했다), 여러 가지 주제에 대한 고민의 결과가 축적되면서 이를 모아서 출간하면 독자들에게 문화로서의 과학에 대한 새로운 문제의식을 던져줄 수 있겠다는 생각이 들었다. 서울대학교 미술대학의 김정희 선생님은 2장 '과학과 예술'

에 대해, 법과대학의 조국 선생님은 6장 '과학과 법'에 대해 귀중한 논평을 해주셨다. 두 선생님께 이 자리를 빌려 감사의 인사를 드린다.

예전에는 탈고를 할 때 기분이 좋았다. 책의 내용과 독자의 반응에 대해서도 두려움보다는 자신감이 더 컸다. 그런데 지금은 걱정과 우려가 더 크다. 왜 자신의 책을 '졸저'라고 부르는지 충분히 공감이 간다. 그렇지만 문화로서의 과학이 갖는 다양한 측면에 대한 논의를 유발하고, 또 과학기술학(STS)에 대한 우리 학계의 관심을 불러일으키는데 이 책이 작은 기여를 했으면 하는 소박한 마음으로 부족한 책을 세상에 선보인다.

2008년 12월
홍성욱

차 례

제 1 장

과학과 인문학

최근에 인문학과 자연과학의 만남은 유행처럼 번지고 있다. 2006년 가을 고려대학교 인문대학 교수들이 시작한 인문학 위기에 대한 선언은 '인문주간' 으로 이어졌는데, 이 과정에서 인문학이 자신의 위기를 극복하기 위해서 자연과학을 끌어안아야 한다는 신선한 목소리가 표출되었다. 2005년부터 인문학과 자연과학의 만남을 시작한 서울대학교의 '인문과 자연 포럼' 도 2007년 12월에 '환원론과 전체론' 을 주제로 세 번째 심포지엄을 개최했다. 인문과 자연과의 만남이 지식계의 화두가 된 것은 대략 2005년부터인데, 출판계에서는 2005년 하반기에 출판된 『새로운 인문주의자는 경계를 넘어라』를 필두로 2006년에는 『인문학의 창으로 본 과학』, 『과학의 최전선에서 인문학을 만나다』와 같은 서적이 신선한 반향을 불러일으켰다. 2005년 12월 한국과학기술학회는 '두 문화(two cultures)' 를 주제로 학술대회를 개최했고, 이는 2006년 9월 과학문화재단이 주최한 '과학기술, 인간을 만나다' 라는 행사로 이어졌다.

자연과학은 인간을 포함한 자연을 그 연구 대상으로 삼으며, 인문학은 자연을 포함한 인간 세계에 대한 인문학적 이해를 추구한다.[1)]

과학과 인문학은 모두 창의적인 업적과 이러한 업적을 가능하게 하는 '상상력'을 중시한다. 인문학자들이 강조하는 상상력은 시각화(visualization)와 심상(imagery)을 사용하는 경우가 많은데, 아인슈타인, 닐스 보어, 파인만 다이어그램 등 창의적인 과학자들의 실행에서도 시각화와 심상을 사용한 풍부한 예를 찾을 수 있다. 과학과 인문학의 또 다른 접점은 '이야기 만들기(story telling)'에서 찾아볼 수 있다. 역사학과 같은 인문학의 주요 방법인 '이야기'는 과학에서도 많이 사용된다. 포괄적인 과학 이론은 수학과 같은 전문 용어로 기술되어 있다

---

1) 인문학은 단일한 학문 분야가 아니다. 문학, 어학, 역사학, 철학과 같은 인문학의 분과 학문들은 그 대상과 방법론이 모두 다르다. 비슷한 문제가 과학에도 존재한다. 물리학, 수학, 지구과학, 생물학은 그 방법론이나 대상에서 공통점을 찾기 힘들 정도로 별개의 학문이다. 게다가 '과학'이라는 단어의 용법에도 통일성이 없다. 영어에서 통상 사이언스(science)라고 하는 것은 사회과학을 제외한 자연과학만을 지칭한다. 영국 '왕립협회'의 회원에는 사회과학자가 없으며, 이러한 엄격한 구분은 프랑스에서도 비슷하다. 그러나 독일어에서는 학문 전반을 의미하는 비센샤프트(Wissenschaft)가 자연과학인 나투어비센샤프트(Naturwissenschaft)와 사회과학인 조치알비센샤프트(Sozialwissenschaft)를 다 포함한다. 또 과학이라는 단어가 역사적으로 다른 방식으로 사용되어 왔음을 주목할 필요가 있다. 흄은 1739년 출판된 『인간 본성에 관하여』에서 논리학, 도덕학, 비평, 정치학을 네 가지 '과학'으로 불렀다. 지금의 과학과는 상당히 다른 의미로 과학이라는 단어가 사용되었음을 볼 수 있는데, 지금의 자연과학은 흄의 시기에는 '자연철학'이나 '자연지식'이었다. 과학이라는 용어와 '과학자'라는 용어가 지금의 의미로 사용되기 시작한 것은 대략 19세기 중엽 이후이다. 그렇지만 개별 과학 간의 차이, 과학이라는 분야의 복잡한 변화, 과학이라는 단어의 다양한 용법에도 불구하고, 우리는 과학을 과학이 아닌 것과 구별하는 특성에 대해서 대략적인 합의를 하고 있다. 비슷한 의미에서 이 글에서는 인문학을, 인문학과 인문학이 아닌 것을 구별하는 특성들의 집합을 기준으로 상대적으로 느슨하게 정의해서 사용하려 한다. 더 자세한 논의는 I. Bernard Cohen, *Interactions: Some Contacts between the Natural Sciences and the Social Sciences* (Cambridge, Mass.: MIT Press, 1994), pp. 7-8. 홍성욱·이상욱, 『과학기술 분야에서의 인문학 활용 현황과 활성화 방안』(경제·인문사회연구회 인문정책연구총서 2005-2007)도 참조.

는 차이만 있을 뿐, 자연 현상에 대해 풍부한 이야기를 제공하고 있다.[2)]

물론 자연과학이 연구의 대상에 대한 사실적 이해를 추구한다면, 인문학은 궁극적으로 가치 해석의 문제를 지향한다. 그러나 이러한 차이 때문에 자연과학과 인문학의 관계를 단순화시키는 것은 과학과 인문학의 접점을 모색하는 것을 방해할 수 있다. 우선적으로 조심할 태도는 이 둘 사이에 위계를 설정하려는 것이다. 자연과학은 사실을 다루고 인문학은 해석에 머무르기 때문에 과학이 인문학보다 객관적이고 그만큼 더 우월하다고 주장하는 것이나, 자연과학은 주체가 객체로부터 분리된 채 세상을 표피적으로 기술하지만 인문학은 주체와 객체의 상호 작용을 통해서 세상을 반성적으로 이해하기 때문에 인문학이 보다 우월하다고 주장하는 것은 의미가 없다.[3)] 오렌지와 사과 중 어느 것이 우월한가를 따지는 것이 의미가 없듯이, 과학과 인문학은 우월을 따지기 불가능할 정도로 다른 학문이다.

또 다른 단순화는 과학과 인문학의 거리가 멀어진 것을 학문의 전문화에 따른 필연적 결과로 보는 것이다. 과학이 전문화되고 어려워져서 인문학자가 과학을 이해하기 힘들어졌다는 데에는 이의가 있을

2) John H. Gibbons, "On the Intimate Kinship among the Methods of Science, Art and the Humanities," *Technology in Society* 25(2003), pp. 1–4.

3) 인문학에서의 '객관적' 지식의 획득 가능성에 대한 논의는 Harold Brown, "Objective Knowledge in Science and the Humanities," *Diogenes* 97(1977), pp. 85–102 참조. 18세기 이탈리아 사상가 지암바티스타 비코는 자연과학이 신이 만든 자연을 대상으로 하기 때문에 불변하는 진리를 발견할 수 없는 학문임에 반해서 역사학은 인간이 만든 역사(사회)를 대상으로 하기 때문에 온전한 자기 이해가 가능한 학문임을 주장했다. 20세기 철학자 이사야 벌린은 비코 이후에 자연과학과 인문학의 학문적 간격이 벌어졌다고 파악했다. 이에 대해서는 Isaiah Berlin, "The Divorce between the Sciences and the Humanities," in *The Proper Study of Mankind* (London: Chatto & Windus, 1997), pp. 326–358 참조.

수 없지만, 과학자라고 해서 모든 인접 과학 분야의 연구를 이해하고 있는 것은 아니다. 물리학자들은 현대 생물학을 이해하기 힘들고, 입자물리학자들은 초전도체물리학을 이해하기 힘들다. 이는 인문학의 영역에도 적용되는데, 역사학이나 문학을 전공한 사람들이 분석철학이나 심리철학의 전문 논문들을 이해하는 데에는 한계가 있는 것이다. 거리가 멀어진 것은 인문학과 과학의 사이뿐만 아니라 인문학의 각 분야, 과학의 각 분야도 마찬가지이다. 그런데 이렇게 학문의 세부 분야들이 전문화되면서, 오히려 이전보다 더 가까워진 분야들도 있음을 인식하는 것이 중요하다. 과학사와 과학철학을 포함한 과학기술학(STS)은 각각 역사·철학 같은 인문학과 과학을 잇고 있으며, 인지과학은 뇌과학, 컴퓨터공학, 인식론, 심리학 등의 상호 작용을 매개하고 있다.[4] 따라서 전문화의 시대에 과학과 인문학이 보여주는 '두 문화'의 문제가 필연적으로 극복 불가능하다고 생각하기보다는, 이를 좁힐 수 있는 다양한 학제간의 노력을 모색하는 것이 지금 우리에게 더 의미 있다고 볼 수 있다.[5]

이 장은 주로 과학과 인문학의 상호 작용을 다양한 각도에서 분석

---

4) Stuart W. Leslie, "Reestablishing a Conversation in STS: Who's Talking, Who's Listening? Who Cares?" *Bulletin of Science, Technology & Society* 19(1999), pp. 271–280.

5) '두 문화'는 영국의 과학자이자 문인이었던 스노우가 1959년 리드 강연(Rede Lecture)에서 처음 사용한 표현이다. C. P. Snow, *The Two Cultures and the Scientific Revolution*(Cambridge, 1959). 스노우의 강연은 문학비평가 레비스의 반론을 불러일으키면서 '두 문화' 논쟁으로 이어졌다. 스노우-레비스 논쟁을 19세기의 헉슬리와 아널드 논쟁의 재연으로 파악한 연구로는 D. Graham Burnett, "A View from the Bridge: The Two Cultures Debates, Its Legacy and the History of Science," *Daedalus* 128(1999), pp. 193–218을, 과학과 인문학 두 영역 모두에서 변방에 위치했던 스노우가 '두 문화'의 간격을 강조했던 그의 지적 배경에 대한 흥미 있는 논의로는 Roy Porter, "The Two Cultures Revisited," *Boundary 2* 23(1996), pp. 1–17을 참조.

할 것이다. 이를 위해서 우선 서양의 역사를 통해서 나타난 과학-인문학의 상호 침투의 사례를 살펴본 뒤에, 인문학에서 종종 볼 수 있는 소위 '반과학(anti-science)' 적 정서의 근원과 그 타당성을 평가하려 한다. 이러한 분석을 통해서 우리는 인문학과 과학이 인간 활동의 양극이 아니라 공통점은 물론 겹치는 부분도 가지고 있는 활동임을 알게 될 것이다. 그리고 최근에 국내에도 번역이 되어 큰 반향을 불러일으킨 윌슨의 『통섭(*Consilience: The Unity of Knowledge*)』에 나타난 과학과 인문학의 통섭 프로그램을 비판적으로 논의할 것이다. 이는 지금 혹은 가까운 미래에 우리에게 필요한 과학과 인문학의 대화란 무엇인가에 대해 시사점을 제시할 수 있다. 이러한 논의를 통해 과학과 인문학의 대화를 이끌어내기 위해서 과학자와 인문학자들은 어떤 노력을 해야 하며, 대학과 연구재단은 어떤 정책적 도움을 줄 수 있는지에 대해서 다시 생각해볼 수 있을 것이다.

1. 과학과 인문학: 서양의 역사를 통해 나타난 상호 침투

서구의 지성사를 보면 자연과학과 철학은 원래 하나의 뿌리에서 출발했다. 밀레투스의 탈레스는 자연 현상에서 규칙성을 찾아냄으로써 서양철학의 문을 열었다. 그 뒤를 이은 플라톤은 기하학에서 이데아의 세상으로 통하는 창을 발견했으며, 서양철학의 큰 골격을 세웠던 아리스토텔레스는 생물학자라고 할 수 있을 만큼 평생 생물학 연구에 전념했다. 중세에도 과학과 자연철학은 철학과, 철학은 신학과 분리하기 힘든 관계에 있었다.

과학과 인문학의 간격이 벌어진 역사적 사례는 수학의 발전에서 처음 찾아볼 수 있다. 16-17세기가 되자 기하학을 사용한 천문학과 역학은 일반 철학자들이 이해하기 힘든 수준에 이르렀다. 태양중심설을 제창한 코페르니쿠스의 『천체의 회전에 대하여(*De revolutionibus orbium coelestium*)』(1543년)는 기하학과 천문학 고등 교육을 받은 소수의 천문학자들만이 통독할 수 있을 정도로 난해한 책이었다. 갈릴레오의 『새로운 두 과학(*Two New Sciences*)』(1638년)도 수학에 조예가 깊어야 독해가 가능했고, 데카르트의 『기하학』이나 『기하광학』(1637년)도 수학에 전문지식이 없는 사람은 결코 쉽게 읽을 수 없었다. 이러한 경향은 전 유럽을 통해서 불과 몇 명만이 이해할 수 있다고 소문난 뉴턴의 『프린키피아(*Principia*)』(1687년)에서 그 정점에 도달했다. 이 소문은 전혀 근거가 없는 것은 아니었는데, 실제로 영국의 경험주의 철학자 존 로크는 네덜란드의 수학자 호이겐스로부터 『프린키피아』의 수학적 증명이 모두 옳다는 얘기를 들은 뒤에 뉴턴 과학의 철학적 의미에 대해서 고민하기 시작했다.[6)]

그렇지만 16-17세기 과학혁명기에 나타난 수학의 발전이 과학과 인문학의 사이를 벌리기만 했다고 단정하는 것은 성급하다. 우선 17세기를 통해서 수리과학은 인문학에 새로유 은유와 모델을 제공했다.[7)] 국제법의 창시자 후고 그로티우스는 수학과 같은 확실한 과학을 모델로 삼아서 국제법의 확실성을 높이려 했다. 그는 1625년에 출판된 『전쟁과 평화의 법률(*De Jure Belli ac Pacis*)』에서 "수학자들이 물체로부터의 추상화된 수학적 도형들을 다루는 것과 마찬가지로, 법을 다룸에 있어 나는 온갖 특수한 사실들로부터 나의 사심을 거두었다."고 강조했다. 17세기 후반부터 유럽 전역에 명성을 떨쳤던 철학자 스피노자의 『윤리학(*Ethica*)』의 정식 제목은 '기하학적 순서에 의해 논증된 윤리학(*Ethica ordine geometrico demonstrata*)' 이었는데, 이 책은 유클리드적인 구조에 입각하여 정의와 공리들, 그리고 이로부터 따라나오는 명제들과 그 증명들, 또한 이에 부가적인 명제와 증명들을 보여주는 형식을

---

6) 이상욱·홍성욱 외, 『뉴턴과 아인슈타인』(창작과비평사, 2004), 제1장 참조.

7) 이 문단에 나오는 그로티우스, 스피노자, 라이프니츠, 홉스에 대한 논의는 Cohen, *Interactions*, pp. 108-114 참조.

취하고 있었다. 미적분의 발명과 만유인력의 해석을 놓고 뉴턴과 논쟁을 벌였던 라이프니츠의 정치학 논문은 수학적 결과들을 산출하기 위한 증명의 형식을 취하고 있었다. 근대 정치학의 기반을 닦은 토머스 홉스는 자신의 정치철학의 출발점을 물질의 운동(motion)에서 찾았는데, 그에 의하면 정치학은 '자연체계에 대한 과학과 그 과학의 방법을 인간 활동 및 정치적 체계로 확장시키는' 작업들을 포함하는 것이었다. 2000년 서양 철학사를 사회학적으로 분석한 랜덜 콜린스는 17세기에 수학과 철학의 거리가 가까워진 것이 서양의 지적 혁명의 원천이었다고 강조했다.[8)]

수학이 아닌 새로운 생리학에서 영감을 받은 철학자도 있었다. 홉스는 생리학의 새로운 발견들로부터 '정체(政體, body politic)'와 같은 개념을 끌어내서 정치철학에서 사용하기도 했다. 미국의 헌법에 상당한 영향을 미친 제임스 해링턴은 새로운 생리학에 기반한 정부 형태를 제창했다. 그의 이념은 1656년 출간된 『오시아나 공화국(*The Commonwealth of Oceana*)』에서 확립되었는데, 그는 여기서 상원과 인민으로 구성된 양원제 입법부를 제안하고, 무기명 비밀투표로 간접투표의 복잡한 시스템을 수정할 것을 제안했다. 그는 이러한 주장의 정당성을 위해서 피의 순환을 주장한 윌리엄 하비의 생리학적 해부학을 원용하면서, "의회가 공화국의 생기혈(生氣血)을 영구히 회전시키는 심장에 해당한다."고 주장했으며, 더 나아가서 심장이 좌우로 나누어져 있듯이 의회 역시 두 개로 나누어져야 한다고 강조했다. 그의 '정치해부학'은 하비의 '동물해부학'에 대한 유비 위에 세워졌던 것이다.[9)]

자연과학의 언어, 방법, 내용에서 인문학의 새로운 출구를 찾으려

---

8) Randall Collins, *The Sociology of Philosophies: A Global Theory of Intellectual Change*(Cambridge, Mass.: Harvard University Press, 1998).

9) Cohen, *Interactions*, pp. 124–135.

는 시도는 18세기와 19세기에도 계속 이어졌다. 18세기 계몽사상가 볼테르는 경험주의적인 뉴턴 과학이 편견과 독단을 배격할 수 있다고 판단하고 뉴턴 과학을 프랑스에 소개하려 했는데, 그는 이를 위해서 당시 유명한 수학자였던 모페르튀에게 수학과 과학을 배우는 것을 마다하지 않았다. 비슷한 시기의 영국의 경험주의 철학자들도 과학의 영향을 많이 받았다. 영국의 화학자 로버트 보일의 조수로 잠시 일한 경험을 가지고 있었던 로크는 보일의 기계적 철학과 입자 철학으로부터 '제1성질,' '제2성질' 이라는 개념은 물론 인간 이성과 지식에 대한 긍정적 관점을 빌려 왔다. 조지 버클리는 초기 저작에서 인간 사회와 뉴턴의 물질적 우주를 유비적으로 파악해 인간의 정신들 사이에 '인력의 원리' 가 존재한다고 주장했다. 데이비드 흄도 『인간 본성에 관하여(*A Treatise of Human Nature*)』(1738년)에서 뉴턴의 만유인력의 법칙에 대한 전반적인 유비를 이용해서 자연철학에서의 뉴턴에 해당할 만한 개별 인간의 도덕적 행위에 관한 과학을 확립하려 했으며, 이러한 통합에의 시도는 에딘버러 대학교의 도덕철학 교수로 재직하면서 근대 경제학의 기초를 닦았던 애덤 스미스에게서도 발견된다.[10)]

19세기에 들어서는 인간 사회를 세포에 비교하는 경우가 많아졌다. 세포이론을 원용한 사람들은 개별 세포를 개인에, 세포가 모여서 이룬 유기체를 사회에 비유했다. 사회과학에서 세포 이론이 가진 중요성은 폰 바에르 등의 발생학 덕에 더욱 강화되었다. 즉 하나의 세포가 분화하여 배아를 형성해가는 단계들이 어머니로부터 시작하여 가족, 종족, 국가를 구성해내는 인간 사회의 발전 과정과 흡사하게 여겨졌기 때문이다. 위와 같은 유비는 독일의 비르초프와 같은 생물학자들

---

10) G. A. J. Rogers, "Boyle, Locke and Reason," *Journal of the History of Ideas* 27(1966), pp. 205–216; James Force, "Hume's Interest in Newton and Science," *Hume Studies* 13(1987), pp. 166–217; A. D. Megill, "Theory and Experience in Adam Smith," *Journal of the History of Ideas* 36(1975), pp. 79–94.

이 사용했고, 릴리엔펠트와 샤플레와 같은 학자들의 연구에 직접적인 모델이 되기도 하였다. 샤플레는 뼈나 연골과 같은 인체의 구성 성분과 도로, 빌딩과 같은 인간의 생활 공간을 구성하는 것을 비교하기도 했다. 사회학자 웜스는 인간의 질병이 개별 세포들의 병리적 조건에 의해 유발된다는 의학적 관점을 적용해서 병든 개인에 의해 사회적 질병이 야기된다는 이론을 펼쳤다.[11)]

19세기에 볼 수 있는 또 다른 변화는 열역학이 만들어낸 엔트로피(entropy) 개념이 인간 세상에 대한 논의에 적극적으로 사용되었다는 것이다. 19세기 영국의 물리학자 스튜어트는 엔트로피를 '열사(熱死, heat death)'와 같은 세계의 종말을 가리키는 증거로 받아들였다. 19세기 미국의 뛰어난 지질학자이자 환경학의 선구자인 조지 마시는 『인간과 자연(*Man and Nature*)』(1864년)에서 엔트로피를 인간의 영향이 자연에 '돌이킬 수 없는' 변화를 만들고 있다는 증거로 받아들였다. 그렇지만 마시는 역사의 진보를 믿었던 학자들에게서 발견되는 낙관적인 세계관을 공유하고 있었고, 인간이 자연 세계에 더 좋은 방식으로 개입함으로써 인간이 일으키는 돌이킬 수 없는 자연의 변화를 치유할 수 있다고 생각했다. 반면에 『미국의 역사(*History of the United States of America*)』를 저술한 19세기 미국의 작가이자 역사학자인 헨리 애덤스는 엔트로피 개념을 비관론적인 관점에서 채용했다. 마시와는 반대로 그는 자연세계에 적용되는 엔트로피의 원리가 우주를 궁극적으로 열평형의 상태로 몰고 감으로써 인간이 믿고 있는 세계의 진보를 무력화한다고 보았다.[12)]

19세기에 진정한 우주의 종말을 예견하는 것으로 해석된 엔트로피적 세계관은 20세기 문학에서 계승되었다. 20세기 작가들은 엔트로피

---

11) Cohen, *Interactions*, pp. 48–60.

12) D. Stanley Tarbell, "Perfectibility vs Entropy in Recent Thought," *Science/Technology & the Humanities* 2(1978), pp. 103–113.

를 암울한 사회 속에서 개인이 사라지고, 경험은 유동적인 것이 되며, 도덕률(moral code)은 혼란스러워지고, 사회적 관계 역시 희미하게 정의되는 대중 사회를 상징하는 것으로 원용하기 시작했다. 이러한 새로운 엔트로피 개념은 엔지니어 출신의 미국의 저명한 작가 토머스 핀천의 에세이와 소설에서도 발견된다. 핀천은 그의 초기작 『엔트로피(*Entropy*)』(1960년)에서 3일 동안 기온이 변하지 않는 날이 지속되는 열평형 상태에서 개개인의 개체성이 종식되는 암울한 세계의 종말을 그렸으며, 같은 해에 발표된 『저지(*Lowlands*)』에서는 미로에 갇힌 주인공에게 나타난 구원의 여신이 결국 사이버네틱 로봇에 불과했다는 혼란스러운 상황을 묘사했다.[13)]

20세기에는 양자물리학이 작가들에게 새로운 영감을 부여했다. 하이젠베르크의 불확정성의 원리에 감명을 받은 뒤에 독일의 대표적인 작가 브레히트는 고전물리학의 엄격한 인과성을 인간의 행동에 적용하는 것이 무의미하다고 생각했고, 자신의 문학에서 특정 사건을 이끌어내는 인과적 네트워크를 그려가는 시도를 포기했다. 대신 그는 '통계적 인과성' 과 같은 양자 물리학의 새로운 과학적 방법을 인간 연구에 적용하려는 시도를 했는데, 이는 주인공을 다른 인간들 사이에 던져 놓고 이들이 주인공에게 미치는 힘에 주인공이 어떻게 반응하는가 관찰하는 실험적인 방법이었다. 또 불확정성 원리는 세계의 확실성과 예측가능성, 인간의 합리성에 대한 브레히트의 믿음을 흔들어놓았다. 여러 차례 개작된 브레히트의 『갈릴레오 갈릴레이의 생애(*Das Leben des Galileo Galilei*)』는 이런 점을 잘 보여주는 작품인데, 여기서 갈릴레오는 고문의 공포 앞에서 신념을 포기하는 자신의 행동을 반추하면서 인간 이성에 대한 불확실성을 절감하는 사람으로 그려지고 있다. 이 작품에는 인간의 이성이 비합리적인 요소를 포함하고 있다는

13) Lois Parkinson Zamora, "The Entropic End: Science and Eschatology in the Works of Thomas Pynchon," *Science/Technology & the Humanities* 3(1980), pp. 35–43.

브레히트의 새로운 생각이 반영되어 있었다.[14)]

핀천과 브레히트 외에도 우리는 과학에서 소재와 영감을 빌려 온 수많은 문학 작품을 발견할 수 있다. 잘 알려져 있듯이 메리 셸리의 『프랑켄슈타인(*Frankenstein*)』은 19세기 초엽의 화학실험, 갈바니즘, 생기론을 소재로 사용했고, 영국의 문인 콜리지도 물리학, 화학, 우주론과 시·철학과의 합일을 지향했다. 시인 에머슨, 테니슨도 19세기 천문학에 많은 영향을 받고 이를 시의 소재로 자주 이용했다. 특히 테니슨은 "과학과 시가 전혀 적대적이지 않고 영원히 나란히 진보한다."는 것을 보여준 시인으로 평가되었다. 웰스는 『타임머신(*The Time Machine*)』에서 엔트로피의 증가에 의한 '열사'와 진화론을 사용했으며, '다차원에서의 로맨스'라는 부제가 붙은 애벗의 소설 『플랫랜드(*Flatland*)』는 드물게도 기하학과 수학을 다루었다. 4차원 시공간, 관찰자와 대상의 양자역학적 관계, 비유클리드 기하학, 정보이론, 복잡성, 가상현실 등은 제임스 조이스의 『율리시즈(*Ulysses*)』, 버지니아 울프의 『등대로(*To the Lighthouse*)』, 블라디미르 나보코프의 『사생아(*Bend Sinister*)』, 그리고 보르헤스, 움베르토 에코, 이탈로 칼비노, 윌리엄 깁슨의 소설에서 사용되었다. 또 수많은 20세기 과학소설(science fiction)에서는 핵무기와 같은 첨단기술이 야기한 암울한 디스토피아(distopia)가 주요 소재로 채택됐다. 최근 우리나라 극단에 의해서도 무대에 올려진 마이클 프레인의 〈코펜하겐〉은 원자탄 개발을 둘러싼 하이젠베르크와 닐스 보어의 갈등을 소재로 하고 있다.[15)]

---

14) Allen E. Hye, "Bertolt Brecht and Atomic Physics," *Science/Technology & Humanities* 1(1978), pp. 157–168.

15) Pamela Gossin, "Literature and the Modern Physical Sciences," in Mary Jo Nye ed., *The Cambridge History of Science, Volume 5: The Modern Physical and Mathematical Sciences*(Cambridge: Cambridge University Press, 2002), pp. 91–110;

2. 인문학자들의 반과학적 태도의 유형과 그 평가

인문학이 과학으로부터 개념, 설명, 은유, 유비를 빌려 썼다고 해서 이 둘의 관계가 그저 친밀했던 것으로만 생각해서는 안 된다. 많은 인문학자들이 과거는 물론 현재에도 과학은 몰인간적이며 심지어 반인간적이라고 생각한다. 유명한 독일 철학자 쉘링은 근대과학을 열었던 베이컨의 경험주의를 '철학의 타락'으로, 보일과 뉴턴의 업적을 '물리학의 타락'이라고 보았다. 그는 이런 종류의 타락이 등장한 이래 '맹목적이고 생각이 없는' 방법이 자연의 탐구를 지배했다고 하면서 근대 과학의 사유에 대한 노골적인 불만을 표출했다.[16)]

이와 비슷한 생각은 후기 빅토리아 시대의 소설가 조지 기싱의 다음과 같은 불평에서도 볼 수 있다.

> 과학이 인류에게 냉혹한 적군이 될 것이라고 굳게 믿는 나는 과학을 혐오하며 또한 과학이 두렵다. 나는 과학이 삶의 온갖 순수성과 고상함을, 세상의 아름다움을 파괴하고 있다고 본다. 나는 과학이 문명화의 탈을 쓰고 인류를 야만으로 되돌리고 있다고 생각한다. 또한 나는 그것이 인간들의 정신을 어둡게 하고 그들의 마음을 메마르게 한다고 생각한다. 나는 또한 과학이 결국에는 아무런 의미가 없는 거대한 분쟁과 충돌을 가져올

Gillian Beer, "Translation or Transformation? The Relations of Literature and Science," *Notes and Records of the Royal Society in London* 44(1990), pp. 81–99. 테니슨에 대한 평가는 Norman Lockyer and Winifred L. Lockyer, *Tennyson as a Student and Poet of Nature*(London: Macmillan, 1910), on p. 2 참조.

16) Morris Goran, "The Literati Revolt Against Science," *Philosophy of Science* 7(1940), pp. 379–384. 쉘링, 피히테, 괴테와 같은 독일 인문학자들은 칸트의 영향을 받아 당시 기계론적인 자연과학(자연철학)을 비판하면서 유기적이고 통합적인 새로운 독일 자연철학(Naturphilosophie)을 주창했다. 19세기 독일 화학자 리비히는 "독일 자연철학 활동은 우리 세기의 페스트, 흑사병이다."라고 말하며 이를 강하게 비판했다. Gerald Holton, "The Rise of Postmodernisms and the 'End of Science'," *Journal of the History of Ideas* 61(2000), pp. 327–341.

> 것이며, 아니 어쩌면 인류의 모든 수고로운 진보를 피로 물든 혼돈 속으로 몰아갈 수 있다고 본다.[17)]

기싱의 평가는 극단적이다. 그렇지만 '문과 성향의' 지식인들에게서 반과학적인 성향이 종종 나타나는 것은 부정할 수 없는데 이러한 반과학적인 유형을 정리해보면 다음과 같은 다섯 가지가 있다. 첫 번째는 과학, 기술 및 산업화의 부작용에 대해 반발하는 유형이다. 예를 들어 "기계는 인간의 삶을 파괴하는데 과학은 인간의 삶을 기계화하고 표준화하여 인간적인 것을 가치 없는 것으로 만든다."는 식의 주장이 이러한 범주에 속한다. 이와 연관된 두 번째 주장은 인간에게 고상한 존재론적 지위를 부여하지 않는 과학에 휴머니즘이 결여되어 있다는 것이다. 세 번째 유형은 이른바 '과학의 방법'에 대한 비판이다. 이들은 소위 과학적 방법이라 불리는 탐구 방식들이 자연에 대해 냉정하고, 무심하며, 주체와 객체를 철저하게 분리하는 비인격적(impersonal)인 특징을 가지고 있다고 본다. 이들 비판자에게 있어 자연이란 객관화되어 바라보아야 할 대상이 아니라 전적으로 인간적인 방식으로 대화하고 소통해야 하는 대상이다.[18)]

네 번째로, 과학과 과학자들이 너무 사소한 사실들에 집착한다는 비판이다. 인간에게 크게 도움이 되지도 않는 진리를 발견하기 위해서 평생을 바친 과학자들은 이러한 비판에 의하면 사소한 사실을 맹목적으로 추구한 사람들이 된다. 마지막 반과학적 태도의 유형은 과학의 성과가 인간이 욕구했던 바에 미치지 못한다는 비판이다. 가령 미국의 작가이자 비평가인 조셉 크루치는 "우리가 실험실에 대한 환상을 깨게 된 것은 실험 과학이 발견한 진실을 믿지 못해서가 아니다.

---

17) Morris Goran, "The Literati Revolt Against Science," *Philsophy of Saence* 7(1940), p. 379에서 인용.

18) Morris Goran, "The Literati Revolt Against Science," *Philsophy of Saence* 7(1940).

그것은 다만 우리가 이제는 더 이상 과학이 발견해낸 것들이 과거 우리가 기대했던 것처럼 우리에게 이득을 가져다줄 수 있다고 생각지 않기 때문이다."라고 선언했다. 과학에 대한 기대가 깨진 것에서 비롯된 비판은 1960년대 서구 사회에서 거세게 일었던 과학에 대한 비판 운동에서도 잘 드러난다.[19)]

앞에서도 언급했지만 이러한 반과학적인 비판들은 과학의 일면을 과학의 전부로 오해하고 있다.[20)] 우선 기술이 가져온 부작용은 과학만이 아니라 사회경제적 시스템에도 그 원인이 있다. 예를 들어 환경 오염과 같은 문제의 책임을 모두 과학에 돌리는 것은 환경 오염을 지속시키는 자본주의적 경쟁과 이윤 추구에 면죄부를 주는 결과를 낳을 수도 있기 때문이다. 과학이 인간에게 특별한 지위를 부여하지 않기 때문에 반휴머니즘으로 귀결된다는 두 번째 주장은, 과학을 통해서 자연 속에서 인간의 지위를 제대로 이해함으로써 사람들이 인간과 환경, 인간과 동물의 관계를 과거에 비해서 더 합리적·진보적으로 파악하게 된 면이 있다는 점을 무시하고 있다. 과학의 '객관적' 방법론에 대한 비판은 창의적인 과학적 발견의 경우에 과학자가 탐구 대상과 하나가 되는 듯한 '정서적 합일'을 경험한다는 점을 간과하고 있으며, 과학이 미세하고 상대적으로 중요해 보이지 않는 문제에 집착한다는 비판은 이렇게 사소해 보이고 덜 중요해 보이는 부분의 문제들이 전체 문제를 해결하는 실마리를 제공한다는 점을 간과하고 있다. 양자물리학의 출발이 소수의 과학자들만이 관심을 가졌던 흑체복사라는 '사소한' 문제였음은 이를 예증한다.

과학의 성취가 기대 이하라는 비판은 사실 과학이 이룰 수 있는 것

---

19) Paul T. Durbin, "The Science and Culture Debate, 1945–1984," *Humanities and Technology* (1982), pp. 24–32.

20) John H. Gibbons, "On the Intimate Kinship among the Methods of Science, Art and the Humanities."

이 과대포장되었기 때문이기도 했다. 미국 대통령 케네디는 1963년 미국 국립과학아카데미 100주년 기념 연설에서 "우리가 근대 과학의 가능성들을 숙지함에 따라서 우리는 과학이 그 창의적인 언약을 충실히 수행하고 지금까지 알았던 모든 사회 중에서 가장 행복한 사회를 창조하는 새로운 시기로 향하고 있다."고 선언했다. 이러한 '과학주의'는 1950년대와 1960년대 초엽에 미국에서 만연했다. 그러다가 1960년대 중반 이후에 과학에 대한 믿음이 서서히 무너지면서 과학에 대한 시민들의 신뢰가 뚝 떨어졌고, 전쟁과 관련된 연구와 인간이나 동물을 대상으로 실험을 하는 연구 분야가 집중적으로 비판의 포화를 맞았다. 1960년대 말엽부터 젊은이들 사이에서 널리 읽힌 로잭의 『대항문화 만들기(*The Making of the Counter-Culture*)』(1969년)와 같은 저술은 당시의 반과학 정신을 가장 잘 나타낸다.[21)]

당시에 과학에 대한 비판이 고조되었던 것은 과학자들이 세금을 납부하는 납세자(즉 시민)가 무엇을 원하는지를 무시하고 자신들이 관심이 있는 연구만 추진했기 때문이었다. 그렇지만 이때만 하더라도 과학자들은 시민들에게서 신뢰를 잃는 것이 과학의 발전에 영향을 줄 것이라고 생각하지 못했다. 소련과의 냉전 상황에서 과학자들은 거대한 입자가속기를 필요로 하는 입자물리학과 같은 거대과학을 계속 추진했으며, 군사적 필요와 관련된 컴퓨터공학과 전자공학에는 엄청난 규모의 연구비가 투입되었다. 1970년대에는 암을 정복하는 것을 목표로 한 〈암과의 전쟁〉 프로그램에 천문학적 연구비가 쏟아졌다. 과학이 우주를 정복하고, 에너지 문제를 해결하고, 암을 정복하고, 공해를 해결하고, 빈곤이나 범죄와 같은 사회적 문제까지도 풀 수 있다는 신념이 또 한 번 무너지기 시작한 것은 냉전이 종식되던 1980년대 말엽

21) Paul T. Durbin, "Science and Culture Debate"; Joseph Ben-David, "On the Traditional Morality of Science," *Newsletter of the Program on Public Conceptions of Science* No. 13(1975), pp. 24-36.

부터였으며, 꿈의 가속기라 불리던 초전도가속기(superconducting super collider)의 건설이 취소된 1993년에는 이러한 변화가 과학자들에게도 현실로 다가왔다. 1990년대 중엽 이후에 미국의 과학계는 과학에 대한 시민사회의 '신뢰'를 다시 회복하기 위해서 필사적으로 애를 쓰기 시작했다.[22)]

사실 미국의 과학계가 1960년대 후반에 나타난 비판들을 선별적으로 수용해서 과학 연구가 이룰 수 있는 성과와 문제점을 보다 현실적으로 제시했다면, 1990년대에 겪었던 신뢰의 추락을 막을 수 있었을지도 모른다. 그렇기 때문에 과학자들은 인문학자들의 과학 비판을 반과학적이고 의미 없는 것으로 간주할 것이 아니라, 혹시 과학이 너무 과도한 약속을 하고 지키지 못했기 때문에 이러한 비판이 나오는 것은 아닌가를 반성해볼 필요가 있는 것이다.

3. 윌슨의 『통섭』에 나타난 과학과 인문학의 융합

과학과 인문학의 만남이 단순한 만남의 차원을 넘어서 새로운 융합으로 결실을 맺어야 한다는 주장이 있는데, 최근 국내에서 번역되어 화제가 된 윌슨의 『통섭』은 이러한 주장을 설파한 책이다.[23)] 『통섭』은 학문들 사이의 경계를 가로지르고 분지들의 원류를 찾아서 이를 하나로 꿰는 작업의 중요성을 역설한 책으로, 여기에서는 자연과학과 인문학의 통섭이 핵심에 위치한다. 윌슨은 21세기 대학 개혁의 목적이 자연과학을 인문사회과학과 통섭하는 것이라고 강조하면서, 지금의 대학생들이 "과학과 인문학의 관계는 무엇이고 그 관계가 인간 복지

---

22) 홍성욱, 『과학은 얼마나』(서울대학교출판부, 2004), 제6장 참조.

23) Edward O. Wilson, *Consilience: The Unity of Knowledge*(New York: Alfred A. Knopf, 1998). 이 절에서 ( ) 속에 들어간 쪽수의 인용은 한글 번역본을 참조한 것임. 에드워드 윌슨, 최재천·장대익 옮김, 『통섭』(사이언스북스, 2006).

에 어떻게 중요한가"(46쪽)라는 질문에 답을 할 수 있도록 교육받아야 한다고 주장한다. 이는 '두 문화' 사이의 간극이 유달리 넓은 우리의 실정에서 특히 설득력 있게 들린다.

그렇지만 과학과 인문학의 통섭에 대한 그의 논의가 지금 우리나라에서 자연과학과 인문학의 만남에 바로 적용되기에는 몇 가지 문제점이 있다. 우선 윌슨에게 인문학과 자연과학의 통섭은 평등한 것이라기보다, 인문학이 자연과학으로 환원되는 위계적인 것이다. 윌슨은 "인간이 물리적 인과 관계에 따른 사건들로 인해 행동하는 존재라면 사회과학과 인문학은 자연과학과의 통섭에서 왜 면제되어야 하는가"(43쪽)라고 질문하는데, 여기에는 인간을 지배하는 물리적 인과 관계를 이해할 수 있는 학문이 자연과학이라는 전제가 깔려 있다. 그는 또 "통섭 세계관의 요점은 인간 종의 고유한 특성과 문화가 자연과학과 인과적인 설명으로 연결될 때에만 온전한 의미를 갖는다는 점"(460쪽)을 뚜렷하게 강조한다. 환원주의는 윌슨의 통섭 프로그램을 관통하는 방법론이다.

『통섭』을 관통하는, 그리고 윌슨의 학문적 여정을 관통하는 가장 중요한 화두는 인간의 마음과 행동이 진화 과정을 통해서 유전적으로 만들어진 '그 무엇'에 의해서 제한되고 영향을 받는다는 것이다. 즉, 인간의 마음은 (아이러니컬하게도) 마음먹은 대로 무엇이든 할 수 있는 존재가 아니라는 것이다. 윌슨은 『통섭』에서 인간의 마음을 규정하는 것들을 묶어 '후성규칙들(epigenetic rules)'이라 불렀다. 인간의 마음의 작용이 문화나 사회를 만들어내지만, 인간의 마음이 유전적으로 형성된 후성규칙들에 의해 조건 지워진다면, 인간의 문화나 사회에도 어떤 종류의 제약이 있다는 것이 윌슨의 핵심적인 주장이다. 이렇게 생각하면 우리가 관찰하는 다양한 문화를 관통하는 공통점을 상정할 수 있게 된다. 이 공통점은 인간이라는 종의 후성규칙에 의해, 궁극적으로는 유전자에 의해서 형성된 것이다. 그가 인문학계와 사회과학계에

만연한 문화상대주의에 대해서 매우 비판적인 이유는, 생물학적인 조건을 고려하지 않는 문화상대주의가 모든 문화를 단지 상대적인 것으로 간주함으로써, 후성규칙에 의해서 만들어진 문화의 공통점을 찾으려는 과학적인 노력을 저지했다고 보기 때문이다.(322쪽)

인문학에 대한 논의는 『통섭』의 여기저기에 흩어져 나타난다. 문학작품을 포함한 예술은 '10장 예술과 그 해석'에서 등장하며, 윤리와 철학의 일부가 '11장 윤리와 종교'의 소재이고, 역사는 '2장 학문의 거대한 가지들'에서 간단히 언급된다. '7장 유전자에서 문화까지'는 "과학과 인문학 사이에 놓인 다리의 개념적 종석(宗石)"(249쪽)을 분석하는 챕터인데, 여기에서는 문화를 이해하는 데 필요한 후성규칙에 대한 논의가 이루어진다. 우선 문학과 문학비평에 대해서 윌슨이 내리는 평가는 후하지 않다. 윌슨은 19세기 초반의 낭만주의 시인들이 "다른 입으로 진리를 말했고 예술이 과학에서 멀어지게 했다."(83쪽)고 비판한다. 그는 워즈워스의 시가 중력의 법칙을 무시하고 물질과 에너지에 속박된 우주를 경멸한 시라고 평가한다. 윌슨은 낭만주의의 원천으로 간주되는 프랑스 사상가이자 문인인 루소를 비판하고, 괴테, 헤겔, 헤르더, 셸링과 같은 독일 낭만주의자들도 비판한다. 이후 그는 미국으로 시선을 돌려서 미국 뉴잉글랜드 초월주의자인 랠프 월도 에머슨과 헨리 데이비드 소로를 비판한다. 윌슨에게 낭만주의는 계몽사상에 대한 반작용이었고, 과학자들로 하여금 인간 정신세계에 대한 탐구를 포기하게 만들면서 시인이 마음껏 활동하게 했던 철학이자 문예사조였던 것이다.

문학비평에 큰 영향을 미친 프랑스 철학자 데리다에 대한 평가는 더 가혹하다. 그는 간단하게 "텍스트 바깥에는 아무것도 없다."는 데리다의 유명한 주장을 자체 모순적인 주장으로 간주한다.

만일 급진적 포스트모더니즘의 전제가 옳다면 내가 파악한 그의 결론이 정말로 그가 의도한 결론인지는 결코 파악할 수 없다. 역으로 만일 내가 파악한 것이 그가 의도한 것과 동일하다면 그의 논증을 더 깊이 고려해야 할지는 불분명하다. 내가 '데리다 역설'이라고 부르고자 하는 이 퍼즐은 크레타 인의 역설(어떤 크레타 인이 '모든 크레타인은 거짓말쟁이다'라고 말하는 것)과 비슷하다.(93쪽)

이렇기 때문에 그의 "새로운 '과학'인 그라마톨로지(grammatology)는 실은 과학과 정반대의 것으로서 진부함과 환상을 동시에 가진 비일관적 꿈들의 단편"이며, "문명세계의 다른 곳에서 발전한 언어의 과학에 대해 마치 췌장의 위치도 모르는 심령치료사처럼 무지"한 방법에 불과하다.(94쪽)[24)]

20세기를 통해 가장 영향력 있던 철학자 중 한 명인 푸코에 대한 평가도 이보다 낫지 않다. 윌슨은 푸코가 신, 자연법칙, 초월적 이성과 같은 모든 가치의 근원을 부정하는 현대인의 정체성의 문제를 고민했다는 점을 받아들이지만, 그가 자연과학을 탐구하지 않았기 때문에 해체주의에 빠졌음을 비판하고 있다. 윌슨은 '푸코 식의 실존주의적 절망'에서 벗어나는 방법이 자연과학의 함의를 이해하는 것임을 주장한다.

푸코의 경우에는 그리 나쁘지 않다고 말하고 싶다. (선심을 쓰는 것이 아니다.) 하지만 우주가 단지 우리 마음속에서 만들어진 것이 아니라는 충격

24) 1970년대에 실재론자 언어철학자 설은 데리다의 이 명제가 객관적으로 존재하는 세계를 부정하는 것이라고 비판했다. 그런데 텍스트 바깥에는 아무것도 없다는 명제는 기존에 받아들여지고 있는 텍스트의 합리성과 진리에 대한 전복을 정당화하기 위한 해체주의의 일종의 '무기'이지 텍스트밖에 객관적인 세계가 없다는 것을 의미하는 얘기는 아니다. 설-데리다 논쟁에 대해서는 Manfred Frank, "The Entropy of Language: Reflections on the Searle-Derrida Debate," in Andrew Bowie ed., *The Subject and the Text: Essays on Literary Theory and Philosophy*(Cambridge: Cambridge University Press, 1997), pp. 123-189.

> 적 사실(?)을 발견하고 그 충격을 극복하고 나면, 지질학적 시간에 걸쳐 인간 종을 탄생시켰으며 심오한 역사의 잔류물로 남겨둔 유전규칙을 해독하는 일이 왜 중요한지를 알게 된다. 왜냐하면 유전규칙을 해독함으로써 인간 두뇌가 터득할 수 있는 모든 의미와 품을 수 있는 모든 감정 그리고 즐기고 싶은 모든 모험이 드러날 것이기 때문이다. 이성은 새로운 단계로 발전할 것이고, 감정은 무제한적으로 기능할 것이다. 거짓과 참이 가려질 것이며 우리는 서로를 더욱 빠르고 정확하게 이해하게 될 것이다. 왜냐하면 우리는 모두 같은 종의 일원이며 생물학적으로 유사한 두뇌를 갖고 있기 때문이다.(96쪽)

위의 인용문들에서 보듯이 윌슨은 데리다와 푸코와 같은 프랑스 철학자들의 철학을 비실재론적인 포스트모더니즘으로 분류하고 이런 "좌파 지향적"(95쪽)인 포스트모던 철학은 "거추장스러운 과학교육을 받지 않기로 선택한 자들에게"(97쪽) 위안이 되는 것이라고 본다. 포스트모더니즘은 아프리카중심주의, 에코페미니즘, 라캉의 정신분석, 라투르의 과학사회학, 신마르크스주의를 포함한다. 자연과학, 특히 유전법칙에 대한 이해는 이러한 포스트모던의 해악을 극복하는 방법이 된다. 이렇게 많은 인문학 분과에 대한 윌슨의 비판적인 시각은 1990년대 '과학 전쟁(science wars)'에서 자연과학자들이 인문학을 비판했던 내용이나 방식과 놀랄 만큼 흡사하다.[25)]

역사학에 대한 윌슨의 평가도 비판적이다. 그는 인문학의 가장 중요한 학제인 역사학에 대해서 아주 짧게 논평하는데, 그 논평의 핵심은 과학적 기반을 결여하고 있는 역사학을 엄밀한 과학으로 만들기 위해서는 자연과학적 방법을 사용해야 한다는 것이다.

> 인간의 역사 과정을 물리적 역사과정(별, 생물의 역사)에서 분리할 만한 근본적인 차이는 인간의 역사에 존재하지 않는다. 천문학, 지질학, 그리고

---

25) 과학 전쟁에 대해서는 홍성욱, 『과학은 얼마나』, 제3장 참조.

> 진화생물학 역시 일차적으로 역사적인 분과들이다. 하지만 그것들은 통섭을 통해 자연과학의 다른 분과들과 연결되어 있다. (…) 오늘날 역사학은 그 자체로 학문의 기본 분야 중 하나이다. 하지만 만일 1만 번의 인간 역사를 지구를 닮은 1만 개의 행성에서 추적할 수 있으며 그런 역사들에 대한 비교 연구로부터 경험적 시험과 원리가 진화했다면 어떠하겠는가? 그렇게 되면 역사 기술 방법론(역사적 추세에 대한 설명)은 이미 자연과학일 것이다.(43쪽)

역사학에 대한 윌슨의 이러한 태도의 문제점은 역사가 과학으로 환원될 수 있는가 아닌가라는 철학적 관점에 대한 것이 아니라, 역사학자들이 어떤 문제에 관심이 있는가를 무시하고 있다는 단순한 사실에 있다. 역사학자들은 과거에 일어난 사건들이 어떤 맥락 하에서, 왜 일어났고, 또 그것의 역사적 의미가 무엇인가에 대해 질문한다. 역사가들은 이런 질문에 답하기 위해서 다양한 텍스트와 사료를 발굴하고 이용해서 역사학자가 관심을 가지는 사건을 재조명한다. 이 과정에서 역사학자는 사건이 일어난 당시의 맥락을 구성하면서, 사건을 맥락화(contextualize)시킨다. 개별적으로는 잘 이해가 안 되는 역사적 사건을 맥락화시킴으로써 이해하도록 만드는 것이 역사학적 방법론의 핵심이다. 물론 특정한 사건에 대한 이해를 더 깊게 하기 위해서 역사학자는 비교연구를 하기도 하고, 연속적인 사건들에서 나타나는 패턴을 고찰하기도 하며, 사건과 사건 사이의 인과관계를 탐구해보기도 한다. 그렇지만 어느 경우에도 역사학자가 만 가지 비슷한 사건을 고찰하는 경우는 없으며, 지구와 비슷한 만 개의 행성에서 진행되었던 역사를 비교하는 것을 상상하는 경우도 없다.[26)]

윌슨의 통섭 방법론의 문제는 많이 지적되었다. 특히 환원주의에

26) 역사학적 방법론에 대한 좋은 논의로는 데이비드 로웬덜, 김종원·한명숙 옮김, 『과거는 낯선 나라다』(개마고원, 2006) 참조. 역사적 방법과 전근대 과학의 방법 사이의 유사성에 대해서는 C. Ginzburg, "Morelli, Freud and Sherlock Holmes:

대한 철학적인 비판도 있어왔다. 그렇지만 필자가 보기에 윌슨의 가장 큰 문제는 그가 인문학자들의 연구와 잘 확립된 인문학적 지식을 구별하지 못하는 데에 있다. 과학자들과 마찬가지로 철학, 역사, 문학비평을 하는 인문학자들은 자신이 속해 있는 시기에 자신의 분야에서 중요하다고 간주되는 주제에 대해서 연구를 한다. 그중에는 기존의 문제에 대해서 새로운 해답을 제공하는 연구도 있고, 새로운 문제를 제기하고 이를 탐구하는 것도 있으며, 마치 과학에서 패러다임의 변화처럼 새로운 인식의 지평을 여는 연구도 있다. 이렇게 세상을 새롭게 바라보는 통찰을 제공하는 인문학의 연구들은 시간이 지나면서 정제되고 걸러져서 인문학 지식 체계로 통합되며, 이렇게 정제된 인문학 지식은 우리가 인문학의 고전에 대한 해석에, 인문학 교과서들에, 인문학 강의에 녹아 들어가서 사람들이 세상을 바라보고 이해하고 해석하는 틀을 제공한다. 많은 과학자들은 고전에 녹아 있는 인문학 지식이 인문학의 전부라고 생각한다.

인문학의 연구와 확립된 인문학 체계를 구분하지 못하는 데에서 생기는 오류는 모든 인문학이 세상에 대한 '해석'이라고 보는 것이다. 윌슨은 인문학과 과학의 차이에 대해서 다음과 같이 말하고 있다.

> (과학에서는) 독창적인 발견이 전부이다. 철학자 화이트헤드는 과학자들이 알기 위해서 발견한다기보다는 발견하기 위해서 안다고 말했다. (…) 만일 발견하지 못한다면 어떻게 될까? 그러면 당신은 과학 문화에 남길 수 있는 것은 거의 또는 아예 없다. (…) 물론 인문학자들도 발견을 한다. 그러나 그들에게 있어서 가장 독창적이고 가치 있는 작업은 대개 이미 존재하는 지식에 대한 해석과 설명이다. 만일 어떤 과학자가 의미를 조사하기 위해 지식을 분류하기 시작하면 그때부터 그는 인문학자로 분류된다.(117-118쪽)

Clues and Scientific Method," *History Workshop Journal* 9(1980), pp. 5-36 참조.

그의 이러한 인식은 과학과 마찬가지로 인문학에도 연구의 영역이 있고, 인문학자들이 새로운 해석의 '발견', 즉 창조에 매진한다는 사실을 이해하지 못하는 데에서 비롯된다. 과학에서 과학 연구의 결과가 새로운 발견이라고 '해석'되는 측면이 있듯이, 인문학의 해석에도 '발견'되는 측면이 있는 것이다.

과학은 객관적이고 인문학은 주관적이라는 이분법은 과학과 인문학의 대화에 별로 도움이 되지 못할 뿐만 아니라, 과학자들과 인문학자들이 수행하는 작업을 충분히 이해하지 못한 상태에서 나온 해석인 경우가 많다. 자연과학과 인문학에 대한 윌슨의 통섭은 인문학의 많은 분야를 충분히 이해하지 못한 채로 인식론, 문화, 세계에 대한 인문학적인 연구를 뇌과학, 진화심리학, 물리과학으로 환원할 수 있다는 '선언'에 그치고 있다. 이러한 태도는 인문학자들에게 자연과학자가 인문학에 대해서 편견만을 가지고 있다는 오해를 심어줄 우려가 있으며, 인문학과 자연과학의 진지한 만남을 촉진하기보다는 이를 저해할 수 있다.[27)]

4. 전통과 현대 한국 사회에서의 과학과 인문학

우리나라에서 인문학과 자연과학 사이의 거리는 무척이나 멀다. 최근에 인문학과 자연과학의 만남을 표방하는 모임이 활발하지만, 아직 지식의 상호 침투나 의미 있는 융합이 일어나는 경우는 많지 않다. 많은 논자들이 이 원인이 이과와 문과의 확연한 구분이라는 경직된 교육 구조에 있다고 비판한다. 충분히 설득력을 가진 주장이지만, 왜 우리나라에서 이과와 문과의 구분이 경직되었는가를 알기 위해서는 전

27) 이 글의 논점과 같지는 않지만 국내에서 이루어진 『통섭』에 대한 비판으로는 김흡영, 「통섭을 반대한다」, 전상인·정범모·김형국 엮음, 『배움과 한국인의 삶』(나남, 2008)을 참조.

통 한국 사회로까지 거슬러 올라갈 필요가 있다.

한국 전통 사회에서 인문학과 과학은 어떤 관계에 있었는가? 이를 알아보려면 중국 문화권의 동아시아 전통 사회에서 과학 지식이 어디에 위치했는가를 보아야 하는데, 이에 대해서는 과학 지식을 다음과 같이 크게 둘로 나누어볼 수 있을 것이다.[28)]

> 전문적인 기술적(실용적) 지식: 예컨대 산학(算學), 역법(曆法), 의학(醫學), 지리학(地理學), 기타 산업기술 또는 생활기술.
>
> 식자층의 형이상학적인 자연지식: 이(理), 기(氣), 귀신(鬼神), 자연(自然) 등에 대한 논의, 우주(宇宙)의 생성과 구조, 운동 등에 대한 논의.

여기서 전문적인 기술적 지식은 적어도 고대 사회에서는 군자(지식인)가 반드시 알아야 할 지식으로 인식되었다. 그러나 시대가 흐르면서 특히 신유학이 지배하던 중세 이후(중국의 송대 이후, 한국의 조선 이후)에 전문적 기술지식은 궁극적인 진리와는 질적으로 차이가 나는 '소도(小道)' 정도로 여겨졌고, 심지어는 소도에 매몰되면 인간세계와 자연의 원리를 궁극적으로 이해하는 데 방해가 된다고까지 간주되었다. 이후에는 전문적 기술지식이 성리학의 핵심인 윤리철학과는 질적으로 구분되는 것으로 받아들여졌을 뿐 아니라 군자가 추구해볼 만한 지식으로서 가치가 덜한 것으로 생각되었다. 따라서 대다수 지식인들은 이러한 전문지식을 등한시한 것이 사실이고, 전문 기술자들은 사회적으로 낮은 위치에 있는 부류의 사람들이었다. 조선 중기 이후에는 이러한 현상이 두드러져 전문 기술자들은 소위 '중인(中人)'이라 불리던 계층에 의해 독점되었다. 천문역산가, 산원(算員), 의원(醫員), 풍수가 등이 대표적인 중인 계층이었다.

---

28) Yung Sik Kim, "Chu Hsi on Specialized Knowledge," in his *The Natural Philosophy of Chu Hsi* (1130–1200) (American Philosophical Society, 2000), pp. 245–294.

그렇지만 유학자들이 전문지식을 아주 쓸모없는 것으로 무시한 것은 결코 아니었다. 과거를 통과해서 관료로서 국가 운영을 하면서 유학적 지식을 적용함으로써 궁극적인 윤리철학과 세계지식을 실천하는 것이 모범적인 유학자의 상(像)이었기 때문에, 모범적인 관료가 되기를 원하는 학자들은 전문적인 기술부서의 고위 책임자로서 기술적 작업과 기술자들의 작업을 관리할 수 있을 정도로는 전문지식을 겸비해야 했던 것이다. 그러나 더 중요한 부분은 형이상학적인 자연지식 분야이다. 이(理), 기(氣), 귀신(鬼神), 자연(自然) 등에 대한 논의, 우주(宇宙)의 생성과 구조, 운동 등에 대한 논의 등은 식자층들이 중요하게 관심을 가졌던 지식이었다. 물론 이것들이 아주 세밀하게, 그리고 지적 호기심을 가지고 지속적으로 추구되지는 않았다. 유학자들은 여기에 단지 인간 사회와 윤리에 대한 이해를 깊게 하기 위한 기초 지식으로서의 가치를 부여하고 관심을 가졌다. 그러나 이러한 주제들은 성리학의 지적 체계에서 가장 기초가 되는 개념과 범주들이었다. 다시 말해서 이와 같이 형이상학적인 자연지식은 윤리철학과 사회이론 등에 비해서는 부차적인 것으로 간주되었지만 지식의 체계 차원에서는 핵심적인 위치에 있었음이 분명했다.[29)]

이러한 상황을 서구와 비교해보자. 동아시아의 지식 세계에서 자연지식은 서구의 근대 '자연철학'이나 자연과학과 같이 독립된 지식으로서 존재하지는 않았다고 할 수 있다. 다시 말하면 자연지식은 인간 사회와 도덕에 관한 지식과 분리된 것이 아니었다. 이런 의미에서 동양의 자연지식, 즉 자연학은 인문학과 분리된 것이 아니었다고 할 수 있다. 보다 더 정확하게는 동양의 인문학은 자연지식을 포함하는 것이었다고도 말할 수 있을 것이다. 이와 같이 동양의 인문학은 자연학과 분리된 것이 아니고 자연지식을 포함한 것이었기 때문에, 전문적

29) Yung Sik Kim, "Science and the Confucian Tradition in the Work of Chong Yakyong," 《다산학》 5호(2004), 127–168쪽.

기술지식을 담당하던 부류의 중인층과는 다르게 자연철학적 지식을 지니고 사색하던 모든 과학자들은 도가 또는 유가 사상가들이었다. 우리가 알고 있는 소위 '실학자' 들을 포함해서 모든 사상가들이 그러했다.

대표적으로 홍대용과 최한기를 들어보자. 그들은 조선후기 대표적인 실학자로서 현대의 과학사가들에 의해서 과학자로 불리기도 할 정도로 깊은 과학지식을 지니고 있었던 학자들이었다. 그러나 그들이 오로지 과학지식만을 지닌 학자였거나, 자연지식이 그들의 지적 활동에서 핵심이었다고는 말하기 어려울 것이다. 홍대용은 지동설과 상대적 우주론을 설파한 『의산문답』이라는 유명한 저서를 남겼지만, 『의산문답』이 그의 저작 활동 전체에서 차지하는 위치는 사실 크지 않았다. 오히려 홍대용의 주된 관심은 인간과 사회에 대한 총체적 이해였다고 할 수 있다. 이에 비하면 최한기는 상당히 많은 과학 저술을 남긴 인물이다. 그러나 그에 못지않게 『인정(人政)』 등과 같은 인문사회학적인 저술도 많이 남겼다. 특히 그가 평생을 통해 확립하려고 했던 '기학(氣學)' 은 자연학과 인문사회학을 종합하는 통합학문의 체계를 추구하려던 것이었다. 그 속에서 자연학과 인문학은 질적으로 구별되는 지식이 아니었다.[30]

그렇지만 인간과 도덕에 대한 인문학적인 성찰과 자연에 대한 철학적인 탐구를 구별하지 않고 통합학문을 추구한 실학자들의 전통은 서양의 과학기술이 들어온 19세기 후반에 사라졌다. 서양의 학문이 물밀듯이 밀려오던 20세기 초엽에는 이미 "양반의 자식이 정치나 법률을 학(學)할 것이지 공업이 무엇이냐"(《황성신문》, 1909)는 태도가 보편적인 것이 되었다.[31] 어떤 의미에서는 서양의 과학기술은 조선 초기

30) 임종태, 「무한우주의 우화—홍대용의 과학과 문명론」, 《역사비평》(2005년 여름호), 261-285쪽; 문중량, 「崔漢綺의 기론적 서양과학 읽기와 기륜설」, 《대동문화연구》 제43집(2003), 273-312쪽.

의 '잡학'으로 간주되고, 법학과 문학 같은 인문학은 유학이 하던 일을 이어받은 것이 되었다. '동도서기(東道西器)'라는 개화사상은 서양의 과학기술이 도(道)와 같은 정신을 결여한 기법(테크닉)에 불과하다는 가정을 기반으로 하고 있었다. '사농공상(士農工商)'의 위계가 다시 부상했고, 일제시대가 되면 이 상황은 더 심각해졌다. 1920년대 《개벽》 지와 《별건곤》 지는 과학에 대한 조선 사람들의 무관심을 탄식하는 다음과 같은 글을 싣고 있다.[32]

> 그런데 재래의 우리 신교육계에서는 과학, 특히 생물학 같은 자연과학은 경(輕)히 여기는 폐가 있는 듯합니다. 이과교육은 이를 받는 학생은 물론이고 이를 주는 교사까지도 그 진의의(眞意義)를 모르는 것 같습니다. 어학이나 역사, 문학 같은 것은 상당히 주중(注重)하면서도 과학은 경히 여겼습니다. 해외의 유학생들을 보더라도 법, 정, 경제, 문학 같은 문과부류의 학과를 배우는 자만 많고 이과부류의 학과를 택하는 자는 적습니다. 의학, 공학 같은 응용이학을 배우는 자는 혹 있되 과학을 위해서 과학을 배우는 자는 거의 없다고 할 만합니다.

> 청년남녀간에 문학이라든지 문사란 말이 많은 매력을 가진 듯합니다. [그러나] 조선에서 가장 필요한 것이 우선 부력획득의 원천이 되는 이과부류의 자연과학, 응용과학(의, 공, 농 등)의 지식인데 청년이 이런 방면으로 흥미를 가지는 것이 극히 박하고 문과부류로 들어가는 경향이 많은 점으로 슬퍼할 만한 일이외다.

과학과 인문학의 거리는, 해방 이후 우리나라가 경제성장을 위해서 과학기술의 발전을 도구적으로 채용하고, 인문학과 같은 학문을 이데올로기적으로 동원하면서 더욱 멀어졌다. 일제시대에 활동했던 문인

---

31) 박성래, 「조선 유교사회의 중인기술교육」, 《대동문화연구》 17(1983), 267-290쪽.

32) 경서학인, 「문학에 뜻을 두는 이에게」, 《개벽》 제21호(1992. 3. 1.); 최병화, 「과수원에 있는 M군에게」, 《별건곤》 제14호(1928. 7. 1.).

이광수는 『개척자』(1917년)에서 화학실험에 몰두하는 화학자 이성재를 주인공으로 내세워서 조선의 숙명적 세계관을 비판했고 『사랑』(1939년)에서는 다양한 약품을 개발하는 외과의사 안빈을 주인공으로 삼았지만, 산업 근대화가 추진되던 1970년대 이후에 과학기술자가 주인공인 소설은 거의 찾아볼 수 없다. 비판적인 문인과 인문학자들은 경제 성장이라는 화려한 이름을 걸고 자신을 정당화하는 독재정권의 이데올로기를 비판하는 데 주력했고, 경제 성장의 기치에 동참한 듯 보이는 과학기술에 더욱 거리를 두었다. 1970년대와 1980년대를 통해서 한국의 의식 있는 인문학자들은 독재, 성장, 개발, 과학기술에 대해서 저항하거나 적어도 비판적인 태도를 취했고, 반면에 좁은 전공교육만을 받은 과학기술자들은 자신의 연구를 제외한 다른 문제, 특히 사회의 문제에 무관심했다. 이러한 상황에서 과학과 인문학의 간극은 개인의 삶과 사회의 발전 방향을 정하는 가치 체계를 둘러싼 심각한 대립의 양상으로 발전했다.[33]

과학과 인문학의 대화를 강조하는 지난 몇 년의 경향은 1970-1980년대의 한국 사회를 지탱하던 이념들이 더 이상 한국 사회를 이해하고 바꾸어 나가는 데 도움이 되지 않는다는 인식에서 출발했다. 이제 우리나라 사람들이 군사독재에 대해서 걱정을 하지 않듯이, 이에 저항하던 이념 역시 복잡해지고 불확실해진 우리 사회를 설명하는 데 한계를 노정하기 시작했다. 발전인가 아니면 민주화인가라는 식의 이분법이 통하지 않듯이, 자연의 진리를 탐구하는 과학인가 아니면 삶의 가치를 강조하는 인문학인가라는 이분법 역시 의미를 상실했다. 우리가 해결해야 하는 개인의 문제나 사회 갈등은 과학기술은 물론 이를 둘러싼 사람들의 심리와 행동, 개인과 사회가 지향하는 가치, 그리고

33) 임종태, 「전근대시기 과학기술과 인문학의 관계 및 변화」, '제2회 과학문화 심포지엄—문/이과 구분의 문제점, 그 역사와 현주소' (2006년 9월 15일, 서울대학교) 발표 원고.

복잡한 사회의 작동 방식에 대한 복합적 이해를 요구하는 것이 많아졌다. 기업이 엔지니어들에게 사람들과의 커뮤니케이션 능력을 요구하고, 문과 전공자들에게는 발전하는 테크놀로지에 대한 감각을 기르라고 요구하는 데에서 볼 수 있듯이 우리 사회는 과학과 인문학의 만남과 (더 나아가) 융합을 필요로 하고 있다.

맺는말: 과학과 인문학의 바람직한 만남을 위해서

자연과학과 인문학은 인간을 포함한 세상을 이해하는 상보적인 방식이다. 이 두 분야는 모두 창의성에 높은 가치를 두고, 창의적인 성과를 내게 할 방법들을 공유한다. 창의적인 사람들은 세상을 표상할 다양한 방법들을 발전시키며, 그 과정에서 우리의 삶을 충만하고 생기가 넘치게 만든다. 이 점에서 과학과 인문학은 목표를 공유하고 있다고 할 수 있다. 미국의 첫 노벨상 수상자인 물리학자 마이켈슨이 사망했을 때 아인슈타인은 그에 대한 조사(弔辭)에서 마이켈슨을 '과학의 예술가' 라고 묘사했다. 마이켈슨은 과학적 이해의 본질이 대상에 대해서 경이감을 느끼는 것이라고 하면서, 자신과 같은 물리학자가 시인일 수 있다면 연구 대상이 불러일으키는 충만감과 거의 존경에 가까운 느낌을 더 잘 전달할 수 있을 것이라고 강조했다.[34)]

그렇지만 아직도 우리의 과학자들에게서는 인문학의 성찰을 폄하하고 무시하는 경향을 쉽게 볼 수 있다. 이러한 경향은 사실 오랜 역사를 가지고 있다. 독일 문호 괴테가 수십 년에 걸쳐서 연구한 색채이론을 두고 영국의 물리학자 토머스 영은 '인간 지성의 도착(倒錯)' 을 보여주는 좋은 예라고 이를 폄하했다. 영은 뉴턴의 색채이론을 비판하는 것을 목적으로 한 괴테의 실험이 허술하게 수행되고 그 결과도

34) Dorothy Michelson Livingston, "Michelson, Artist in Physics," *Science/Technology & Humanities* 1(1978), pp. 187–192.

잘못 해석되었다는 사실을 지적한 것인데, 이러한 평가는 색채에 누구보다도 민감한 화가들이 뉴턴의 색채이론보다 괴테의 색채이론을 선호했다는 점을 무시한 채로 이루어졌다. 괴테의 색채이론은 빛의 색깔이 인간의 생리적 작용에 의해서 어떻게 받아들여지는가를 포함한 것이었는데, 이를 위해서 괴테는 뉴턴의 7가지 기본색을 비판하고 빨강, 노랑, 파랑의 삼원색을 주장하면서 이 각각에 초록, 보라, 주황이 심리적 보색으로 대응된다고 강조했다. 빨강이 정열과 흥분, 파랑이 수축과 차분함에 대응한다는 색깔의 심리적 효과를 처음 주장한 사람도 괴테였다. 인간이 색깔을 인식하는 메커니즘에 대한 최근의 연구는 괴테의 이론이 과학적 타당성을 가지고 있는 이론이라는 것을 잘 보여주고 있다.[35]

서로에 대한 오해와 무지는 과학자들에게만 국한되지 않는다. 상당수의 인문학자들은 인문학의 본질이 '어떻게 살 것인가' 또는 '어떻게 사는 것이 올바른 삶인가' 란 물음에 해답을 주는 것이라고 강조하면서, 과학은 이러한 문제에 무력하다고 주장한다. 더 나아가서 어떤 인문학자들은 과학이 세계와 인간성을 황폐화함으로써 이러한 가치의 문제를 질곡시킨다고 역설한다. 그러나 이러한 주장을 하는 인문학자들은 지금 '어떻게 살 것인가' 라는 질문에 유의미한 답을 얻어내기 위해서는 역사, 철학, 윤리와 같은 인문학 교육만으로는 부족하다는 점을 간과하고 있다. 불확실한 기술 사회에서 살아가야 하는 우리가 이 질문에 제대로 대답하기 위해서는 인간을 이해하는 데 도움이 될 과학의 성과에 대해서, 과학기술과 사회의 관련성에 대해서, 과학적 태도와 탐구 방법의 특성에 대해서, 과학기술의 가능성과 잠재적·

---

35) Neil M. Ribe, "Goethe's Critique of Newton: A Reconsideration," *Studies in History and Philosophy of Science* 16(1985), pp. 315–335; Neil M. Ribe and Friedrich Steinle, "Exploratory Experimentation: Goethe, Land, and Color Theory," *Physics Today*(July, 2002) available at http://www.aip.org/pt/vol-55/iss-7/p43.html.

현실적 문제에 대해서 더 깊이 이해해야 한다. 인문학은 가치(value)를 다루고 과학은 사실(fact)을 다룬다는 이분법을 고수한 상태에서는 인문학과 과학 모두 절름발이일 수밖에 없다.[36)]

오랫동안 서로 다르고 상반되는 것이라고 간주된 한국의 인문학과 자연과학 사이의 소통은 '통섭'이 아니라 조심스러운 '접촉'에서 시작해야 한다. 이 접촉을 위해서는 상대에 대한 새로운 태도를 지녀야 한다. 이는 낯선 사람들과의 대면, 혹은 낯선 문화를 가진 주민들과의 대화에 필요한 태도이다. 여행을 가서 타인을 만났을 때 더 조심스러운 태도를 가져야 하는 것과 흡사하다. 우선 인문학자들과 자연과학자들은 서로에 대해서 서로의 학문이 가치 있는 것임을 인정해야 한다. 데리다와 푸코에 대한 신문에서의 짧은 서평을 바탕으로 이들의 철학이 '포스트모던 쓰레기'라는 식으로 간단히 매도하는 태도는 서로의 대화를 위해서 바람직하지 못하다. 이는 초끈이론(superstring theory)을 이해하지 못한 인문학자가 자신의 작은 경험을 확장해서 '과학 연구의 대부분은 과학자 개인의 호기심을 만족시키기 위해서 국민의 세금을 낭비하는 일'이라고 단정짓는 경우에 해당된다.

상대방의 분야를 인정하는 것만으로 소통이 되는 것은 아니다. 과학과 인문학의 소통을 위해서는, 과학자들이 인문학자들이 흥미로워할 만한 자신들의 관심사에 대해서 이야기를 해야 하고, 역으로 인문학자들은 과학자들의 흥미를 끌 만한 주제를 화두로 던져야 한다. 이 과정에서 다른 전공자들의 영역에 자신이 쉽게 접근할 수 있을 것이라는 성급한 기대를 하는 것은 위험하다는 점을 명심해야 한다. 다른 전공에 접근하는 것은, 다른 언어를 쓰는 다른 문화 속에 들어가는 것을 의미한다. 자신이 타인의 언어를 잘 이해하지 못할 뿐만 아니라,

36) 가치와 사실의 이분법에 대한 흥미롭고도 통찰력 있는 비판과 대안이 Bruno Latour, *Politics of Nature: How to Bring the Sciences into Democracy*(Cambridge, Mass.: Harvard University Press, 2004)에 있다.

타인도 나의 언어에 대해서 생소한 느낌과 심지어 경계심을 가지고 있음을 감안해야 한다. 따라서 자신의 지식을 충분히 설명했다고 생각해도, 상대방이 내가 설명한 내용의 미묘한 점을 이해했다고 기대하거나 나의 언어로 내게 유용한 피드백을 즉각 줄 것이라고 기대를 하는 것은 조급하다.

서로 다른 전공의 벽을 깨고 융합으로 얻어지는 창의적인 결과를 만끽하기 위해서는 일단 인문학과 과학이 다른 문화라는 점을 받아들여야 한다. 다른 문화로 들어가는 것은 다른 언어를 배우는 것이고, 자신이 두 개 언어를 구사하는 '바이링구얼(bilingual)'로 변신하는 것을 의미한다. 그렇지만 이 과정이 소통을 어렵게 할 만큼 힘들다거나 오래 걸리는 것은 아니다. 방학을 이용해서 외국을 여행할 때 여권과 비행기표만 들고 공항에 나가는 학생들은 거의 없다. 여행자들은 외국을 소개한 책을 보고, 중요한 목적지를 정하고, 그 나라의 간단한 말을 공부하고, 비상시에 필요한 사전이나 회화 가이드북을 지참한다. 더 많이 준비를 할수록 더 깊이 있는 여행을 즐길 수 있다. 이렇게 해서 얻어진 타국에서의 경험 중에는 인생의 진로를 완전히 바꾸어버릴 정도로 강력한 것도 있을 수 있다.

다른 분야와의 만남도 이와 흡사하다. 인문학과의 만남을 강조하는 과학자들, 과학과의 소통을 주장하는 인문학자들이 취해야 할 태도는 상대에게 내 지식을 가르치겠다는 교사의 태도가 아니라, 낯선 문화를 탐구하는 여행자의 태도이다. 전 세계를 통해 가장 많이 팔린 '프로머 트래블 가이드(Frommer's Travel Guides)' 시리즈를 출판한 프로머는 여행의 가치에 대해서 다음과 같이 얘기하는데, 이는 지도를 놓고 낯선 마을을 찾아가는 실제 여행객이나 지식의 세계에서 과학과 인문학의 경계를 넘어 낯선 분야를 탐구해보는 지식인 모두가 귀를 기울일 가치가 있다.

여행이 관광을 의미한다면, 그것은 시간이나 노력의 가치가 없다. 내 흥미를 끄는 것은 다른 사람들과 다른 관념들이다. 나는 내 종교, 내 정치관, 내 사회적 태도처럼 내가 믿는 모든 것이 전혀 다른 관점에 의해 도전을 받음으로써 나를 놀라게 하는 곳에 가는 것을 좋아한다. 이러한 환경 속에서 우리는 우리의 가정을 재평가할 수 있고, 이로부터 배울 수 있다. 그 보답은 놀라운 것이다.[37)]

37) Arthur Frommer, in Michael Shapiro, *A Sense of Place*(Travelers' Tales, 2004). 여기서는 http://www.vagablogging.net/04-10/arthur-frommer-on-why-travel-should-be-more-than-mere- sightseeing.html에서 참조. 이 장의 일부는 필자의 「자연과학과 인문학의 대화: 역사를 통해 본 접점과 상호 작용」, 김용석 외, 『인문학의 창으로 본 과학』(한겨레신문사, 2006), 211-241쪽; 「21세기 한국의 자연과학과 인문학」, 최재천·주일우 엮음, 『지식의 통섭: 학문의 경계를 넘다』(이음, 2007), 273-298쪽에 출판된 것을 수정·보완했다.

제2장

과학과 예술

새 밀레니엄을 열던 2000년, 시카고의 미술가 칵은 프랑스 농업연구소 과학자들과 함께 만든 토끼 '지에프피 버니(GFP Bunny)'를 자신의 예술품으로 전시할 계획을 세웠다. 그의 토끼는 유전자 변형에 의해서 초록색 형광을 내도록 만들어진 것이었다. 농업연구소가 전시 직전에 토끼를 압수하는 바람에 그의 계획대로 전시가 열리지 못했지만, 이 사건은 그보다 몇 년 전에 인간 배아의 발전 단계를 사진으로 찍어 전시했던 채드윅의 작품 〈네뷸러(Nebula)〉만큼이나 사회 각층에 커다란 반향을 불러일으켰다. 병원에서 얻은 잉여 난자와 배아를 사용한 채드윅의 〈네뷸러〉에서 난자와 배아는 마치 19세기 빅토리아 시대에 상류층이 좋아하던 보석처럼 여러 가지 영롱한 빛깔을 내고 있으며, 다른 한편으로는 우주에서 영롱하게 빛나는 천체와도 흡사했다(그림 1). 이 두 작품은 유전적으로 변형된 생명체나 버려진 배아가 예술 작품이 될 수 있는지, 유전자 변형 생명체가 하루가 멀다 새로 만들어지는 지금, 예술은 과학이 나아갈 방향을 어떻게 보는지, 과학과 예술의 경계는 어디인지에 대한 뜨거운 논쟁을 불러일으켰다.[1)]

비슷한 시기에 물리학자들과 생물학자들은 자신의 분야에서 '가장

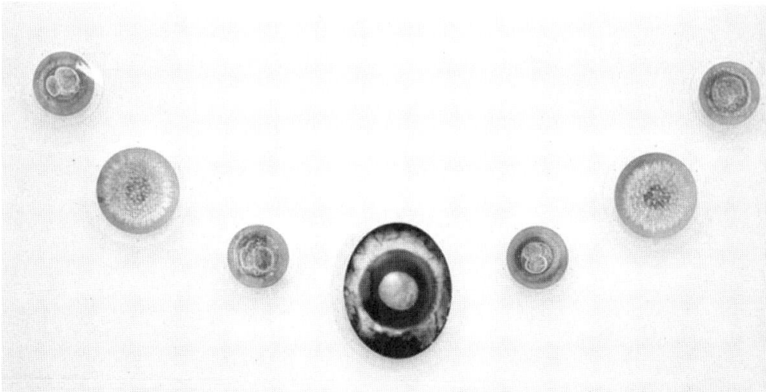

그림 1 헬렌 채드윅의 〈네뷸러〉(1996년)

아름다운 실험'을 선정했다. 대중적인 물리학 잡지 《피직스월드(*Physics World*)》는 200명의 물리학자들로부터 의견을 받아 물리학의 역사를 통해 가장 '아름다운' 실험 10개를 꼽았다. 지난 수백 년의 역사를 통해 이루어진 숱한 물리 실험에서 물리학자들은 1961년 독일의 클라우스 욘손이 토머스 영의 이중 슬릿 실험을 한 개의 전자에 적용함으로써 전자가 파동-입자의 이중성을 가지고 있음을 결정적으로 증명한 실험을 1위로 꼽았다.[2] 반면에 생물학자들은 자연선택 메커니즘의 교과서적인 사례를 보인 케틀웰의 나방 실험(1955년)과 유전자 염기 3개가 조합되어 유전 정보의 단위를 형성한다는 사실을 보인 크릭의 실험(1961년)으로 후보를 좁히는 데까지 의견 일치를 보았지만, 1등을 내는 데에는 실패했다.[3]

1) http://www.ekac.org/gfpbunny.html; Siân Ede, "Science and the Contemporary Visual Arts," *Public Understanding of Science* 11(2002), pp. 65-78; Steve Tomasula, "Genetic Art and the Aesthetics of Biology," *Leonardo* 35(2002), pp. 137-144.

2) Robert P. Crease, "The Most Beautiful Experiment," *Physics World* (September, 2002) available at http://physicsweb.org/articles/world/15/9/2/1.

이렇게 최근 들어 예술가들은 과학과 기술에 더 많이 의존하고, 과학자들은 '아름다움'과 같은 미학의 언어를 더 자주 사용하고 있다. 이런 조류를 반영하듯이 과학과 예술 사이의 상호 작용이라는 주제는 최근 미술사학자들은 물론 과학기술사학자들에 의해서 활발하게 연구되고 있다. 이미 반세기 전에 과학철학자 툴민은 "물리학의 모든 주요 발견들의 근본은 새로운 재현 기법과 추론을 연역해내는 테크닉의 발견이다."라고 '재현'의 중요성을 강조했다.[4] 재현의 문제는 1970년대 중반 이후에 과학사학자들과 과학사회학자들의 본격적인 연구의 대상이 되었고, 이 과정에서 재현을 매개로 이루어지는 과학과 예술 사이의 상호 작용이 주목을 받기 시작했다.[5] 또 과학적 실행의 다양성과 복잡성이 밝혀지면서, 서로 전혀 다른 것이라고 간주되던 과학적 실행과 예술적 실행 사이의 유사성도 지적되었다.[6] 이들의 논의는 과학에 대한 전통적인 논리실증주의적 관점과 반(反)논리실증주의적

---

3) AIBS(American Institute of Biological Sciences), "Biology's Most Beautiful,"(2003); AIBS, "Editorial: Beautiful Biology,"(2004) at http://www.aibs.org; Frederick L. Holmes, *Meselson, Stahl and the Replication of DNA: A History of "The Most Beautiful Experiment in Biology"*(New York, 2001).

4) Stephen Toulmin, *The Philosophy of Science*(London: Hutchinson, 1953), p. 34.

5) Michael Lynch and Steve Woolgar, *Representation in Scientific Practice*(Cambridge, Mass.: MIT Press, 1990); Brian Baigrie ed., *Picturing Knowledge: Historical and Philosophical Problems Concerning the Use of Art in Science*(Toronto, 1996); Martin Kemp, *Visualizations: The Nature Book of Art and Science*(Oxford: Oxford University Press, 2000); Bruce Clarke and Linda Henderson, *From Energy to Information: Representation in Science and Technology, Art and Literature*(Palo Alto, Calif.: Stanford University Press, 2002).

6) E. H. Gombrich, "Experiment and Experience in the Arts," in R. B. McConnell ed., *Art, Science and Human Progress*(London: John Murray, 1983), pp. 145–173; Gunther S. Stent, "Meaning in Art and Science," in K. Pfenninger and V. Shubik eds., *The Origins of Creativity* (Oxford: Oxford University Press, 2001), pp. 31–42.

관점을 모두 보완·비판하면서 과학의 실행에 대한 새로운 해석과 이해를 얻어보려는 노력의 일환이었다.

지난 몇 년간 국내에서도 과학과 예술의 만남이 화제였다. 2005년에 〈로봇 — 백남준에서 휴보까지〉, 〈과학과 예술의 판타지〉처럼 과학과 예술의 만남을 주제로 한 전시회가 여러 차례 개최되었고, 백남준 씨의 죽음을 접하면서 과학기술과 예술의 접목을 추구했던 그의 예술세계가 집중적으로 조명을 받았다. 카이스트(KAIST) 대학원에는 과학기술과 예술의 융합을 가르치고 연구하는 문화기술과가 문을 열었고, 국립중앙과학관과 대전시립미술관이 협정을 맺어 새로운 '과학예술' 창조에 힘을 합치기로 협약서를 맺었다. 이러한 움직임은 예술계 쪽에서도 감지되었는데, 2005년 제5회 미술세계작가상은 과학과 예술의 결합을 잘 이용한 서양화가 임근우 교수의 〈고고학적 기상도〉에게 돌아갔다. 2007년에는 '과학, 예술을 만나다' 라는 행사가 과학문화재단의 주체로 이루어졌다.

과학과 예술 — 특히 시각 예술인 미술 — 의 관련과 상호 작용을 분석하는 본 장은 세 가지 목적을 가지고 있다. 첫 번째 목적은 과학과 예술의 상호 침투 가능성과 양상을 철학적·역사적으로 분석함으로써 과학과 예술이라는 두 문화 사이에 놓여 있는 간극을 좁히고 공동 관심사와 중첩된 영역을 드러냄으로써 서로에 대한 관심을 유발한다는 것이다. 두 번째는 과학적 실행과 예술적 실행에 대한 최근의 연구 성과를 소개하고 이에 대한 상세한 분석을 통해서 과학적 창의성과 예술적 창의성의 본질에 한 발 더 접근한다는 것이다. 이 장의 세 번째 목적은 과학과 예술의 창의성의 공통점을 조명함으로써 예술과 마찬가지로 과학에서도 '상상력(imagination)', '직관(intuition)', '감정(emotion)', '시각화(visualization)' 의 중요성을 강조하는 것이다. 특히

---

7) 틴덜과 블레이크는 Lorraine Daston, "Fear and Loathing of the Imagination in Science," *Daedalus* 127(1998), pp. 73–95에서 재인용.

마지막 결론은 우리의 과학 교육과 과학 담론에 시사하는 바가 많다. 지금까지 한국의 과학 교육과 과학 담론은 과학이 마치 교과서에서나 볼 수 있는 논리적 추론과 실험적 검증, 수학적 연역으로만 구성된 것처럼 강조하곤 했는데, 이 논의를 통해서 우리는 과학에 대한 협소하고 기계적인 이해에서 벗어나, 상상력과 직관, 감수성과 시각화를 복원하는 것이 과학적 창의성을 한 단계 더 높이는 길임을 알 수 있을 것이다.

1. 과학과 예술의 차이점을 강조하는 관점들

과학과 예술은 과학자와 예술가라는 각각의 전문가 집단에 의해서 수행되는 인간의 활동이다. 과학과 예술은 상이한 훈련을 받고, 상이한 개념적·실질적 도구를 사용해서 세상을 이해하며, 그렇게 이해한 세계를 다른 방식으로 다른 수용자에게 전달한다. 따라서 사람들은 과학과 예술이 인간의 다양한 활동 중에서 양 극단에 위치하며, 더 나아가서는 과학과 예술이 물과 기름처럼 상극 관계에 있다고 보는 경향이 있다. 과학과 예술의 만남이 무의미하며, 가능하지도 않다는 견해는 보통 다음과 같은 네 가지 근거를 (혹은 이 근거들의 조합을) 내세우며 그 타당성을 주장한다.

과학과 예술이 무관하다는 첫 번째 근거는 과학과 예술이 인간의 지적(知的) 능력의 상이한 측면을 나타낸다는 것이다. 즉 과학은 주로 분석(analysis), 이성(reasoning), 판단(judgement)과 같은 지적 능력에 기인하는 반면에, 예술은 종합(synthesis), 상상력(imagination), 그리고 재치(wit)와 같은 능력에 기인한다는 것이다. 이러한 생각은 마치 상식처럼 인구에 회자되며, 과학자와 예술가들 사이에도 널리 퍼져 있다. 원자론의 타당성을 주장했던 19세기 영국의 과학자 틴덜은 자연철학자들이 연구를 할 때 끈기있는 실험과 관찰에 의존을 해야지 상상력에 의존해서는 안 된다고 강조했다. 반면에 시인이자 화가인 윌리엄 블레이크는 "대체 이성이 그림 그리는 데 무슨 소용이 있단 말인가? 시인에게는 오직 한 가지 능력, 즉 신성한 비전인 상상력만이 필요하다."고 이성을 폄하했다.[7] 감정과 이성은 천재성과도 연결이 된다. 독일의 대철학자 칸트는 뉴턴을 존경했지만, 뉴턴의 업적이 기하학적 논증과 같은 이성에 근거했기 때문에 평범한 과학자들까지 이를 따라 할 수 있다는 이유에서 뉴턴에게 '천재'라는 호칭을 부여할 수 없다고 했다. 칸트에 의하면, 천재란 다른 사람들이 따라 할 수 없는 업적을 내는 사람들, 즉 위대한 예술가와 같은 사람이었기 때문이다.[8]

두 번째 주장은 과학과 예술이 상이한 대상을 다룬다는 것이다. 과학은 인간의 외부에 실재하는 자연의 사실과 법칙을 다루며, 과학자들은 사실과 법칙을 발견한다. 반면에 예술은 인간의 내면에 존재하는 심성을 탐구하며, 따라서 예술가들은 미적 가치를 발견한다기보다는 '창작'하고 '구성'한다는 주장이다. 상식적으로도 우리는 '뉴턴이 운동 법칙을 발견했다'고 하지 '법칙을 창작했다'고 하지 않으며, '베토벤은 합창 교향곡을 만들었다(창작했다 혹은 구성했다)'고 하지 '합창 교향곡을 발견했다'고 하지 않는다. 다른 말로 해서 예술의 결과물은 항상 '개인적인 것(personal entity)'으로 남아 있지만, 과학의 법칙은 '개인을 초월한 것(impersonal entity)'이다.[9] 1970년대 초엽에 동료 생물학자들을 인터뷰한 분자생물학자 스텐트는 대다수의 생물학자들이 왓슨과 크릭이 없었어도 누군가가 곧 디엔에이(DNA)의 이중나선구조를 발견했겠지만 셰익스피어가 없었으면 『오셀로』는 결코 쓰이지 못

8) Simon Schaffer, "Genius in Romantic Natural Philosophy," in Andrew Cunningham and Nicholas Jardine eds., *Romanticism and the Sciences*(Cambridge: Cambridge University Press, 1990), pp. 82–98.

9) Victor F. Weisskopf, "Art and Science," *American Scholar* 48(1979), pp. 473–485, on p. 481.

했다고 생각한다는 것을 알게 되었다. 이는 과학자들까지도 과학은 객관적 실재나 사실의 발견이고, 예술은 주관적 심성의 구성이라는 생각을 자연스럽게 공유하고 있다는 사실을 잘 보여준다.[10)]

세 번째로는 개인의 성장 과정을 통해 과학적인 능력이 두드러지는 시기와 예술적인 능력이 뛰어난 시기가 반복해서 등장하듯이, 과학과 예술의 흥망성쇠가 역사를 통해서도 반복되어 나타난다는 주장이다. 이러한 주장의 기원은, 인간의 능력을 개념을 결합하는 능력(예술)과 개념을 분해하는 능력(과학)으로 나눈 18세기 영국의 철학자 로크의 인식론까지 거슬러 올라간다. 개념을 종합하는 능력을 예술적 상상력으로 보고 개념을 분해하는 능력을 과학적 이성으로 본다면, 예술과 과학은 각각 인간의 능력 중에 '종합(synthesis)'과 '분석(analysis)'에 대응한다. 그런데 종합을 하기 위해서는 우선 분석을 통해 새로운 개별적 사실을 많이 알아내야 한다. 따라서 인간의 생애는 물론 인류의 역사를 통해 분석(과학)의 시기가 종합(예술)의 시기보다 선행하며, 종합이 이루어진 뒤에는 다시 새로운 분석의 시기가 뒤따른다. 이러한 관점에 의하면 과학과 예술이 같은 시기 동안에 함께 발전하는 일은 일어나지 않는다(표 참조).[11)]

이러한 주장과 흡사하게 세상에 대한 상이한 접근 방식을 기준으로 과학과 예술을 나누는 관점이 있다. 즉 예술은 세상에 대해서 총체적 접근을 하고, 과학은 비총체적 혹은 환원적 접근을 한다고 보는 것이다. 이에 의하면 인간을 외부 세상과 결합시켜서 총체적으로 함께 이해하는 예술·종교·신화가 인류 역사를 통해서 먼저 발전했고, 르네

---

10) Gunther S. Stent, "Prematurity and Uniqueness in Scientific Discovery," in *Scientific Genius and Creativity: Readings from Scientific American*(New York: Freeman, 1982), pp. 95−104.

11) 이러한 주장은 매우 오래된 것이다. 일례로 [J.T.K.], "The Alternation of Science and Art in History," *Contemporary Review* 10(1869), pp. 285−295를 볼 것.

분석	종합	분석	종합	분석	종합
0–3세	3–6세	6–7세	7세– 청소년기	청년기	35세 이후
이집트	그리스	로마	초기 기독교	비잔틴	중세 이후

상스 이후에야 인간의 인식과 세상을 분리해서 파악하는 과학이 새롭게 발전했다는 것이다. 이러한 관점을 주장하는 사람들은, 세상에 대해 근본적으로 다른 접근 방식을 취하는 과학과 예술의 가장 바람직한 관계는 '상보적(complementary)' 인 것이라는 결론을 내린다.[12)]

마지막으로, 과학 발전의 구조적인 특성이 과학과 예술을 본질적으로 구분 짓는다는 주장이 있다. 과학사학자 토머스 쿤은 과학과 예술을 비교한 논문에서 지난 150년 동안에 과학과 미술이 점점 더 상이한 활동이 되어갔음을 주장했다. 우선 쿤은 '재현' 이라는 요소가 과학과 미술에 공통으로 있기는 하지만, 과학에서의 재현은 수단이고 부산물임에 반해서 미술의 재현은 그 자체가 목적이자 최종 결과라고 이 둘의 차이를 강조했다. 이어서 쿤은 과학과 예술 모두에 '문제풀이' 와 '미학' 의 측면이 있지만, 과학에서는 문제풀이가 목적이고 미학은 이를 달성하는 한 가지 수단임에 반해, 미술에서는 그 관계가 뒤바뀐다고 보았다. 마지막으로 그는 과학에서는 대중이 중요하지 않지만 미술에서는 대중이 중요하고, 비슷한 이유로 과학에서 '과거의 과학' 이 박물관에만 존재함에 비해 예술에서는 미술관에 전시된 '과거의 예술' 이 현재 예술가들에게 무척 중요하다는 점을 지적했다. 즉 문제풀이라는 정상과학(normal science)과 패러다임의 변화로 나타나는

12) 여기서 상보적(complementary)이란 파동–입자의 상보성처럼 상호 배타적인 것이 공존함으로써 세상에 대한 총체적 이해와 접근을 가능하게 하는 상태를 말한다. Victor F. Weisskopf, "Art and Science," *American Scholar* 48(1979).

과학혁명(scientific revolution)이 반복되는 (그래서 과거의 과학이 지금의 과학자들에게 더 이상 중요하지 않은) 과학과는 달리 예술의 발전은 비교적 과거의 기반 위에 차곡차곡 쌓이는 식의 진보라는 것이다.[13]

지금까지 과학과 예술이 정반대의 특성을 가진 인간의 활동이라는 네 가지 근거에 대해서 살펴보았다. 다음 절에서는 이러한 주장들을 비판하면서 과학과 예술이 유사성과 공통점을 가지며 역사적으로 다양한 접점과 접면을 가져왔다는 주장과 그 근거를 살펴보려 한다.

2. 과학과 예술의 양립 불가능성에 대한 비판

과학사학자 다스턴은 최근 논문에서 과학이 이성에 근거하고 예술이 상상력에 근거하기 때문에 이 둘이 다르다는 첫 번째 근거를 비판하면서 과학과 예술, 이성과 상상력이 모든 시기를 통해 양립 불가능하다고 간주되지는 않았음을 설득력 있게 주장했다.[14] 예를 들어 플라톤은 모든 예술, 사상, 과학이 수와 계산을 사용한다는 점에서 서로 비슷하다고 보았으며, 아리스토텔레스도 자연의 합리적 예술(즉 자연철학)과 인간의 예술 사이에 유비적 관련이 있음을 강조했다. 르네상스 예술가들도 스스로를 자연의 비밀을 탐구하는 '과학자'라고 생각했다. 사실 18세기만 해도 과학자와 예술가가 모두 이성과 상상력을 함께 필요로 한다고 간주되었다. "이성에 의해서 버림받은 상상력은 괴물을 만들어낸다. 이성과 결합했을 때, 상상력은 예술과 그 경이로움의 모태가 된다."고 역설한 화가 고야의 경구는 이성과 상상력의 바람직한 관계를 상징적으로 보여주었다는 것이다.

---

13) Thomas S. Kuhn, "Comment on the Relations of Science and Art," *Comparative Studies in Society and History* 11(1969), pp. 403–412.

14) Lorraine Daston, "Fear and Loathing of the Imagination in Science," *Daedalus* 127(1998).

그렇지만 18세기 말엽부터는 과학과 예술, 이성과 상상력이 양극으로 분화되기 시작했다. 이러한 분화를 가장 잘 보여주는 사람이 과학의 특성으로 '완벽한 의사소통성(perfect communicability)'을 강조한 독일의 철학자 칸트였다. 완벽한 의사소통성은 위대한 과학자의 업적이 평범한 과학자에 의해서 완벽하게 이해되고 재연된다는 특성을 의미한다. 앞에서 언급했듯이 칸트는 뉴턴의 과학이 완벽한 의사소통성을 가졌다는 이유 때문에 뉴턴을 천재로 간주하지 않았다. 이러한 과정을 거치며 상상력은 이성과, 예술의 주관성은 과학의 기계적 객관성과 양립할 수 없는 것이 되었다. 즉 과학은 과학자 누구에게나 이해되는 객관적이고 차가운 것으로, 예술은 영감과 상상력에 근거한 천재들의 주관적이고 열정적인 활동으로 간주되기 시작했다. 여기서 볼 수 있듯이 과학과 이성을 동일시하고 예술과 상상력을 동일시함으로써 과학과 예술을 양극화하는 태도는 역사를 통해 항상 받아들여지던 생각이 아니라, 19세기 이후 서구에서 나타난 독특한 현상이었다.

두 번째로, 과학은 인간의 외부에 존재하는 자연의 객관적 법칙과 사실을 발견하고 예술은 인간의 내부에 숨어 있는 주관적 심성을 탐험하고 구성하는 활동이라는 주장은, 비록 어느 정도 타당성을 가짐에도 불구하고, 과학과 예술의 특성을 너무 단순화시킨다는 문제점을 안고 있다. 과학이 단순한 발견이 아니듯이 예술도 순수한 창조나 구성이 아니기 때문이다. 예를 들어, 화가들은 자신들의 작업에 어떤 종류의 '제약'들이 있음을 잘 알고 있다. 20세기 화가 후앙 미로는 자신의 활동의 "첫 번째 단계는 자유롭지만 두 번째 단계는 신중하게 계산된다."고 술회했고, 피카소도 "내 그림들은 모두 연구와 실험이며, 나는 결코 그림을 예술 작품으로 하지 않고 대신 모두 논리적인 순서를 가진 연구로 생각한다."고 했다. 간단한 선과 순색으로 추상적 조화의 극치를 추구한 몬드리안은 자신이 사용한 요소들을 가지고 재현할 수 있는 가장 조화로운 그림이 (자신이 그린) 단 한 가지만 가능하다고 단언했다. 조금 과장이 섞였지만, 작가 에드가 앨런 포는 자신의 가장 유명한 시 「까마귀(The Raven)」에 사용된 모든 단어와 리듬이 엄밀한 수학적 문제를 푸는 것처럼 논리적 과정을 통해 결정되었다고 했다.[15)]

예술 활동에 수학적 필연성과 흡사한 논리적 측면이 있는 반면에, 과학에도 자유로운 창조와 구성의 측면이 있다. 우선 최근의 구성주의는 과학 활동이 자연에 존재하는 사실과 법칙을 발견하는 것이 아니라, 사회적이고 문화적 배경 속에서 과학자가 자신에게 주어진 다양한 '밑천(resources)' 들을 여러 가지 방식으로 동원(mobilize)해서 자연에 가장 부합하는 사실을 구성해내는 것임을 보여주고 있다. 또 콰인과 같은 과학철학자나 사회구성주의자들은 한 가지 자연 현상에 대해서 서로 다른 여러 가지 이론이 공존할 수 있음을 강조하면서, 과학에서의 법칙이나 이론의 선택이 실험적인 검증을 통해서 필연적으로 이루어지는 것이 아님을 보였다.[16)] 이에 동의하지 않는다고 해도 과학에서 자유로운 상상력의 역할을 지적한 사람들이 많이 있는데, 그 한 예로 아인슈타인 같은 과학자는 과학이 '개념을 가지고 자유롭게 노는 것' 임을 강조하면서, 과학의 본질이 상상력을 이용해서 단순성

---

15) E. M. Hafner, "The New Reality in Art and Science," *Comparative Studies in Society and History* 11(1969), pp. 385-397; Robert M. French, "Discovery and Creation: Opposite Ends of a Continuum of Constraints,"(2000, ms at www.fapse.ulg.ac.be/Lab/Trav/). 예술가 프레 일겐은 '예술이 예술가들의 내면 깊숙한 곳에서 흘러나오는 것' 이라는 얘기를 '너무나 상투적인 관념' 이라고 비판하면서, 모든 예술은 과학과 마찬가지로 '사람이 외부 세상과 다양한 상호 작용을 하고, 이 과정에서 자신의 관념을 투영(projection)하고, 반성(reflection)하며, 세련화(refinement)한 뒤에, 결론(conclusion) 내리는 것' 이라고 정의하고 있다. Fre Ilgen, "Science Reflected in the Arts—Art in the Sciences," at http://www.mi.sanu.ac.yu/vismath/info/tudm.htm.(1999)

16) Paul K. Feyerabend, "Art as a Product of Nature as a Work of Art," *World Futures* 40(1994), pp. 87-100.

(simplicity)과 같은 미적 가치를 추구하는 활동이라고 보았다. 파인만과 같은 물리학자도 과학자가 새로운 법칙을 찾아가는 과정은 미적 기준에 맞추어서 가장 아름다운 그림을 그려 나가는 예술가의 노력과 흡사하다고 했다. 이렇게 자유롭게만 보이는 예술 활동에도 특정한 규칙과 어기기 힘든 제약이 있는 반면에, 필연적으로만 보이는 과학적 발견에도 과학자라는 주체의 창의적 과정이 개입된다. 창작과 발견의 내적 과정을 들여다보면, 이 둘의 차이는 크지 않다.17)

세 번째로, 과학과 예술이 함께 발전하기 힘들다는 생각은 르네상스 시기만 살펴보아도 그 허점이 드러난다. 르네상스 시기에 활동한 브루넬레스키, 알베르티, 뒤러는 유명한 예술가이자 기하학자였다. 정사각형 그물망을 사용해서 여인을 정확하게 측정하듯이 그리는 뒤러의 유명한 그림은 당시 과학이 예술에 미친 영향을 상징적으로 보여준다. 이들은 기하학에 기초한 원근법을 제창하고 발전시켰으며, 아르키메데스의 다면체와 같은 기하학적 도형 13개를 재발견하는 데에도 기여했다. 과학과 예술이 섞여 있던 르네상스의 전통은 갈릴레오에게서도 찾아볼 수 있다. 갈릴레오는 피렌체의 디자인 아카데미에서 드로잉, 원근법, 명암법을 배웠는데, 이러한 교육은 그가 나중에 망원경으로 달을 관찰했을 때 달에도 산과 계곡이 있다는 결론을 내리게 하는 데 결정적인 도움을 주었다(그림 2).18)

르네상스 시기에는 주로 원근법이나 다면체와 같은 기하학이 회화

17) S. Chandrasekhar, "Beauty and the Quest for Beauty in Science," *Physics Today*(July, 1979), pp. 25-30. 과학자의 창의성에 대해서는 홍성욱, 『과학은 얼마나』(서울대학교출판부, 2004), 제7장을 참조.

18) Alistair C. Crombie, "Experimental Science and the Rational Artist in Early Modern Europe," *Daedalus* 115(1986), pp. 49-74; Samuel Y. Edgerton, "Galileo, Florentine 'Disegno' and the 'Strange Spottednesse' of the Moon," *Art Journal* 44(1984), pp. 225-232; Martin Kemp, *The Science of Art: Optical Themes in Western Art from Brunelleschi to Seraut*(New Haven: Yale University Press, 1992).

에 영향을 주었지만, 18세기 이후에는 미생물과 같이 맨눈으로는 보이지 않던 생명체의 발견과 다윈의 진화론처럼 가시화하기 힘든 과학 이론이 예술에 영향을 미쳤다. 먼저 17세기 후반부터 현미경은 눈에 보이지 않는 미시 세계의 낯선 모습을 인간에게 드러냈고, 사람들은

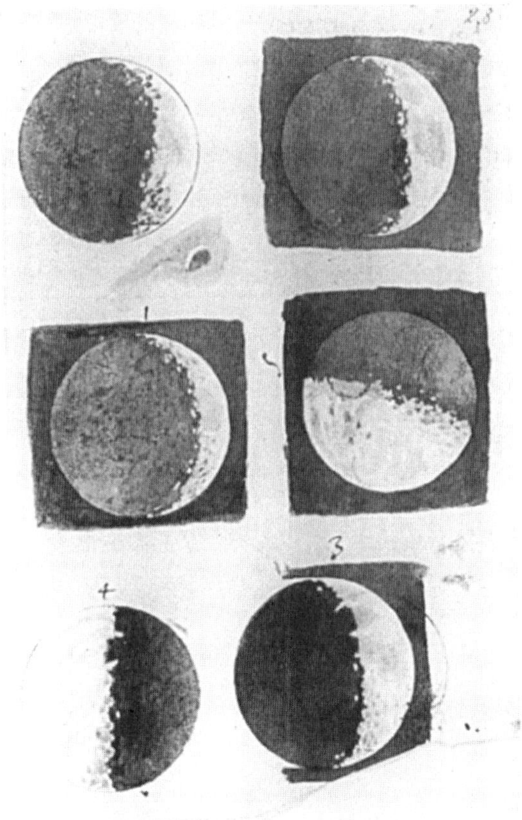

7.12. Galileo, wash drawings of the moon (1609). Ms. Gal. 48, fol. 28r. Courtesy of the Biblioteca Nazionale Centrale, Florence

그림 2 1609년, 갈릴레오가 망원경을 통해 관찰한 달 표면의 스케치들. 표면의 어두운 부분과 밝은 부분을 나누는 경계가 매끄럽지 못하다는 사실로부터 달 표면이 울퉁불퉁하다고 결론지었다.

세상이 눈에 보이지 않는 기묘한 모양의 박테리아와 같은 미생물체로 가득 차 있다는 것을 알게 되었다. 이러한 미생물의 형상은 프랑스의 아르누보(art nouveau) 운동의 기반이 되었다. 아르누보는 독일 생물학자 헤켈의 미생물 형태론 등에 영향을 받아서, 현미경으로 보는 생명체의 형태에서 받은 영감을 그림, 건축, 장식에 재현하려고 했다.[19)]

프랑스 인상주의도 과학의 영향을 받았다. 영국의 물리학자 토머스 영에 의해 제창되어 헬름홀츠와 맥스웰에 의해서 완성된 19세기의 새로운 색채이론은 인간의 각막이 3가지 색채만 인식한다는 것을 과학적으로 입증했는데, 이들의 이론은 인간의 인식이 세 가지 색을 사용해서 다양한 색깔로 가득 찬 세상을 구성한다는 것을 함축했다. 인상주의 화가들은 이러한 새로운 색채론을 받아들여, 사물의 객관적인 색깔이라는 것은 신기루에 불과하며, 따라서 화가들의 역할이란 개인의 주관적 지각의 의미를 능동적으로 해석하는 데 있다고 보았다. 이와 함께 이들은 원근법 식으로 단지 눈에 보이는 것을 과학적으로 재현하려는 시도에 거리를 두고, 보이는 것을 재현하기 전에, 대체 눈은 무엇을 보는가, 아니 본다는 것이 대체 무엇인가라는 근본적인 질문을 제기했다. 시시각각으로 변하는 풍경, 쏟아지는 빛, 순간순간 변하는 빛에 의해 다르게 반사하는 대상에 대한 느낌을 표현하는 것이 인상주의의 화두였다. 또한 새로운 색채이론은 프랑스 화가 쇠라의 점묘법에도 영향을 주었다. 노랑색과 청색이 섞이면 초록색이 만들어진다고 간주한 오래된 색채이론을 비판하면서 19세기에는 노랑색과 청색이 섞이면 회색이 만들어진다는 새로운 색채이론이 등장했다. 이러한 혼란은 물감의 혼합과 광학적인 색채 혼합을 구별하지 못한 데에서 비롯되었는데, 쇠라는 그의 점묘법에서 물감의 혼합과 광학적 색채 혼합을 캔버스 위에 동시에 구현해서 색의 대조를 극대화했다.

---

19) 이 문단과 아래의 두 문단은 Lynn Gamwell, *Exploring the Invisible*(Princeton: Princeton University Press, 2002)에 의존했음.

실증주의의 영향이 강했던 영국이나 프랑스와는 달리 낭만주의와 자연철학의 영향이 강력했던 19세기 독일 예술계에는 색채론보다는 다윈의 진화론의 영향이 강했다. 독일 화가들과 조각가들은 진화론을 흡수해서 독특한 유겐트스틸(신예술) 운동을 시작했고, 이는 세계와 우주의 진화를 그림으로 표현하려는 러시아의 쉬프레마티슴(절대주의)으로 진화했다. 이들은 예술을 매개로 인간 의식을 고차원적인 존재로 전이시키는 것이 가능하다고 보았으며, 이러한 고차원적인 상태를 예술로 구현하려 했다. 이들은 또 이성을 극복한 새로운 언어를 만들기 위해서 노력하기도 했다. 쉬프레마티슴은 화가들이 처음으로 '추상'의 문제에 직면하고 이를 재현하려 했던 시도였다. 이러한 '추상미술'은 20세기에 들어 양자물리학의 영향을 받아 추상 미술의 두 번째 단계를 열었던 미래파 예술가들에 의해 계승되었다.

과학-예술의 역사적 상호 작용은 20세기에 들어서 과학과 예술이 모두 전문화되었기 때문에 그 상호 작용이 의미가 없다는 주장에 대한 반론을 제공한다. 사실 20세기 예술은 예술적 도형, 색채, 구조, 재료, 형태, 리듬에 대한 거대한 '실험'의 성격을 띠고 있으며, 예술가들은 그 어느 때보다도 더 적극적으로 과학과 기술의 최전방 연구에서 새로운 세계관, 개념, 재료, 언어, 메타포 등을 적극적으로 채용하고 있다. 20세기 예술은 예술이 스스로에게 설정한 경계에 도전하고, 이를 깨고, 넓히는 실험으로 변했던 것이다. 예를 들어서 사실주의적인 표현을 거부하고 추상적인 것을 그리는 회화, 콜라주처럼 '우연히 발견된 사물'을 사용하는 예술, 일상 생활의 맥락에서의 예술, 영원한 예술이 아니라 한 순간에만 존재하는 라이브 아트, 공업 용품이나 공정을 적극적으로 사용하는 예술, 아이디어로 존재하는 컨셉추얼 아트, 지구의 자연을 이용하는 대지미술(earth art), 인터랙티브 아트, 퍼블릭 아트, 비디오·레이저·홀로그래피 같은 신기술을 사용하는 아트 등이 이러한 실험의 예이다. 이런 측면을 생각한다면, 20세기 예술은 과학기술의 발전에서 굉장히 다양한 대상들, 소재들, 영감들, 물질들을 지속적으로 가져다 써왔다고 볼 수 있다.[20)]

과학과 예술의 상호 침투는 혁명적인 변화를 겪었던 20세기 초엽에 활동한 초현실주의와 다다이즘의 대가 뒤샹의 경우에서 잘 볼 수 있다. 20세기 미술에 가장 커다란 영향을 미쳤던 미술가라고도 볼 수 있는 뒤샹은 어떤 의미에서는 화학자였다고 할 만큼 많은 실험을 했으며, 상당한 과학 지식을 갖추고 있었다. 그의 초기 작품인 〈계단을 내려오는 나부〉는 X선 이미지와 마레의 크로마토그래피 이미지 모티브를 사용했고, 그의 걸작 〈그녀의 독신자들에게조차 발가벗겨진 신부〉에서는 신랑이 신부에게 쉽게 접근할 수 없는 상태를 표현하기 위해서 신부의 절반을 로봇으로, 그리고 나머지 절반을 4차원에 머무는 존재로 형상화했다(그림 3).[21)] 마그리트의 〈못 박힌 시간〉은 기차와 벽난로라는 두 가지 익숙한 대상을 조합해서 만들어지는 낯선 느낌을 표현한 그림으로 마그리트의 걸작 중 하나로 꼽히는 작품이다. 여기서 기차와 함께 사용된 또 다른 대상 시계는 아인슈타인이 사고 실험을 통해서 상대성이론을 설명하면서 사용한 것들이다.[22)] 화가 클레는 뉴턴의 역학 체계에 입각해서 자신만의 독특한 '그림 역학(pictorial mechanics)'을 발전시키고, 1920년대를 통해서 이러한 역학을 시각 이

---

20) 물론 아직도 많은 예술가들이 과학의 영역을 탐구하지는 못하는 실정이다. 이를 두고 한 유전 예술가(genetic artist)는 "지금 예술가들의 패러다임은 150년 뒤져 있다."고 비판했다. David Kramers, "The Delbruck Paradox 2.0," *Art Journal* 55(Spring, 1996), pp. 38–39.

21) Linda D. Henderson, "Etherial Bride and Mechanical Bachelors: Science and Allegory in Marcel Duchamp's 'Large Glass'," *Configurations* 4(1996), pp. 91–120; Gerald Holton, "Henri Poincare, Marcel Duchamp and Innovation in Science and Art," *Leonardo* 34(2001), pp. 127–134.

22) Leonard Shlain, *Art and Physics: Parallel Visions in Space, Time and Light*(New York: Quill, William Morrow, 1991).

미지의 추상적 본질에 대한 그의 탐구에 적용했다. 1910–1920년대 사이에 점점 더 추상적으로 변해간 칸딘스키의 회화는 그가 물질을 벗어버렸다고 간주한 20세기 초엽의 물리학의 영향을 받았다.[23)]

과학기술을 적극적으로 이용한 예술의 가장 최근 동향에 대한 상세

그림 3 마르셀 뒤샹의 〈그녀의 독신자들에게조차 발가벗겨진 신부〉. 그는 이 작품에서의 신부가 '반은 로봇이고 반은 4차원' 이라고 술회했다.

한 분석은 샌프랜시스코주립 대학교의 예술학과 교수인 스티븐 윌슨의 저서 『정보 예술(*Information Art*)』에서 찾아볼 수 있다. 윌슨은 '정보 예술'이 1990년대부터 뚜렷한 독립적인 흐름을 가지기 시작했기 때문에 아직은 주류 예술 속으로 깊이 파고들지 못했지만, 21세기에는 이것이 예술의 주도적인 흐름으로 자리 잡을 것이라고 예측하고 있다. 그는 정보 예술을 여러 가지로 구분했다. 생물학의 세계와 접목되어 있는 정보 예술은 주로 미생물학, 동식물, 생태학, 몸과 의학, 유전학, 유전자 매핑과 같은 소재를 다루며, 물리학과 접목된 정보 예술은 비선형체계, 나노기술, 재료과학, 지질학, 천문학, 공간과학, 지피에스(GPS), 우주론 등을 소재와 주제로 다룬다. 이것 이외에도 수학과 접목된 정보 예술도 많이 있는데, 그중에는 알고리듬, 대수학, 프랙탈, 인공지능 등을 다루는 정보 예술이 대표적이다. 그가 분석한 경향을 보면, 예술로 전환될 수 없는 과학기술 분야는 거의 없다고 해도 과언이 아니다.[24)]

이제 이 절의 마지막 논의로 쿤의 주장을 다시 살펴보자. 쿤에 의하면 과학의 발전은 '정상과학'과 '과학혁명'으로 특징 지워진다. 정상과학은 잘 확립된 패러다임 하에서의 문제풀이가 주를 이루며, 과학혁명은 새로운 패러다임이 오래된 패러다임을 교체하는 과정이다. 정상과학 시기 동안에 과학자들은 패러다임을 완벽하고 공고하게 하는 문제풀이에 몰두하기 때문에 (예술과 달리) 미적 아름다움이나 재현의 요소를 부차적인 것으로 여긴다. 과학혁명을 거치면서 과거의 패러다

---

23) S. L. Henry, "Paul Klee's Pictorial Mechanics form Physics to the Picture Plane," *Pantheon* 47(1989), pp. 147–165; Edna J. Garte, "Kandinsky's Ideas on Changes in Modern Physics and Their Implications for His Development," *Gazette des Beaux Arts* 110(October, 1987), pp. 137–144.

24) Stephen Wilson, *Information Arts: Intersections of Art, Science and Technology* (Cambridge, Mass.: MIT Press, 2002).

임은 사라지고, (따라서 역시 예술과 달리) 오직 박물관에만 보관되는 '과거의 과학'은 과학자들에게 중요하게 취급되지 않는다는 것이 쿤의 주장이었다.

쿤의 이와 같은 주장은 그의 제자였던 루트번스타인에 의해서 반박되었다. 우선 루트번스타인은 쿤의 예술에 대한 이해가 피상적인 차원에 머물고 있음을 지적한다. 20세기 화가가 미술관에서 과거의 그림을 감상하고 이 그림들을 습작해보면서 예술적 자질을 함양하는가? 루트번스타인은 이러한 생각이 예술에 대한 전형적인 오해에서 비롯되었다고 간주한다. 20세기 화가들은 17세기 화가들이 그린 그림이나 19세기 인상파 화가들이 그린 그림을 따라 그리면서 예술적 자질을 발전시키지 않는다는 것이다. 지금 예술 활동을 하는 진지한 화가들 중에 렘브란트가 그렸던 그림을 그대로 그리기 위해 애쓰는 사람은 아무도 없다. 이 이유는 과거의 화가들이 고민했던 예술적 문제는 이미 오래전에 해결되었고 지금의 화가들은 새로운 문제를 해결하기 위해서 애를 쓰는 중이기 때문이다. 화가들이 예전 그림을 반복하지 않는 것은 실험실의 물리학자가 갈릴레오의 자유낙하 실험을 반복하지 않는 것과 흡사하다는 것이다. 오직 학생 신분의 미술학도들만이 렘브란트의 그림을 모방하고 미술관에서 다른 사람들이 그린 그림을 진지하게 관찰하는데, 이는 과학도들이 실험실습 시간에 갈릴레오의 실험을 반복하는 것과 흡사하다. 이러한 연습이 전문가를 만드는 훈련과정으로서는 여전히 중요하기 때문이다.[25)]

루트번스타인에 의하면, 예술 역시 예술가들이 고민했던 문제들이 충분히 해결되었다고 여겨질 때, 한 시대를 풍미한 사조가 다른 사조로 바뀐다. 이렇게 볼 때 예술가들 중에는 다빈치나 피카소와 같이 '우리가 세상을 완전히 새롭게 보는 방법'을 창안한 '혁명가'들도 있

25) Robert S. Root-Bernstein, "On Paradigms and Revolutions in Science and Art: The Challenge of Interpretation," *Art Journal* 44(1984), pp. 109–118.

지만, 이들과 달리 하나의 사조 하에서 '문제풀이'에 몰두하는 예술가들도 많이 있음을 알 수 있다. 즉 과학과 예술은 모두 누적적이고 혁신적인 양면을 가지고 있는데, 이는 이후 세대가 그 이전 세대로부터 배우지만 동시에 그 이전 세대가 풀지 못했던 과학과 예술의 문제를 해결하고 이들의 한계를 뛰어넘기 위해서 노력하기 때문인 것이다.

루트번스타인은 과학에서 아름다움의 추구가 문제 풀이에 비해서 부차적인 것이라는 쿤의 주장도 비판한다. 아인슈타인, 푸앙카레, 하이젠베르크, 막스 플랑크 등 과학에서 새로운 패러다임을 연 과학자들은 모두 과학에서의 아름다움, 직관, 단순성을 강조했다. 그는 과학자들이 이렇게 '미적 기준'의 중요성을 지속적으로 강조하는 것으로 미루어 보아, 과학의 미적 기준이 단지 문제를 푸는 데 보조적인 도구라기보다 과학자들에게 연구의 목적을 제공하고 이 목적을 달성하도록 과학자들을 자극하는 근본적인 요인이 될 수 있다고 주장한다. 이러한 관점을 종합해보면 과학과 예술 사이에는 차이점보다 유사성이 두드러진다는 것이 그의 결론인데, 과학에서의 미적 기준과 관련해서는 이를 과학과 예술의 차이를 강조하는 쪽으로 해석하는 사람도 있다. 이 문제는 다음 절에서 더 자세히 논의할 것이다.

3. '아름다움'의 추구: 과학과 미술의 경우

과학자가 느끼는 아름다움과 관련해서 자주 인용되는 구절은 푸앙카레의 해석이다. "과학자들은 자연이 유용하기 때문에 그것을 탐구하지는 않는다. 과학자들은 그것에서 즐거움을 느끼기 때문에 자연을 탐구하며, 그가 즐거움을 느끼는 이유는 자연이 아름답기 때문이다. 자연이 아름답지 않다면, 자연은 알 가치가 없으며 인생은 살 가치가 없을 것이기 때문이다." 물론 여기에서 자연의 아름다움이란 훈련을 받은 과학자들이 느끼는 추상적인 아름다움이며, 이러한 의미에서 이는 미술에서 자주 언급하는 자연의 아름다움과 같은 것이라고는 할 수 없다. 오히려 푸앙카레의 이런 생각은 "나는 자연이 우리에게 제공하는 수학적 구도의 단순성과 아름다움에 강하게 끌린다는 것을 인정할 수밖에 없다."는 하이젠베르크의 고백과도 흡사하다.[26] 사실 하이젠베르크나 바일과 같은 물리학자들은 여러 차례에 걸쳐서 '아름다운 것은 진리일 수밖에 없다.'는 입장을 밝혔고, 아인슈타인의 아들 한스 아인슈타인은 아버지가 이론을 평가할 때 그것이 옳은가 틀린가보다 그 이론이 아름다운가 그렇지 않은가를 훨씬 더 중요하게 생각했다고 회고했다. 과학자들이 느끼는 아름다움이 비록 추상적인 아름다움이라고 할지라도 이는 "아름다움이 진리이고 진리가 아름다움이다."라고 한 시인 키츠의 미학과 흡사하다.[27]

많은 과학자들과 철학자들이 '진리의 미적 기준'과 같은 개념이 정의될 수 없는 모호한 것이며, 과학 이론의 정당화에 '아름다움'과 같은 기준이 개입한다는 것이 '비합리적'이고 심지어 '비이성적'이라고 비판했다. 그렇지만 당대 최고 과학자들은 오히려 과학 이론과 실험의 아름다움을 얘기하는 데 거리낌이 없었다. 예를 들어, 러시아 물리학자 란다우와 리프쉬츠는 아인슈타인의 일반상대성이론이 '모든 물리 이론 중에 가장 아름답다'고 칭찬했으며, 펜로스도 일반상대성이론을 가리켜 '최고로 아름다운 이론'이라고 평가했다.[28] 이론입자물리학자 스티븐 와인버그는 아름다운 이론의 조건으로 단순성, 필연

---

26) Robert S. Root-Berstein, Ibid., on p. 112.

27) S. Chandrasekhar, "Beauty and the Quest for Beauty in Science." *Physics Toolay*(July, 1979) 천 년이 넘게 서양에서 사용된 '아름다움은 진리의 광채다'라는 뜻의 풀크리토도 스플렌도로 베리타티스(pulchritodo splendor veritatis)라는 라틴어는 서양 사상에서 오랫동안 진리와 아름다움이 연관되어 있다고 간주되었음을 예증한다.

28) Gideon Engler, "Einstein and the Most Beautiful Theories in Physics," *International Studies in the Philosophy of Science* 16(2002), pp. 27-37.

성 혹은 논리적 완결성, 대칭성을 꼽았다.[29] 아름다움에 대한 추구는 물리학에만 국한되지 않는데, 디엔에이(DNA) 구조의 발견에 결정적으로 공헌한 결정학자 로잘린드 프랭클린은 디엔에이(DNA) 구조가 이중나선이라는 결과를 접한 뒤에 이것이 "참이 아니라고 하기에는 너무 아름다워서 그 (이중나선) 구조를 받아들일 수밖에 없었다."고 고백했다.[30]

그렇지만 과학이 미적인 요소나 기준을 포함하고 과학 활동이 아름다움을 추구한다는 것을 인정해도, 바로 이 점 때문에 과학과 예술이 근본적으로 다르다는 주장이 가능하다. 즉 단순성과 대칭성 같은 과학에서의 미적 기준은 객관적이고 보편적임에 반해서, 예술에서의 미적 기준은 보편적이지 않고 단지 주관적이라는 반론이 제기될 수 있기 때문이다. 이 문제에 접근하기 위해서는 단순성이나 대칭성 같은 미적 기준이 과학에 중요하게 개입할 수 있는 근거를 먼저 생각해볼 필요가 있다. 20세기 과학철학의 주류는 과학에서 '정당화의 맥락(context of justification)'이 철저하게 논리적 과정을 따라 이루어지기 때문에 여기에 아름다움과 같은 감정적인 기준이 개입할 여지는 전혀 없다고 본다. 이에 동의하지 않는 몇몇 과학자들은 자연 그 자체에 단순성과 대칭성 같은 '미적 기준'이 각인되어 있다고 주장한다. 그런데 후자의 주장은 검증되지 않은 형이상학적인 믿음에 가까울 뿐만

---

29) Steven Weinberg, *Dreams of a Final Theory*(New York: Pantheon Book, 1992), p. 135. 여기에서 대칭성은 좌우, 상하가 같은 물질적 대칭성이라기보다는 물리법칙이나 물리량이 변환(예를 들어 좌표계의 변환)에 따라서 변하지 않는다는 수리물리학적 대칭성을 의미한다. 아인슈타인의 일반상대성이론은 가장 일반적인 '대칭성'을 만족하는 방정식을 찾아내려는 시도를 통해 얻어졌다. Klaus Mainzer, "Symmetry and Beauty in Arts and Mathematical Sciences," *Physis* 32(1995), pp. 91-107.

30) James W. McAllister, *Beauty and Revolution in Science*(Ithaca, NY: Cornell University Press, 1996), p. 91.

아니라, 과학이 실제로 걸어왔던 역사적 과정과도 잘 맞지 않는다. 우선 단순성에 대해서도 이를 법칙의 최소 개수, 부차적 가설의 최소 개수, 입자 종류의 최소 개수, 기하학적이거나 수학적 표현의 단순성으로 보는 등 몇 가지 다른 정의들이 존재하며, 따라서 같은 이론을 단순하다고 파악하는 근거가 상이한 경우도 드물지 않게 나타난다. 이러한 혼동은 대칭성에 대해서도 비슷하게 나타난다. 게다가 단순성과 대칭성의 개념도 시간에 따라 변화하는 모습을 보여왔으며, 생물학에서의 미적 기준은 물리학의 단순성이나 대칭성과 무척이나 다르다.[31)]이러한 요소들을 고려해보면, 완벽하게 보편적이고 객관적인 미적 기준은 과학의 경우에도 존재하지 않는다고 할 수 있다.[32)]

과학에서의 미적 기준을 비합리적·비이성적 과정이라고 무시하지도 않고, 그렇다고 '자연에 아름다움이 내재해 있기 때문'이라는 식의 본질주의에 빠지지도 않으면서도 그 역할을 새롭게 해석할 수 있는 방법이 과학철학자 매캘리스터에 의해서 제시되었다.[33)] 매캘리스

---

31) 물리학 실험의 경우, 18세기 말엽까지는 자연에 존재하는 경이를 실험실에서 그대로 재현하는 실험이 가장 아름다운 실험이라고 여겨졌지만, 19세기 이후에 이론을 '아름답게' 입증하는 실험이 아름다운 실험으로 간주되기 시작했다. Alexander Rueger, "Aesthetic Appreciation of Experiments: The Case of 18th Century Mimetic Experiments," *International Studies in the Philosophy of Science* 16(2002), pp. 49–59; Glenn G. Parsons and Alexander Rueger, "The Epistemic Significance of Appreciating Experiments Aesthetically," *British Journal of Aesthetics* 40(2000), pp. 407–423. 생물학자들이 추구하는 '아름다움'은 종종 물리학자들의 그것과는 다르다. 스티븐 제이 굴드는 와인버그와의 대담에서 생물학 이론을 평가하는 자신의 미적 기준이 '다양성(diversity)', '우연성(contingency)', 그리고 '비규칙성(irregularity)'이라고 밝혔다. Theo A. Kuipers, "Beauty, A Road to the Truth," *Synthese* 131(2002), pp. 291–328.

32) H. W. de Regt, "Beauty in Physical Science circa 2000," *International Studies in the Philosophy of Science* 16(2002), pp. 95–103.

33) James W. McAllister, *Beauty and Revolution in Science*(Ithaca, NY: Cornell

터는 이를 설명하기 위해서 '미적 귀납(aesthetic induction)' 이라는 개념을 도입했는데, 이 개념은 성공적으로 자연 현상을 설명한 이론의 경우에는 그 이론의 미적인 특성도 높은 평가를 받고, 이런 과정이 지속되면서 오랜 시간을 걸쳐서 살아남은 특정한 미적 특성이 미적 규범으로 굳어진다는 것을 의미한다. 과학자들은 이러한 미적 규범을 '진리의 광채' 로 받아들이는데, 그 이유는 이런 규범이 성공적인 과학적 발견을 낳고 경쟁하는 가설이나 이론 중 더 타당한 것을 선택하는 데 지침이 될 수 있기 때문이다. 성공적으로 발전했던 뉴턴 과학은 그 이론 체계와 함께 '결정론' 과 '시각화(visualization)' 라는 기준을 성공적인 미적 규범으로 받아들여지게 하였고, 반면에 상대성이론의 성공은 물리학에서 대칭성과 단순성이라는 새로운 미적 규범이 주목받는 결정적 계기를 만들었다는 것이다.

매캘리스터의 해석은 과학에서의 미적 규범들이 시간에 따라 변화하며, 여러 과학 분야에서 상이한 미적 규범들이 채택되어 사용되고 있는 점을 잘 설명해준다. 뿐만 아니라 이러한 해석은, 과학의 미적 기준은 객관적·보편적이며 예술의 미적 기준은 주관적·순간적이라는 양분법을 극복하는 출구를 제공한다. 과학자들이 과학적 실행의 반복과 축적을 통해서 미적 규범을 확립하고, 이에 비추어 다시 자연을 탐구하고 자연을 해석하는 과정은, 예술가들이 예술적 창작 활동을 통해서 미적 기준을 만들고 이에 비추어서 세계와 인간의 내면을 탐구하고 재해석하는 과정과 흡사하다. 물론 과학에서의 아름다움과 예술이 추구하는 아름다움이 그 내용과 형식이 모두 동일한 것은 결코 아니다. 그렇지만 과학과 예술은 모두 인간이 감각, 이성, 손, 기구를 이용해서 세상을 만들고, 이해하고, 해석하는 과정이며, 이러한 복잡한 실행은 주관-객관, 감정-이성, 종합-분석과 같은 이분법적인

University Press, 1996); James W. McAllister, "Is Beauty a Sign of Truth in Scientific Theories?" *American Scientist* 86(1998), pp. 174-183.

카테고리로는 적절하게 기술될 수 없다.[34)]

4. 과학과 예술의 상호 작용을 어떻게 볼 것인가

지금까지의 논의를 통해서 우리가 알 수 있는 것은 과학에 한 가지 과학(science)이 있고 예술에 한 가지 예술(art)이 있는 것이 아니라, 다양한 과학들(sciences) 혹은 다양한 과학 활동들(scientific practices)이 있으며 예술에도 다양한 예술들(arts) 혹은 다양한 예술 활동들(artistic practices)이 있다는 것이다. 미술의 경우를 예로 들어보자. 과학과 미술 각각이 다양하고 중층적인 활동으로 구성되어 있다고 보면, 과학과 미술 사이에 복잡한 상호 작용을 더 잘 볼 수 있을 뿐만 아니라 과학과 미술의 사이가 양 극단으로 떨어진 것이 아니라 스펙트럼 식으로 연결된 것임을 알 수 있다. 과학과 미술 사이에는 과학 삽화(scientific illustration), 기술을 이용한 예술이나 의학에서의 삽화와 같이 과학에서의 재현(representation)의 영역으로도 볼 수 있고 응용 예술로도 볼 수 있는 중간 영역이 널리 존재한다.[35)]

과학 – 과학장식물들, 과학 도판, 종교 과학 그림
– 기술을 이용한 예술, 의학 삽화 – 미술

종합적으로 정리하자면 과학과 예술의 관계는 다음과 같다. 우선 과학과 예술 모두 재현을 추구한다는 공통점을 가지며, 이 재현은 과

34) B. C. Van Frassen, "Interpretation of Science; Science as Interpretation," in J. Hilgevoord eds., *Physics and Our View of the World*(Cambridge: Cambridge University Press, 1994), pp. 169–187; Paul K. Feyerabend, "Art as a Product of Nature as a Work of Art."

35) James Elkins, "Art History and Images That Are Not Art," *The Art Bulletin* 77(1995), pp. 553–571.

학과 예술이 상호 작용하는 매우 중요한 접점을 제공한다. 위에서 언급한 과학 도판, 과학 사진, 기술을 이용한 예술, 의학 삽화 등은 모두 재현을 매개로 해서 과학과 예술이 상호 작용하는 방식이자 그 결과이다.

일상적으로 있는 일은 아니지만 재현을 매개로 예술이 과학에 직접적인 영향을 미치는 경우도 있다. 앞에서도 언급했듯이 갈릴레오가 망원경으로 달 표면의 명암의 경계가 반듯하지 않다는 것을 관찰한 뒤에 그것이 달 표면에 산과 계곡이 있기 때문이라고 해석할 수 있었던 것은, 그가 젊었을 때 미술아카데미에서 원근법, 명암법, 스케치를 배웠기 때문이었다. 뉴턴은 흰색과 검은색을 섞어서는 유채색을 만들 수 없다는 르네상스 화가들의 색채이론에 영향을 받아서 아리스토텔레스는 물론 데카르트의 색채이론을 뛰어넘은 독창적인 이론을 발전시켰다.[36] 하와이와 같은 신대륙을 발견했던 쿡 선장의 두 번째 세계일주에 동행한 화가 호지는 신세계의 특징들을 그림에 담아 유럽에 소개했는데, 그의 그림은 훔볼트가 '전형적인 풍경 이론(theory of typical landscape)'을 만드는 데 중요한 기여를 했다.[37]

재현을 매개로 과학이 예술에 영향을 미치는 경우도 종종 발견된다. 르네상스 시기 동안에 기하학적 원근법의 발전은 과학과 예술이 근거리에서 상호 작용한 예로 꼽을 수 있다. 화가들은 기하학, 색채이론, 광학이론에 영향을 받는 경우가 있는데, 이를 잘 보여주는 예가 영국의 화가 존 컨스터블과 프랑스의 쇠라의 경우이다. 눈부신 석양을 캔버스에 그대로 재현하는 문제를 오랫동안 고민한 컨스터블은 결

---

36) Samuel Y. Edgerton, "Galileo, Florentine 'Disegno' and the 'Strange Spottednesse' of the Moon," *Art Journal* 44(1984), pp. 225–232; Alan Shapiro, "Artists' Colors and Newton's Colors," *Isis* 85(1994), pp. 600–627.

37) Alex Soojung-Kim Pang, "Visual Representation and Post-Constructivist History of Science," *Historical Studies in the Physical Sciences* 28(1997), pp. 139–171, on p. 148.

국 색깔에 대한 과학적 실험을 통해서 이에 가장 근접하게 도달할 수 있었고 이 과정에서 화가가 사용해야 한다고 알려진 색에 대한 기존의 제한을 대부분 타파했다. 이미 보았듯이 쇠라의 경우는 물감의 혼합과 광학적 색 혼합을 함께 사용함으로써 보색 효과를 극대화했다. 또 예술가들의 상상을 통해 재현한 것이 과학의 발전을 통해서 실제의 모습과 비슷하다는 것이 발견된 사례도 존재한다.[38)]

재현을 둘러싼 상호 작용 이외에도 과학은 예술에게 a) 새로운 대상, b) 새로운 재현 매체(medium), c) 새로운 세계관, d) 예술을 기록하는 새로운 방법, e) 인간과 예술 과정에 대한 새로운 이해, f) 과학의 비전과 언어를 제공한다. 입체파 화가들이 '리만의 공간(Riemann's space)' 이나 '4차원 공간' 에 대해서 논의했고 프린세에게 수학을 배웠음은 잘 알려져 있다. 이들은 푸앙카레의 4차원 시공간을 3차원 도형으로 표현하려 했던 프랑스 수학자 주프레의 「4차원 기하학에 대한 기초적 논고」(1903년)도 읽었으며, 이에 상당한 영향을 받았을 가능성이 있다(그림 4).[39)] 이같이 새로운 과학의 언어와 세계관은 기존의 공간 개념과 원근법을 뛰어넘으려는 예술가들의 혁명적인 시도를 추동

38) Paul D. Schweizer, "John Constable, Rainbow Science and English Color Theory," *The Art Bulletin* 64(1982), pp. 424–445; David Topper, "Natural Science and Visual Art: Reflections on the Interface," Elizabeth Garber ed., *Beyond History of Science: Essays in Honor of Robert E. Schofield*(Bethlehem: Lehigh University Press, 1990), pp. 296–310.

39) Arthur I. Miller, *Einstein, Picasso: Space, Time and the Beauty That Causes Havoc*(New York: Basic Books, 2001); Tony Robbin, *Shadows of Reality: The Fourth Dimension in Relativity, Cubism and Modern Thought*(New Haven: Yale University Press, 2006); Robert M. Antliff, "Bergson and Cubism: A Reassessment," *Art Journal* 47(1988), pp. 341–349; Linda D. Henderson, "The Fourth Dimension and Non-Euclidean Geometry," in *Modern Art*(Princeton, 1983); Linda D. Henderson, "X Rays and the Quest for Invisible Reality in the Art of Kupka, Duchamp and the Cubists," *Art Journal* 47(1988), pp. 323–340.

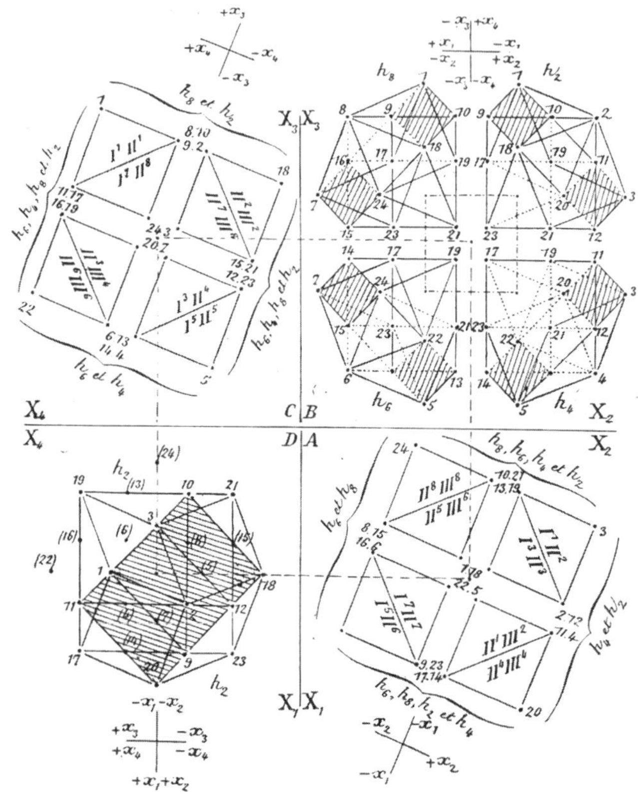

그림 4 프랑스 수학자 주프레의 「4차원 기하학에 대한 기초적 논고」(1903년)에 수록된 그림들. 주프레나 푸앙카레 같은 20세기 초엽의 수학자들은 4차원에 존재하는 대상을 3차원이나 2차원으로 투영해서 그리는 것이 가능하다고 생각했으며, 이를 구현하기 위해 노력했다. 이들의 수학은 뒤샹, 피카소와 같은 예술가들에게 영감을 주었다.

하고 이를 정당화하는 데 사용되었다. 최근에도 컴퓨터 그래픽과 시뮬레이션은 레오나르도 다빈치, 폴록, 칸딘스키에 대한 새로운 해석을 제공하고 있으며, 예술가들은 '암흑물질', '빅뱅'과 같은 과학의 언어와 비전을 자유롭게 차용하고 있다.[40]

과학이 예술에 새로운 요소를 제공하듯이, 예술도 과학에 a) 새로운 재현 기법, b) 과학적 세계관의 정당화, c) 과학의 대중화, d) 세상에 대한 새로운 경험을 제공한다. 베잘리우스의 『인간 육체의 구조에 대해서(*De Humani Corporis Fabrica*)』(1543년)에 나타난 세밀하고 사실적인 해부도는 화가 칼카르의 도움을 받았으며, 18세기에 정밀 해부도의 새로운 지평을 개척한 라이든의 의사 알비누스에게는 화가 반델라의 도움이 결정적이었다. 17세기 중엽 네델란드의 회화는 과학자 호이겐스에 의해서 소개된 새로운 베이컨주의 세계관을 풍경화와 정물화의 형태로 표현하면서 이러한 세계관에 대한 정당화를 제공했고, 진공펌프나 뉴턴의 천체모형과 같은 과학 기기를 그림의 소재로 쓴 18세기 영국의 화가 라이트는 과학의 발전에 의해서 급격하게 세속화된 영국 지방 도시의 새로운 문화적 정취를 잘 포착하면서 당시 과학의 대중화에 기여했다.[41)]

과학이 어려워지고 전문화되어 일반 대중이 과학에 직접 접근하는 것이 힘들어지면서, 예술은 과학 대중화의 기능을 담당하기도 한다. 물론 예술가의 역할이 과학을 대중적으로 선전하는 데에 머무는 것은 아니다. 다른 대중적 매체와 달리 예술은 과학기술의 발전이 낳을 수 있는 부작용과 윤리적 문제에 대해서 성찰할 수 있는 값진 기회를 제공한다. 예술을 통해 나타나는 과학의 대중화는 단기적으로는 과학자가 생각한 과학의 이미지와는 상이한 (심지어 과학자가 보기에는 종종 비과학적이거나 부정적인) 이미지를 대중에게 전달할 수도 있다. 그렇지만

---

40) Lillian Schwartz, "The Art Historian's Computer," *Scientific American*(April, 1995), pp. 106–111; Robert Taylor, "Spotlight on a Visual Language," *Science* 415(2002), p. 961. 캔버스에 물감을 뿌린 폴록의 이미지에 대해서는 이를 여성의 삶의 관념적인 재현으로 보는 해석도 존재한다.

41) Christopher Hill, "Science in Pictures," *Interdisciplinary Science Reviews* 14(1989), pp. 374–383.

예술을 통해 구현된 과학은 시민들로 하여금 과학의 발전이 야기하는 다양한 결과들을 미리 상상해보고 예측해보게 함으로써 과학에 대한 무비판적인 찬양과 맹목적인 비판이라는 극단적인 태도를 지양할 수 있게 해주며, 이는 멀리 보았을 때 과학과 시민 사회와의 관계를 더 건강한 것으로 만들 수 있다.

유전자, 유전자 감식(핑거프린팅), 디엔에이(DNA) 데이터 등을 소재로 한 예술을 총칭해서 유전자 예술(genetic art)이라고 하며, 전 세계적으로 유전자 예술을 하는 예술가들은 다른 전위 예술에 비해 더 활발하고 더 큰 커뮤니티를 형성하고 있다. 망글라노오발레의 〈로버트, 켈리, 리디아(Robert, Kelly and Lydia)〉라는 작품은 로버트, 켈리, 리디아라는 세 사람의 디엔에이(DNA) 매핑 데이터를 예술작품으로 변형한 것이다. 이 작품은 한 인간의 유전 정보가 과연 그 인간을 얼마만큼 대표할 수 있는가에 대한 질문을 던지면서, 유전자가 인간의 모든 것을 담고 있다는 유전자 결정론에 대해서 다시 생각해보는 계기를 만든다.[42] 예술을 통한 성찰적 과학 대중화는 독일의 조각가 베르크만이 그리스 조각의 남신상과 여신상에서 형상을 빌려 와서 조각한 〈이놀라 게이(Enola Gay)〉와 〈오펜하이머(Oppenheimer)〉에서도 볼 수 있다. 베르크만은 〈이놀라 게이〉에게는 여성의 상체와 비행기 꼬리의 하체를, 〈오펜하이머〉에게는 남성의 상체와 일본에 투하한 원자폭탄 꼬리의 하체를 부여했다. 이 작품들은 남성성과 여성성을 대조시키며, 동시에 고대 조각의 아름다움과 현대 과학의 무시무시함을 비교하면서, 관객으로 하여금 아름다운 외양 속에 감추어져 있는 현대 과학기술의 정치적, 사회적 영향력에 대해서 다시 한 번 생각하게 만든다.[43]

---

42) http://www.genomicart.org/ovalle1.htm

43) Sharon MacDonald, "Exhibitions and the Public Understanding of Science Paradox," (paper presented at the workshop on "Exhibitions as a Tool for Transmitting Knowledge, 26-27 April 2002, Berlin), http://www2.hu-berlin.de/hzk/files/Mac-

그림 5 독일 조각가 크리스토프 베르크만의 조각 〈오펜하이머〉(우)와 〈이놀라 게이〉(좌). 원자탄을 만든 핵물리학자 오펜하이머와 원자탄을 싣고 일본에 투하한 폭격기 이놀라 게이를 그리스 조각의 남녀 조각상에 원자폭탄과 비행기의 꼬리 부분을 붙임으로써 표현했다.

마지막으로 예술에 대한 이해는 과학적 사고에도 도움이 된다는 점을 강조해야겠다. 예술적 상상력의 본질은, 작품 속에서 부분-부분의 조화와 부분-전체의 조화를 동시에 추구하고, 이 각각의 요소의 관계에 대한 시각화를 꾀하고, 이성과 감성 모두를 사용한 직관을 통해 세상에 대한 총체적 이해를 도모하며, 관련이 없어 보이던 것들 사이에

Donald.pdf; Wolf P. Fehlhammer, "Communication of Science in the Deutsches Museum: In Search of the Right Formula," in Svante Lindqvist ed., *Museums of Modern Science*(Canton: History of Science Publications and Nobel Foundation, 2000), pp. 17-28. 이놀라 게이는 일본에 원자폭탄을 떨어뜨렸던 비행기이며 오펜하이머는 원자탄을 만든 로스알라모스 연구소 소장을 지낸 물리학자였다.

새로운 관련을 만들고, 비슷하다고 생각된 것에서 차이를 발견하며, 서로 다른 것 사이에 친화성을 찾고, 이미 존재하는 것을 새로운 각도에서 재평가하며, 몇 가지 사례의 연속에서 패턴을 찾는 것이다. 그런데 이러한 사고는 과학자들이 새로운 사실이나 법칙을 발견하고 또 그렇게 발견한 것의 중요성을 평가하는 과정에도 그대로 적용되는 사고의 유형이라고 볼 수 있다. 아인슈타인은 "어떤 과학자도 공식처럼 생각하지는 않는다."고 했는데, 예술에 대한 이해는 과학을 형식 논리나 수식으로 환원시키는 오류를 피할 수 있게 한다. 위대한 업적을 냈던 과학자일수록 직관, 시각화, 상상력, 감성, 즐거움, 이해, '자연과 하나됨'을 강조했는데, 그 이유는 이것이 바로 그들의 사고와 실행을 구성하는 요소였기 때문이다.[44)]

예술과의 만남이 과학자들로 하여금 방정식을 해결하는 구체적인 문제풀이 과정에 직접적인 도움을 주지는 않을 것이다. 그렇지만 예술과의 만남은 과학에서의 상상력과 직관, 감수성과 시각화의 중요성을 복원할 수 있고, 과학자들에게는 과학적 창의성을 고양시킬 수 있는 교육과 연구 환경을 제공해줄 수 있다. 현대 과학이 예술로부터 얻을 수 있는 가장 중요한 도움은 과학을 포함한 인간의 창의적인 활동에 대한 더 깊은 이해라고 볼 수 있는데, 뛰어난 업적을 냈던 과학자들 중 다수가 예술에도 깊은 조예가 있었던 것은 과학과 예술과의 유사성과 공통점을 생각해볼 때 결코 우연이 아니었던 것이다.

---

44) Gerald Holton, "Imagination in Science," *Einstein, History and Other Passions*(New York: AIP Press, 1995), pp. 160-184; Arthur I. Miller, "Aesthetics, Representation and Creativity in Art and Science," *Leonardo* 28(1995), pp. 185-192; Catherine Z. Elgin, "Creation as Reconfiguration: Art in the Advancement of Science," *International Studies in the Philosophy of Science* 16(2002), pp. 13-25; Robert S. Root-Bernstein, "Aesthetic Cognition," *International Studies in the Philosophy of Science* 16(2002), pp. 61-77.

맺는말: 창의성과 상상력

과학과 예술, 특히 여기서 주로 다루었던 과학과 미술은 과학자와 미술가라는 다른 훈련을 받은 전문가들에 의해서, 다른 방식으로 세상을 이해하고, 다른 형태로 독자와 소통을 한다. 그렇지만 과학과 예술의 이러한 차이에도 불구하고 지금까지의 논의를 통해서 우리가 도달한 결론은 과학적 실행과 예술적 실행, 과학적 상상력과 예술적 상상력, 과학적 창의성과 예술적 창의성 사이에 상당한 유사성과 공통점이 있다는 것이다. 이러한 유사성과 공통점을 인식함으로써 우리는 과학과 예술이라는 두 문화 사이에 간격을 좁힐 수 있으며, 과학과 예술 모두에 도움이 되는 교류를 유도할 수 있다. 그러기 위해서 우선 필요한 것은 '과학은 발견하고 예술은 창조한다', '과학은 객관적이고 예술은 주관적이다', '과학은 실제 생활에 도움이 되고 예술은 정신세계에 도움이 된다'는 식의 단순한 생각을 버리는 것이다. 대신 우리는 과학자가 다양한 밑천(resources)과 제약(constraints)을 가진 채 기존의 패러다임을 뛰어넘으려고 노력하듯이, 예술가도 자기에게 주어진 밑천과 제약 하에 기존의 틀을 벗어나기 위해서 노력하는 방식으로 예술 작업을 수행한다는 관점을 택해야 한다. 이렇게 볼 때 과학과 예술 사이에는 다양한 접점이 형성된다.

과학과 예술의 상호 작용을 고찰함으로써 우리가 도달한 가장 중요한 결론은 예술과 마찬가지로 과학에서도 상상력과 직관, 감수성과 시각화가 중요하다는 것이다. 과학적 상상력과 직관의 근저에는 예술과 마찬가지로, 감성과 이성의 결합, 과학적 '시각화', 지식의 전달이 아닌 세상에 대한 총체적 이해, 대상과의 분리가 아닌 합일의 경험이 존재한다. 지금까지 한국의 과학자와 과학 교사는 마치 과학이 전적으로 논리적 추론과 실험적 검증으로만 구성되었고, 따라서 보편적·객관적인 과학 속에 감성적이거나 미학적인 기준은 개입할 틈이 없는 것처럼 간주하곤 했는데, 이는 과학에 대해 무척 협소하고 왜곡된 이미지를 제공하는 것이며 진정한 과학적 창의성을 억압하는 것이다.

노벨 물리학상을 수상한 이론물리학자 리처드 파인만은 드로잉을 배우고 예술에 대해 눈을 뜨게 되면서 과학 교육이 과학의 정신이 아니라 수학적 테크닉 위주로 진행되고 있다는 것을 알게 되었다.[45] 과학적 창의성이 그 어느 때보다도 절실하게 필요한 지금 우리가 맨 먼저 해야 할 일은 과학자들이 아름다움과 즐거움을 느끼기 때문에 연구를 한다고 주창했던 푸앙카레의 경구를 다시 되새겨보면서 과학에서 미학의 중요성에 대해 한 번 더 생각해보는 일일 것이다.[46]

---

45) Michelle Feynman ed., *The Art of Richard P. Feynman*(Basel: Gordon and Breach Science Publishers, 1995), on p. 21.

46) 이 장의 일부는 필자의 「과학과 예술」, 홍성욱 외, 『예술, 과학을 만나다』(이학사, 2007), 21-44쪽; 「과학과 예술: 그 수렴과 접점을 위한 시론」, 《과학기술학연구》 제5권 제1호(2005년 여름), 1-30쪽에서 논의된 내용을 포함하고 있다.

제3장

과학과 건축

1997년, 인구 40만이 사는 스페인의 작은 도시 빌바오에 구겐하임 미술관이 문을 열었다. 세계적인 건축가 프랭크 게리가 디자인한 이 미술관은 개관과 동시에 20세기 최고의 건축물로 찬사를 받으며, 매년 100만 명이 넘는 관람객을 빌바오로 불러 모으는 명소가 되었다. 꿈틀거리는 듯한 곡선 디자인과 티타늄 금속 외장을 사용한 구겐하임 미술관은 어느 각도에서 보아도 살아 움직이는 듯한 역동적 느낌을 불러일으키는데, 상상 속에서만 존재하던 이 독특한 건축물이 구현되는 데에는 스리디(3D) 컴퓨터 그래픽 기술의 발전과 신소재 건축 자재의 개발이 결정적이었다. 이렇게 20세기 말에 첨단 과학기술은 건축과 화려하게 재결합했다.

오래전 르네상스 시기에 과학과 건축은 하나였다. 피렌체 대성당의 거대한 돔을 설계하고 건축한 이탈리아 르네상스 초기 건축가인 브루넬레스키는 기하학적 원근법을 처음 만든 사람이었고, 르네상스를 대표하는 레오나르도 다빈치는 해부와 기하학에서 독창적인 업적을 남긴 과학자이자 스포르차 공과 같은 귀족의 건축가로 고용되어 그의 집과 교회를 설계했던 건축가였다. 다빈치는 기하학적 지식을 건물의 디자인에 적용해서 구조의 안정성을 미리 연구했고, 기하학적으로 아름다운 비례를 설정했다. 이는 그의 건축물에 실용성과 미학을 동시에 구현시켰다.[1)]

르네상스의 전통은 17세기까지 명맥을 유지했다. 17세기 영국의 수학자였던 크리스토퍼 렌도 과학자 겸 건축가였다. 렌은 영국의 왕립협회를 창설하는 데 주도적인 역할을 했던 당대 최고의 수학자였고, 1666년에 런던 대화재가 도시의 대부분을 불태운 뒤에 런던을 재건하는 일을 맡았다. 그의 가장 유명한 건축물은 지금도 수많은 관광객을 끌고 있는 런던의 세인트 폴 성당이며, 이 외에도 렌은 그리니치 천문대를 비롯한 많은 건물을 설계하고 건설을 감독했다. 비슷한 시기의 프랑스 과학자인 클로드 페로도 유명한 건축가였다. 페로는 루브르 궁전의 일부와 파리의 천문대를 설계했다. 특히 파리 천문대는 천문학의 원리들을 건물에 체화하는 형태로 만들어진 당대의 가장 '과학적인' 건물이었다.[2)]

그렇지만 '과학=건축'이라는 르네상스의 등식은 17세기 후반 이후에 점차 의미를 상실했다. 과학과 건축 모두 전문화되고, 유명한 과학자나 뛰어난 건축가가 되기 위해서는 그 분야에서 오랜 시간에 걸친 전문 교육과 훈련을 받아야 했기 때문이다. 건축은 이상적인 기하학적 비례나 우주적 질서를 건물에 구현하려는 시도에서 멀어지면서 예술과 테크닉에 접목됐다.[3)] 그렇지만 이렇게 과학과 건축의 거리가

---

1) 레오나르도 다빈치의 건축에 대한 논의는 S. Lang, "Leonardo's Architectural Designs and the Sforza Mausoleum," *Journal of the Warburg and Courtauld Institutes* 31(1968), pp. 218–233; Ludwig H. Heydenreich, "Leonardo da Vinci, Architect of Francis I," *The Burlington Magazine* 94(1952), pp. 277–283 참조.

2) 렌과 페로에 대해서는 각각 Lisa Jardin, *On a Grander Scale: The Outstanding Career of Sir Christopher Wren*(New York: HarperCollins, 2002); Wolfgang Herrmann, *The Theory of Claude Perrault*(London: A. Zwemmer, 1973) 참조.

멀어졌다는 것이 르네상스 이후 20세기에 이르기까지 과학과 건축의 접점과 상호 작용이 없었다는 것을 의미하지는 않는다. 다빈치, 렌, 페로처럼 과학과 건축을 한 사람이 담당하는 경우는 현저하게 감소했지만, 건축가들은 근대 과학이 열어준 새로운 세계관을 건물에 구현했다. 더 나아가서 과학의 발전은 박물관이나 실험실같이 과학 활동이 이루어지는 새로운 공간을 필요로 했고, 이러한 건축물은 과학이 새롭게 필요로 하던 '규율(discipline)'과 같은 기능을 공간에 구현하기도 했다. 이 장은 16-17세기 과학혁명기부터 20세기에 이르는 기간 동안 과학과 건축의 상호 작용을 가능케 했던 다양한 접점들을 살펴보면서, 이러한 상호 작용이 융합의 시대를 사는 지금 우리에게 던져주는 함의에 대해서 생각해보고자 한다.

1. 16-18세기 과학과 건축—과학의 상징, 상징으로서의 과학

16-17세기 과학혁명기 동안 '거대 과학(big science)'이라 불릴 수 있는 분야는 물리학도 생물학도 아닌 천문학이었다. 천문학은 간단한 도구를 사용하던 학문에서 잘 지어진 관측소와 정밀하고 값비싼 천문관측기기를 사용하는 과학으로 변모하고 있었는데, 이를 상징적으로 보여준 것이 덴마크의 귀족 천문학자 티코 브라헤의 천문관측소 우라니보그(Uraniborg: '하늘의 성'이라는 뜻)였다. 거대하고 웅장한 우라니보그는 덴마크의 왕 프레데리크 2세의 후원으로 벤(Hven) 섬에 지어졌다(그림 1).

우리니보그의 외관보다 더 흥미로운 내부는 티코 브라헤가 저술한 『천문학 복원을 위한 기구들(*Astronomiœ Instauratae Mechanica*)』(1598년)

---

3) Alberto Pérez-Gómez, "Architecture as Science: Analogy or Disjunction?" in Peter Galison and Emily Thompson eds., *Architecture and Science*(Cambridge, Mass.: MIT Press, 1999), pp. 337-351.

그림 1 티코 브라헤의 우라니보그

그림 2 우라니보그 관측소의 내부

에서 엿볼 수 있다(그림 2). 이 그림에서 티코 브라헤는 그가 자랑하던 거대한 벽 사분의(mural quadrant)에 비스듬하게 기대서 왼쪽 벽면의 창을 손가락으로 가리키고 있다. 여기서 창을 통해 들어오는 빛은 천문학이 '빛의 과학' 즉 '천상의 과학'임을 상징한다. 그림의 배경 쪽으로는 천문대의 내부를 볼 수 있는 단면이 보이는데, 우선 천문대의 맨 위층에는 다양한 천체관측기구가 있고, 가운데 1층에는 사람들이 테이블에 둘러앉아서 천문 계산을 하는 모습이 있다. 1층 기둥 뒤로는 거대한 우주의도 볼 수 있다. 그리고 지하에는 다양한 화학 기구들이 배치된 화학 실험실이 있다. 화학 실험실을 빛이 전혀 들어오지 않는 지하에 둔 이유는 티코 브라헤가 당시 화학을 비밀스러운 연금술로 간주한 파라셀수스의 철학을 공유했기 때문이다. 브라헤는 천문학이 우주의 비밀을 알아내는 '빛의 과학' 이지만, 화학(연금술)은 그렇게 알아낸 우주의 비밀을 지상의 신비스러운 힘으로 변환시키는 '어둠의 과학' 이라고 생각했으며, 그 변환 과정을 외부에 알려서는 안 된다고 보았다. 우라니보그의 구조는 티코 브라헤가 생각했던 천문학과 화학의 서로 다른 이상과 이념을 구현한 것이었다.[4)]

우라니보그는 과학자의 독특한 과학관이 건축에 체화된 예이지만, 건축가가 과학에서 발견한 세계관과 영감을 건축에 구현한 경우도 있다. 18세기 계몽사조 시기에 '환상적인 건축물' 을 수없이 설계해서 이후 건축가들에게 큰 영향을 미쳤던 프랑스 건축가 불레는 〈아이작 뉴턴을 위한 기념비〉(그림 3)라는 거대한 건축물을 설계했다. 여기서 맨 위의 그림은 불레가 기념비의 외관을 가상적으로 스케치한 것이다(사람이 길에 개미만 한 점으로 표시된 것에 비추어 이 건물의 규모를 짐작할 수 있다). 가운데 그림은 밤에 보는 뉴턴 기념비인데, 바깥세상이 어두운 밤이 되면 기념비의 내부는 특수한 등불을 밝혀 대낮처럼 밝게 유지되었다. 이는 빛과 색깔에 대한 뉴턴의 광학적 업적을 기리기 위함이었다. 맨 아래 그림은 낮에 보는 뉴턴 기념관이며, 여기에서는 반대로 바깥세상이 환하게 밝을 때 기념비 내부는 어둡게 유지되었다. 오직 천장에 뚫린 작은 구멍들을 통해서만 빛이 들어왔기에 내부에서 천장을 올려다보면 마치 밤하늘 같았다. 물론 이는 뉴턴의 우주론과 천체역학에 대한 기여를 기념하기 위한 것이었다.[5)]

---

4) 티코의 우라니보그의 구조에 대한 해석은 Owen Hannaway, "Laboratory Design and the Aim of Science: Andreas Libavius versus Tycho Brahe," *Isis* 77(1986), pp. 585-610에 제시되었다. 하나웨이에 의하면 당대의 화학자 리바비우스가 도시 한복판에 지으려 했던 '화학의 집' 은 티코의 이러한 비밀주의를 비판한 것이었다. 하나웨이의 해석에 대해서는 비판도 있는데, 예를 들어 Joel Shackelford, "Tycho Brahe, Laboratory Design and the Aim of Science: Reading Plans in Context," *Isis* 84(1993), pp. 211-230은 하나웨이의 해석이 티코에 대한 리바비우스의 편파적인 평가에 의존한 것이라고 비판하고 있다.

그림 3 불레의 〈아이작 뉴턴을 위한 기념비(설계도)〉. 맨 위는 외관의 스케치, 중간은 밤에 보는 기념비, 아래는 낮에 보는 기념비.

2. 18-19세기에 새롭게 등장한 과학의 공간—박물관과 실험실

18-19세기에 등장한 자연사 박물관과 과학기술 박물관은 과학과 건축의 접점이 만들어진 또 다른 공간이었다. 우리가 지금 자연사 박물관이나 과학박물관이라 부르는 박물관의 기원은 후기 르네상스 시기에 나타난 '호기심의 방'이었다(그림 4). 호기심의 방에는 기묘하게 생긴 동식물, 희귀한 광물 등을 비롯하여 당시 사람들이 신비로운 우

5) I. Bernard Cohen, "Notes on Newton in the Art and Architecture of the Enlightenment," *Vistas in Astronomy* 22(1979), pp. 523-537; Emil Kaufmann, "Étienne-Louis Boullée," *Art Bulletin* 21(1939), pp. 213-227.

그림 4 올드 웜의 호기심의 방(1665년)

주와 지구를 구성한다고 여겼던 전시품들이 벽부터 천장까지 가득했다. 프라하의 루돌프 2세, 피렌체의 메디치 가(家), 덴마크의 의사 올레 웜 등이 소유했던 호기심의 방은 유명했는데,[6] 이렇게 귀족이나 부자들이 취미삼아 만든 호기심의 방이 점차 대중에게 공개되는 과정에서 인공물에 대한 사람들의 관심이 높아졌고, 그 결과 18세기부터 자연사 박물관과 과학박물관이라고 할 수 있는 것들이 나타나기 시작했다.[7]

대중에게 공개된 첫 번째 자연사 박물관이라고 볼 수 있는 미국의

---

6) 자연물을 수집하는 전통은 이탈리아에서 특히 두드러졌다. 이에 대해서는 Paula Findlen, *Possessing Nature: Museums, Collecting and Scientific Culture in Early Modern Italy*(Berkeley, Calif.: University of California Press, 1994). 웜도 이탈리아의 1599년에 개관한 임페라토의 '호기심의 방'에 큰 영향을 받았다. Joel Shackelford, "Documenting the Factual and the Artifactual: Ole Worm and Public Knowledge," *Endeavour* 23(1999), pp. 65–71.

7) Bernard S. Finn, "The Museum of Science and Technology," in Michael S. Shapiro ed., *The Museum: A Reference Guide*(New York: Greenwood Press, 1990), pp. 59–83.

필 박물관(Mr. Peale's Museum)은 공룡의 화석을 대중에게 보여주며 큰 인기를 끌었다. 그런데 이 박물관의 표본들은, 인간이 공룡이나 여타 포유류나 조류에 비해서 가장 상위를 차지한다는 필의 철학에 따라 배열되었다. 필은 유명한 사람들의 초상화나 흉상(胸像)을 동물 표본들 위에 놓이게 함으로써 생명체들 사이의 위계를 분명히 했다.[8] 이렇게 박물관 내부의 공간이나 표본의 배치는 과학의 세계관이나 이념을 구현하는 장이 되곤 했는데, 이를 둘러싼 갈등은 1881년에 개관한 영국 런던의 자연사 박물관에서도 드러난다. 이 박물관을 지을 때 건축가들은 박물관의 외관과 전시 기능을 강조한 데 반해서, 과학자들은 자연사 박물관에 관람객들의 눈을 사로잡는 화려한 장식과 장엄한 구조가 너무 많아서 관람객들이 동식물 표본을 꼼꼼하게 관찰하는 대신에 박물관을 구경하는 데 정신을 뺏길 것이라고 건축가들을 비판했다. 특히 과학자들은 박물관의 1층에 설계된 거대한 홀이 마치 교회의 내부와 흡사해서, 관람객에게 과학이 종교적인 의미를 가진다는 오해를 불러일으킬 수 있다고 우려하기도 했다.[9]

19세기 이후에는 실험실이 과학의 전 분야로 확산되었다. 원래 실험실은 중세 말엽과 근대 초엽에 활동하던 연금술사들의 '부엌' 에서 유래한 것으로, 17-18세기에는 부유한 과학자들이 자신의 저택에 마련한 사적 공간에 머물러 있었다. 그러다 19세기 초엽 독일 기센 대학의 화학자 리비히가 실험실에서의 교육을 통해 성공적으로 과학 연구를 대학에 정착시킨 이래(그림 5), 화학, 물리학, 생물학, 지질학 같은

8) C. C. Sellers, *Mr. Peale's Museum: Charles Wilson Peale and the First Popular Museum of Natural Science and Art*(New York: Norton, 1980). 필 박물관의 내부 그림들은 화가이기도 했던 필 자신이 직접 그린 것이다. http://www.lewisclark.org/content/content-channel.asp?ChannelID=376.

9) Carla Yanni, *Nature's Museums: Victorian Science and the Architecture of Display*(Baltimore: Johns Hopkins University Press, 1999).

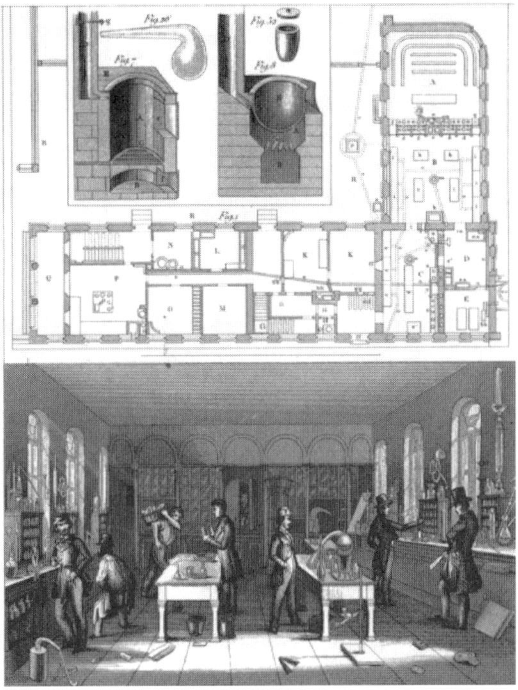

그림 5 리비히의 실험실(아래)과 그의 연구소 평면도(위)

자연과학의 분과 학문에서도 실험실을 짓고 여기서 학생들을 교육하면서 그 결과를 가지고 연구 논문을 출판하기 시작했다. 리비히의 실험실은 이후 독일과 다른 나라의 화학 실험실과 물리학 실험실의 모델이 되었다.[10)]

실험실 운영자의 입장에서 가장 어려운 문제 중 하나는 실험실에 접근하는 외부인을 통제하는 것이었으며,[11)] 독일 물리학자였던 프라

10) 리비히의 실험실에 대해서는 많은 논의가 있지만 가장 고전적인 논의로는 J. B. Morrell, "The Chemist Breeders: The Research Schools of Liebig and Thomas Thomson," *Ambix* 19(1972), pp. 1-46이 있다.

11) Adi Ophir and Steven Shapin, "The Place of Knowledge: A Methodological

운호퍼의 사례는 이 점을 잘 보여준다. 19세기 초엽에 프라운호퍼는 프리즘을 사용한 정밀한 실험을 통해 가시광선의 스펙트럼에 수많은 검은 선이 존재한다는 것을 보였다. 당시에는 그 이유를 모른 채 그는 이 검은 선들을 정교한 색지움 렌즈(achromatic lens: 일반 렌즈로 볼 때 상 주위에 나타나는 색깔을 없앤 렌즈)를 제작하는 데 기준선으로 사용했다. 프라운호퍼의 실험은 렌즈 산업의 주도권을 영국에서 독일로 가져오는 데 결정적 역할을 했고, 유럽 특히 영국의 물리학자들은 프라운호퍼의 실험실을 방문해서 우수한 색지움 렌즈의 비밀을 캐내려고 애를 썼다. 프라운호퍼는 자신의 실험실을 찾는 유럽의 과학자들에게 자신이 발견한 스펙트럼 선의 존재를 보여주고 널리 알려야 했지만, 색지움 렌즈의 제조 비밀은 숨겨야 한다는 딜레마에 처했다. 그는 연구소 겸 공장으로 사용했던 베네딕트 수도원의 구조를 이용해서 이 문제를 해결했다. 그는 전통적으로 수도사들이 함께 사용했던 화장실을 렌즈 공방으로 개조하고, 개별적으로 사용하던 독방을 자신의 연구실로 만들었다. 렌즈 공방은 내부 작업자들에게는 열려 있는 공간이었지만 외부 방문객들에게는 폐쇄된 공간이었고, 그의 연구실은 공장 노동자에게는 닫힌 공간이었던 반면 외부 방문객에게는 개방되었다. 프라운호퍼를 방문한 외국의 과학자들은 수도사들의 공용 공간이었던 화장실, 즉 렌즈 공방에는 접근하기 힘들었고, 대신 프라운호퍼의 실험이 시연되던 그의 연구실에는 자유롭게 출입할 수 있었다. 그는 이러한 공간적 구조를 이용해서 자신의 실험을 외부에 널리 알리면서 렌즈

Survey," *Science in Context* 4(1991), pp. 3–21. 외부인의 통제는 17세기 실험과학이 처음 등장했을 때부터 문제가 되었다. 17세기 왕립협회에서의 실험의 수행과 목격자의 지위가 실험에 능동적으로 개입하는 사람에서 실험을 수동적으로 참관하는 사람으로 변하는 과정에 대한 흥미로운 논의로는 Steven Shapin, "The House of Experiment in Seventeenth Century England," *Isis* 79(1988), pp. 373–404 참조.

제작의 비밀은 숨기는 데 성공했다.[12)]

대학의 실험실은 산업체의 연구소와는 또 다른 문제를 안고 있었는데, 그것은 교육을 위해서 설립된 실험실을 연구의 목적으로 사용하는 데에서 발생하는 충돌을 최소화하는 것이었다. 1850년대 이후 설립되기 시작한 물리학 연구소 중에 가장 두드러진 업적을 냈던 영국 케임브리지 대학교의 캐븐디시 연구소(Cavendish Laboratory)의 사례는 이러한 상황을 잘 보여준다. 캐븐디시 연구소는 18세기 영국의 귀족 과학자였던 헨리 캐븐디시의 후손인 데본샤이어 공작의 기부에 의해 1871년에 건설되기 시작했고, 초대 소장으로는 당시 영국 최고의 물리학자 맥스웰을 초빙했다. 당시 맥스웰은 런던 대학교의 교수를 지내다가 1865년에 은퇴를 해서 스코틀랜드의 덤프리스에 있는 글렌레어 저택에서 전자기학에 대한 저술에 몰두하고 있었다. 글렌레어 저택은 맥스웰의 아버지인 존 클럭 맥스웰이 1848년에 지방 건축가 뉴월과 함께 지은 것이었는데, 맥스웰은 전자기학 저술에 몰두하면서 1868년에 지역 건축가 발보어와 함께 아버지에게서 물려받은 저택을 증축했다. 맥스웰이 증축한 저택은 우아했으며 기하학적으로 깔끔하고 일체의 불필요한 장식을 사용하지 않았다.[13)]

물리학에 약간의 상식이 있는 사람이라면 맥스웰을 그의 이름을 딴 방정식(맥스웰 방정식)을 완성한 이론 물리학자로 알고 있을 것이다. 그렇지만 맥스웰은 영지를 운영하고, 저택을 짓고, 장부를 기록하는 영주의 집안에서 성장했다. 그는 "복식 부기(double-entry bookkeeping)

---

12) Myles W. Jackson, "Illuminating the Opacity of Achromatic Lens Production: Joseph Fraunhofer's Use of Monastic Architecture and Space as a Laboratory," in P. Galison and E. Thompson eds., *Architecture and Science*(Cambridge, Mass.: MIT Press, 1999), pp. 141–163.

13) Jordi Cat, *Land, Lines, Colours and Toys: Becoming James Clerk Maxwell*(Oxford: Oxford University Press, forthcoming).

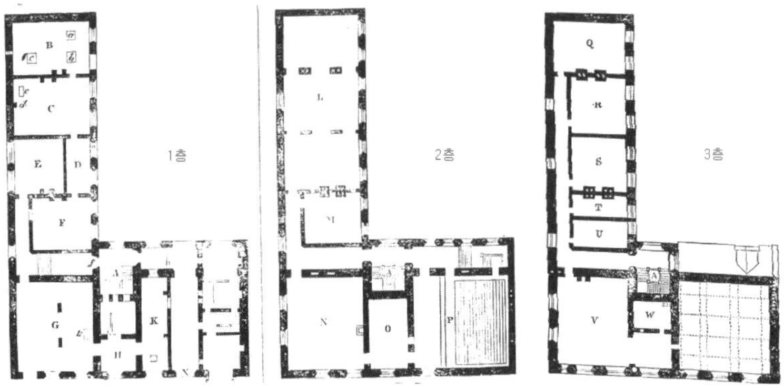

그림 6 1873년에 개관한 영국 케임브리지 대학의 캐븐디시 연구소의 평면도. 1층이 주로 연구실험에 사용되었는데, 학부학생들의 접근이 어렵게 디자인되어 있다.

가 서양 과학 사상사에 혁명적인 변화를 가져왔다."고 보았고, 당시 엔지니어였던 랭카인의 영향을 받아 교각에 걸리는 힘을 계산하기도 했다. 맥스웰은 전신 엔지니어 젠킨과 공동연구를 수행해서 저항의 표준을 만드는 정교한 실험을 했으며, 이 과정에서 표준과 단위의 차원에 대한 논문을 쓰기도 했다. 기술에 관심이 많았고 집을 증축하는 일을 해보기도 했던 맥스웰은 케임브리지 대학교의 교수로 임용된 뒤에 건축가 포셋과 함께 캐븐디시 연구소의 건물을 설계했다(그림 6).[14]

캐븐디시 연구소는 20세기에 들어와서 많은 노벨상 수상자를 배출한 '연구를 위한 실험실(research laboratory)'이다. 그렇지만 이 연구소를 지을 때 대학은 이를 물리학 강의를 보조하기 위한 학부 학생들의

14) 캐븐디시 연구소의 평면도는 "The New Physical Laboratory of the University of Cambridge," *Nature* (25 June 1874), pp. 139–142. 영국 케임브리지 대학교에 보관되어 있는 맥스웰의 미출판 사료에는 그가 스케치한 캐븐디시 연구소의 평면도가 남아 있는데, 이는 완성된 건물의 평면도와 크게 다르지 않다.

실험실로 간주했다. 사실 당시에는 체계적인 대학원 과정 자체가 존재하지 않았다. 맥스웰도 학부 학생들을 위한 수업을 진행했고, 학부 학생들의 실험을 지도해야 했다. 그렇지만 맥스웰은 취임 초부터 이 연구소가 새로운 연구를 위한 공간이 되어야 한다는 비전을 가지고 있었다. 그는 실험을 통해 정밀한 측정을 하고, 이러한 측정과 이론을 결합시켜서 새로운 현상을 탐구하는 것이 캐븐디시 연구소의 본분이라고 생각했다. 맥스웰은 학생 교육을 보조하는 실험을 '예증 실험(experiment of illustration)'이라 불렀고, 연구소에서 수행해야 하는 고급 실험을 '연구 실험(experiment of research)'이라고 명명했다.[15] 문제는 학부 학생들이 자주 들락날락할 경우에 정밀한 연구 실험이 방해를 받는다는 데에 있었다. 그렇지만 이 연구소는 학부 학생들의 실험 교육을 위해 세워진 것이었고, 따라서 학생들의 출입을 막을 '규율'을 따로 만들 수도 없는 상황이었다.

맥스웰은 정밀한 실험이 진행되는 연구실에 학생들의 실질적인 접근을 어렵게 만듦으로써 이 문제를 해결했다. 그는 연구소의 1층을 정밀 연구 실험을 위한 닫힌 공간으로, 2층을 학생에게 완전히 개방된 공간으로, 그리고 3층을 학생들에게 절반 정도만 열린 공간으로 구분했다. 그림 6에서 보듯이 캐븐디시 연구소의 1층 맨 구석에 있는 B 실험실은 고가의 실험기기를 갖춘 정밀 자기(磁氣) 측정을 위한 방이었고, C 실험실에는 표준 시계와 표준 추가 설치되어 있었다. B 실험실과 C 실험실은 연구소 내에서 가장 조용하고 가장 방해를 덜 받는 방이어야 했다. 1층에는 복도가 없이 방과 방이 연결되어 있었고, 따라서 학생들이 B 실험실이나 C 실험실에 접근하기 위해서는 중간에 방을 여러 개 거쳐야 했다. 이러한 복잡한 구조는 학부 학생들이 정밀

15) 맥스웰의 비전은 그의 취임사에 잘 드러나 있다. James Clerk Maxwell, "Introductory Lectures on Experimental Physics," in W. D. Niven ed., *The Scientific Papers of James Clerk Maxwell*(New York: Dover, 1965), pp. 241–255.

실험이 행해지는 방에 접근하는 것을 실질적으로 어렵게 만들었다.

1층의 E 실험실에는 정밀한 저울이 있었고, F 실험실은 맥스웰 자신의 실험을 위한 공간이었다. 거리와 인접한 G 실험실은 실험기기 상자를 푸는 방이고, H 실험실은 기기를 수리하는 작업실이었다.

반면에 2층의 L 실험실은 학부 학생들이 실험을 하는 실험실이고, M은 교수 연구실, N은 기기실, O는 준비실, 그리고 P가 학부 강의실이었다. 수업을 듣는 학생들은 자연스럽게 2층의 강의실과 실험실에 자유롭게 들락날락할 수 있었다. 2층은 누구에게나 쉽게 접근이 가능한 공간이었다. 반면에 3층의 Q는 음향학 실험실, R은 제도실, S는 열 실험실, T와 U는 광학 실험실, V는 전기 실험실, 그리고 W는 사진 현상을 위한 암실이었다. 3층은 고급 실험에 관심이 있는 학부 학생들이나 졸업생들이 실험을 할 수 있는 공간이었다. 그렇지만 고급 실험에 관심이 없는 학생들은 2층에서 강의를 듣고 역시 같은 층에서 일반 실험을 하는 것으로 충분했다. 연구소에는 '출입금지' 라는 표지판 하나 붙어 있지 않았지만, 연구소의 구조는 학생들이 정밀 기기가 있는 1층의 방들에 출입하는 것을 실질적으로 무척 어렵게 만들었던 것이다. 이러한 연구소의 공간 배치는 맥스웰이 생각하던 물리학 교육과 연구의 역할 분담에 대한 그의 이상을 반영한 것이었다.

3. 20세기의 실험실에서 볼 수 있는 과학-건축의 상호 작용

자신의 연구소를 직접 디자인했던 맥스웰은 사실 예외적인 경우에 속한다. 대부분의 과학자들은 연구소가 누구에 의해서, 어떻게 건축되든 별 관심이 없다. 과학자들이 관심을 두는 부분은 연구소의 실험실이 실험을 하기에 편하게 설계되었는가라는 '기능적인' 요소이다. 따라서 역설적으로 유명한 건축가가 디자인한 건물이 실험실로서는 오히려 낙제점에 가까운 경우도 있었다. 20세기 가장 위대한 건축가 중

그림 7 루이스 칸이 설계한 펜실베이니아 대학교 의학연구소

한 명인 루이스 칸은 1962년에 완공된 펜실베이니아 대학교의 의학연구소(Richards Medical Research Lab)를 설계했다. 건축에서 공간과 빛을 가장 중요하게 여긴 칸은 펜실베이니아 의학연구소도 커다란 창문들을 통해 햇볕이 공간 내부에 쏟아져 들어오도록 디자인 했다(그림 7). 이 건물은 모더니즘 건축의 승리라고 불릴 정도로 건축가들과 건축평론가들로부터 호평을 받았다.

그렇지만 과학자들은 당장 커다란 창문으로 들어오는 햇볕 때문에 연구실의 온도가 올라가고 실험에 방해를 받는 등, 칸의 건축물이 실험실로는 적합하지 않다는 것을 발견했다. 연구자들은 신문지로 유리

그림 8 루이스 칸이 디자인한 소크 연구소

창을 막았는데, 자신이 설계한 건물 유리에 신문지가 도배되어 있는 본 칸은 청소부에게 이를 모두 걷어내라고 고함을 치곤 했다. 연구자들은 다시 은박 포일을 이용해서 창문을 가렸고, 설계자인 칸과 힘든 협상을 통해서 결국 유리창을 가리는 용도로 은박 포일을 사용할 수 있다는 허락을 받아내기도 했다. 이후 칸은 소아마비 백신을 발명한 소크 박사의 의뢰로 1966년에 캘리포니아 라호야(La Jolla)에 소크 연구소(Salk Institute)를 건축했다(그림 8). 소크 연구소에서는 그의 특징인 빛과 공간을 충분히 활용하면서도 실험 연구소가 지녀야 할 연구단위의 독립성과 유동성을 공간적으로 보장했다. 건물은 모두 29개의 독립된 단위로 구성되었고, 이는 마지막 층에서 모두 연결되어 있었다. 이전의 실패가 20세기 최고의 실험실이라고 불린 걸작을 낳았던 것이다.[16)]

전문화가 가속화되고 학문 분야가 쪼개지다 보면 새로운 통합에의 갈망이 등장한다. 미국의 입자물리학자 로버트 윌슨은 20세기에도 과학과 건축이 하나가 될 수 있음을 보여주는 대표적 사례이다. 그는 첫 번째 입자가속기를 만든 버클리 대학교의 로렌스의 제자로 미국의 입자가속기 건설에서 둘도 없는 전문가였으며, 1967년에 설립된 미국 최대의 가속기 연구소인 페르미 연구소(Fermilab)의 첫 소장으로 취임했다. 윌슨은 페르미 연구소에 300기가일렉트론볼트(GeV)의 가속기를 건설했고, 최종적으로 1테라일렉트론볼트(TeV)의 거대한 가속기를 만들었다. 그렇지만 그가 소장에 취임했을 당시의 분위기는 이러한 거대 과학에 무척 적대적이었다. 1960년대 말엽에 미국 정부는 과학기술예산을 삭감했고, 시민 사회는 과학기술을 베트남 전쟁과 환경 파괴의 주범으로 몰아세우고 있었다. 그는 이러한 거대 연구소가 주변의 환경을 파괴하고 주민의 삶을 황량하게 한다는 환경주의자들과 시민 운동가들의 비판을 심각하게 받아들여서, 가속기를 건설하면서 동시에 페르미 연구소를 친환경적이고 주민들에게 친숙한 공간이 되도록 디자인했다. 우선 그는 페르미 연구소의 담장을 없애고 위압적인 경비원이 지키는 정문도 세우지 않았다. 연구소는 말 그대로 지역 주민에게 완전히 개방되어, 주민들은 연구소 내부를 자유롭게 돌아다닐 수 있었다. 4킬로미터가 넘는 지하 가속기 위의 땅에는 초원을 복원해서 소떼를 방목함으로써, 20세기 거대기술과 자연환경의 조우를 꾀했다. 그는 이러한 조형물을 건립할 때 중고 재료들을 사용해서 친환경적인 이미지를 더했다.[17)]

윌슨은 페르미 연구소가 아름다우면서 동시에 강력한 힘을 보여줄

16) Jon Cohen, "Designer Labs: Architecture Discovers Science," *Science* 287(2000), pp. 210–214; Louis I. Kahn, "Remarks," *Perspecta* 9(1965), pp. 303–335에서 칸은 소크의 비판을 받아들여서 실험실에 파이프가 드러나는 것이 생물학 실험에 좋지 않은 결과를 낳는다는 것을 인정하고 건물 디자인을 바꿨음을 술회하고 있다.

수 있는 공간이어야 한다고 생각했다. 이를 위해서 그는 거대한 가속기와 자연의 미를 결합시켰다. 연구센터인 윌슨 홀(Wilson Hall)은 그가 프랑스 보베(Beauvais)의 유명한 생피에르 대성당에서 영감을 얻어서 직접 그 골격을 디자인한 것이다(그림 9, 그림 10). 윌슨 홀은 중세의 고딕 스타일을 현대적 건물에 구현한 것인데, 마치 고딕 성당이 그렇듯이 두 개의 거대한 건물이 1층부터 옥상까지 연결되어 있는 아트리움을 껴안고 있는 형상을 유지하고 있었다. 주민들은 아트리움에서 식물과 하늘을 구경하다가, 건물의 옥상에 올라가서 일리노이 주를 한눈에 내려다볼 수 있었다. 윌슨은 홀 주위에 인공 호수를 조성하고 그 호수 중앙에 거대한 오벨리스크를 직접 조각했다. 그는 또 연구소의 정문에 〈깨진 대칭(Broken Symmetry)〉이라는 조형물을 세웠으며(그림 11), 연구소 곳곳에 현대 과학과 예술의 만남을 상징하는 〈뫼비우스의 띠〉, 〈아르키메데스의 나선〉과 같은 조형물들을 건립했다.[18]

그의 철학은 과학 이론이 아름다운 것과 마찬가지로 입자가속기와

그림 9 보베의 성당과 페르미 연구소의 윌슨 홀

17) Joanna S. Ploeger, "The Art of Science at Fermi National Accelerator Laboratory: The Rhetoric of Aesthetics and Humanism in the National Laboratory System in the Late 1960s," *History and Technology* 18(2002), pp. 23–49.

18) Wilson과 페르미 연구소의 조형물에 대해서는 페르미 연구소의 온라인 아카이브를 참조. http://history.fnal.gov/

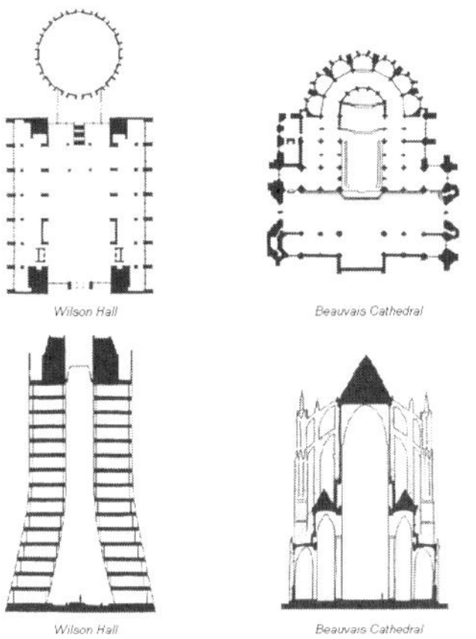

그림 10 윌슨 홀과 보베 성당을 비교하는 내부 평면도와 단면도. 윌슨의 스케치.

그림 11 깨진 대칭

같은 과학 기기도 아름답다는 것이었다. 가속기 연구소의 다양한 건축물은 윌슨이 평생 간직했던 '과학적 유토피아'의 이상을 실현한 것이었다. 물론 윌슨의 노력을 시민들에게 과학의 중요성을 설득해서 더 많은 연구비를 받아내려는 미사여구로 해석할 여지도 없지 않지만, 그럼에도 불구하고 그의 노력은 건축의 미학을 통해서 과학과 시민 사회가 대화할 수 있었다는 중요한 사례를 남긴 것이었다.[19)]

---

19) 페르미 연구소의 가속기를 건설하는 데 소요된 연방정부의 예산은 당시로서는 천문학적 예산이었던 2억 5천만 달러였다. 시민운동단체들의 반대에도 불구하고 정부가 이 예산을 지원하게 된 배경과 과정에 대한 논의로는 Catherine Westfall, "Fermilab: Founding the First US 'Truly National Laboratory'," in Frank A. J. L. James ed., *The Development of the Laboratory: Essays on the Place of Experiment in Industrial Civilization*(New York: American Institute of Physics, 1989), pp. 184–217.

4. 지식 융합 시대의 과학과 건축

실험실의 디자인과 연구의 생산성은 어떤 관계에 있는가? 이에 대한 한 가지 연구 결과는 연구자 사이의 거리가 멀어지면 멀어질수록 이들이 접촉할 기회가 줄고, 이러한 접촉의 감소는 연구팀의 생산성을 떨어뜨리는 결과를 가지고 온다는 것이다. 기업의 연구개발팀을 10년 넘게 분석했던 엠아이티(MIT)의 경영학자 알렌은 연구자들 사이의 거리가 멀어지는 것에 비례해서 이들이 서로 얼굴을 마주치면서 얘기를 나눌 확률이 줄어들고, 이렇게 서로 다른 주제를 연구하는 연구자들이 우연히 만나서 얘기할 기회가 줄면 줄수록 연구팀의 생산성이 떨어진다는 것을 발견했다. 그는 기업의 최고경영자(CEO)가 화장실, 커피자판기, 복사기와 같이 서로 다른 연구팀의 '소통을 만들어내는 기계'의 위치를 전략적으로 핵심적인 곳에 놓아둠으로써 사람들 사이의 우연한 만남의 빈도를 높일 수 있다고 충고했다.[20)]

'거리'가 중요한 요소로 판명이 난 경우는 알렌의 연구 외에도 더 있다. 미국의 저명한 건축가 사리넨은 1940년대부터 1950년대에 걸쳐서 미국 대기업의 거대 연구소 여러 개를 설계했다. 그가 설계한 연구소는 제너럴모터스(GM)의 테크 센터(Tech Center)를 필두로, 아이비엠(IBM)의 왓슨 센터(Watson Center), 벨 연구소(Bell Lab)의 홈델 센터(Holmdel Center)처럼 당시에 기술혁신을 주도하던 미국 굴지의 대기업 연구소들이었다. 그런데 그가 연구소를 설계할 무렵 미국에서는 순수과학을 지원하면 기술이나 산업의 발전이 거의 자동적으로 얻어진다는 선형(linear) 기술혁신 모델이 아무런 의심 없이 받아들여지고 있었다. 대기업들은 이러한 생각에 입각해서 마치 대학 캠퍼스를 모방한 것 같은 기업 연구소를 설계해 달라고 요구했으며, 사리넨은 이런 요

---

20) Thomas J. Allen, *Managing the Flow of Technology*(Cambridge, Mass.: MIT Press, 1977).

그림 12 사리넨이 설계한 아이비엠의 왓슨 센터

구에 부응해서 공장에서 멀리 떨어진 곳에 독립적인 연구소나 연구 단지를 만들었다. 그가 설계한 연구소의 외관은 매우 수려하고 깔끔했으며(그림 12), 연구소 내부는 협동작업보다는 연구원들의 프라이버시와 연구의 독립성을 보장하는 방식으로 구획되었다. 이 연구소의 연구원들은 산업에서 필요한 제품 개발이 아니라 당장 상품화하기 힘든 기초연구에 주력했다. 기업의 임원들은 이러한 기초연구가 조만간 기술혁신으로 이어질 것이라고 믿었지만, 이들의 결과는 실용적인 기술혁신으로 이어지지 못했다. 제너럴모터스의 경우, 기술혁신은 거대한 테크 센터에서보다는 공장에 붙어 있는 작은 연구소에서 이루어졌으며, 벨 연구소의 경우에도 핵심 연구들은 새로운 홈델 센터가 아니라 전쟁 이전부터 존재했던 머레이힐(Murray Hill) 연구소에서 나왔다. 결국 이러한 문제를 인식한 기업은 1980년대 이후 독립 연구소의 기초연구 지원을 삭감하는 정책을 펴게 되었다.[21)]

21) Scott G. Knowles and Stuart W. Leslie, "Industrial Versailles: Eero Saarinen's Corporate Campuses for GM, IBM and AT&T," *Isis* 92(2001), pp. 1-33. 선형모

이와는 대조되는 사례가 2차 세계대전 동안 레이더를 개발했던 미국의 '래디에이션 연구소(Radiation Laboratory: 이하 줄여서 래드랩 Rad-Lab)'였다. 이 연구소는 국립방위연구국(NDRC: national defence research committee) 산하 조직으로 엠아이티(MIT)에 위치했으며, 1940년에 문을 열어서 1945년까지 지속되었다. 이 짧은 기간 동안에 래드랩은 SCR-584와 같은 지대공 레이더나 ASV 레이더처럼 비행기에서 배나 잠수함을 탐지하는 레이더를 개발했고, 이것들은 연합군의 승리에 결정적으로 기여했다. 래드랩은 다양성을 특징으로 한 연구소로, 여기에는 물리학자, 엔지니어뿐만 아니라 화학자, 통계학자, 경제학자, 심지어는 신호 검파를 위해서 전문 음악가까지 고용되어 있었다. 이렇게 서로 다른 배경을 가진 사람들의 협동 연구가 래드랩의 가장 큰 특징이었다. 특히 레이더 발신기(transmitter)를 다루는 제5국에는 '마그네트론(magnetron: 극초단파를 발생시키는 장치) 그룹,' '마이크로파 그룹,' '안테나 그룹' 등 핵심적인 연구 집단이 포진했고, 각각의 그룹에서는 주로 물리학자와 전기·전자 공학 엔지니어의 협동연구를 통해서 레이더의 핵심 부품을 개발했다. 또 한 가지 흥미로운 사실은 이 연구소의 연구원을 역임했던 사람 중에 노벨상을 탄 사람이 9명이나 되었다는 것이다. 물리학자 라비, 슈빙거, 한스 베테, 알바레즈 등이 이 연구소 출신이었고, 노벨 경제학상을 탔던 경제학자 폴 사무엘슨도 이 연구소에서 근무했었다.[22)]

델을 포함한 20세기 미국의 연구 지형도의 변화는 홍성욱, 「20세기 과학연구의 지형도: 미국의 대학과 기업을 중심으로」, 《한국과학사학회지》 24권 제2호, 200-237쪽; 『과학은 얼마나』 제5장 참조.

22) 래드랩이라는 이름은 방사능 연구소란 의미인데, 이것은 레이더 개발이라는 비밀 프로젝트를 숨기기 위한 가짜 이름이었다. 당시 대부분의 사람들은 방사능이 군사 무기와는 무관하다고 생각했기 때문이다. Robert Buderi, *The Invention that Changed the World: How a Small Group of Radar Pioneers Won the Second World War and Launched a Technological Revolution*(New York: Simon & Schuster,

그런데 래드랩이 처음부터 이렇게 성공적이었던 것은 아니었다. 이들이 처음에 임무를 부여받고 모였을 때는 서로를 잘 이해하지 못했다. 예를 들어 물리학자들은 공학적 개념인 대역너비(bandwidth)나 레이더의 핵심 부품 마그네트론의 작동 방식을 이해하지 못했고, 반면 엔지니어들은 물리학자들이 연구하는 양자역학에 대한 이해가 없었다. 당시는 전시상황이었으므로 실용적인 레이더를 단시간 내에 개발해야 한다는 목표 하에 서로 다른 전공 지식을 소유한 과학기술자들은 머리를 맞대고 연구를 했으며, 그 과정에서 이들의 지식이 섞이고 융합되면서 실용적인 레이더가 개발되었다. 이 과정은 서로의 언어를 배우고 이를 자신의 언어로 번역하는 과정이었다. 이러한 성공에는 래드랩의 독특한 구조가 큰 역할을 했다. 래드랩은 연구원들의 전공이 아니라 레이더의 부품별로 구획되었다.[23)]

레이더는 마이크로파를 발사하고, 금속성 물질에 반사되어 돌아온 마이크로파를 수신하는 구조로 되어 있었다. 마그네트론으로 구성된 발신기는 마이크로파를 발생시키고, 안테나는 반사되어 돌아온 파를 감지하며, 이렇게 감지된 신호를 눈에 보일 수 있는 형태로 바꾸는 것이 수신기와 둥그런 스크린 모양의 신호표시장치(indicator)이다. 발신기와 수신기에서 시그널을 변환하기 위해서는 변조기(modulator)가 필요하다. 즉 발신기, 안테나, 수신기, 신호표시장치, 변조기 등이 레이더의 핵심 부품인데, 그림 13에서 보듯이 래드랩의 구조는 이러한 핵심 부품에 따라서 구획지어졌다. 위층에는 마그네트론(발신기) 연구실, 변조기 연구실이 위치해 있었고, 아래층에는 수신기 연구실, 신호표시장치와 안테나 연구실이 있었다. 각각의 연구실에는 물리학과 공학처럼 서로 다른 전공을 한 연구원들이 부품을 개발하기 위해서 책상을 맞

1996); Henry Guerlac, *Radar in World War II 2 vols.*(New York: AIP, 1987).

23) Peter Galison, *Image and Logic: A Material Culture of Microphysics*(Chicago: University of Chicago Press, 1997), pp. 816–820.

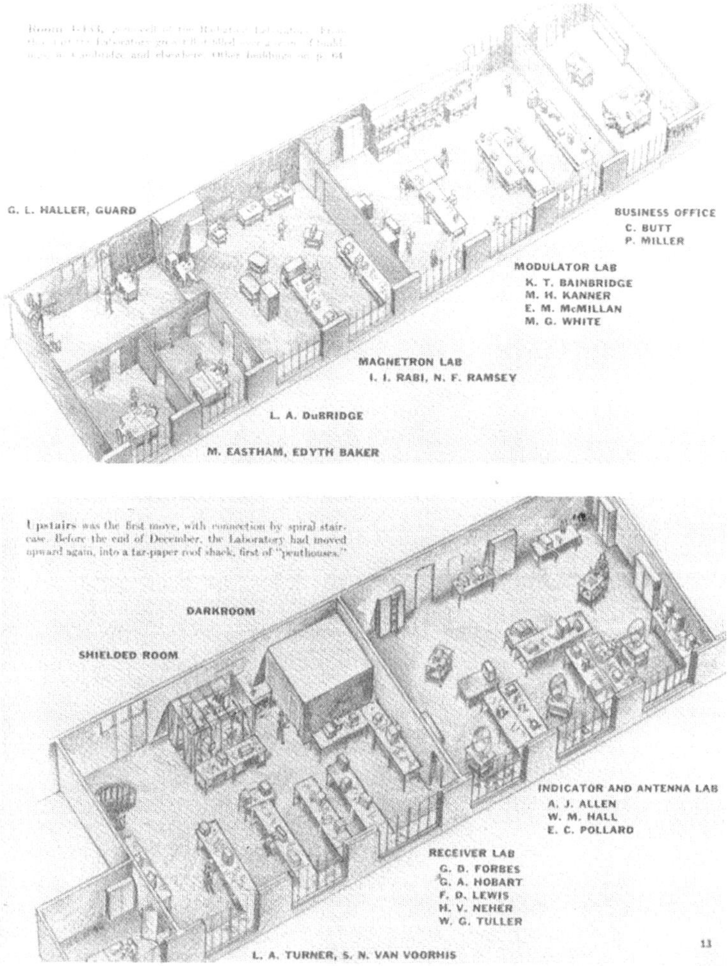

그림 13 생산할 부품에 의거해서 디자인되었던 래드랩의 구조

대고 공동작업에 몰두했다. 실험실 공간은 물리, 화학, 공학처럼 기존의 학문 분파에 따라서가 아니라 다른 전공을 가진 사람들이 같이 어우러져서 일을 하면서 서로의 언어를 배우도록 레이더의 핵심 구성요소를 그대로 모방해서 만들어졌던 것이다. 과학사학자 피터 갤리슨

그림 14 미국 초전도가속기 연구소의 복도(가상 설계도)

은 두 전공의 잡종 언어가 만들어지는 '교역지대(trading zone)'의 가장 대표적인 공간적 사례로 래드랩을 꼽았다.[24)]

미국의 물리학자들이 초전도가속기(SSC: superconducting super collider)를 계획했을 때, 이들이 설계한 복도는 서로 다른 주제에 대해서 연구하는 연구자들이 편하게 만날 수 있는 카페 혹은 광장의 모습

24) Peter Galison, "Trading Zone: Coordinating Action and Belief," in Mario Biagioli ed., *Science Studies Reader*(New York: Routledge, 1999), pp. 137-160.

을 닮은 것이었다(그림 14). 이제 과학자와 건축가는 실험실을 지을 때 서로 다른 연구를 하는 사람들이 쉽게 만나서 아이디어를 교환할 수 있는 구조를 구현하려고 노력하고 있다. 실험을 하는 데 필수적인 요소들(예를 들어 실험실의 환기, 안전장치, 배수, 온도 조절 등) 만큼이나, 사람들이 오가다 만날 수 있는 복도, 엘리베이터, 커피자판기, 휴게실, 카페테리아 등의 위치가 중요해지고 있는 것이다.

맺는말: 과학의 공간과 과학 문화

과학과 건축의 접점에 대한 지금까지의 논의에서 추출할 수 있는 함의는 다음과 같은 두 가지이다. 우선 문화로서의 과학의 중요성이다. 페르미 연구소의 소장 윌슨은 1969년에 의회의 원자력에너지 위원회에 출석해서 페르미 연구소의 엄청난 예산 사용에 대해 증언했다. 이 자리에서 존 패스토어 상원의원은 페르미 연구소의 가속기가 국방과 어떤 관련이 있는가 물었다. 윌슨이 아무런 관련이 없다고 대답하자 상원의원은 '이 가속기가 국방과 정말 아무런 관련이 없단 말인가'를 다시 질문했다. 이때 윌슨은 다음과 같이 답했다. "이 가속기는 우리가 서로에게 관계를 맺는 방식, 인간의 존엄성, 문화에 대한 우리의 사랑과 관련이 있습니다. 이 가속기는 우리나라에 좋은 화가, 좋은 조각가, 좋은 시인이 많다는 것과 관련이 있습니다. 다른 말로 해서, 이 가속기는 우리가 우리나라를 존중하고 우리나라에 대해서 애국심을 느끼게 하는 그 모든 것과 관련이 있습니다. 이 가속기는 우리 조국을 수호할 가치가 있는 나라로 만들어준다는 점에서 국방과 관련이 있지만, 그 외에는 국방과 전혀 관련이 없습니다."[25] 연구소에 미학과 휴머니즘을 접목시킨 윌슨의 예에서 볼 수 있듯이 과학은 생산

25) Cornell News(17 January, 2000). http://www.news.cornell.edu/releases/Jan00/RRWilson_obit.hrs.html

력의 측면만을 가진 것이 아니라 건축이나 예술처럼 문화가 될 수 있고, 다른 문화와 접목할 때 또 새로운 가치를 지닌다.

두 번째는 건축물의 구조가 과학적 창의성에 미치는 영향이다. 과학자들과 건축가들은 소크 연구소와 같은 훌륭한 건축물이 더 창의적인 연구 결과를 낳는지 궁금해했다. 이 문제에 대해서는 지금도 상반되는 의견들만이 존재하며, 분석적인 연구는 아직 충분치 않다. 그렇지만 분명한 사실은 많은 과학자들이 낡고 누추한 연구실에서도 노벨상을 받을 만큼 뛰어난 연구를 수행했으며, 지금도 그렇다는 것이다. 아마도 대부분의 과학자들이 동의할 수 있는 것은 건축학적으로 멋진 연구소와 실험실이 유능한 과학자를 스카우트하거나 유인하는 데에는 도움이 될 수 있지만, 반드시 좋은 연구를 보장하지는 않는다는 정도일 것이다.[26)]

그렇지만 이 장의 마지막 절에서 보았듯이, 연구 공간을 디자인할 때에 서로 다른 전공이나 서로 다른 분야를 연구하는 사람들이 쉽게 만나고 자유롭고 편한 분위기에서 의견을 교환할 수 있는 구조를 만드는 것은 지식의 융합을 가져올 수 있고 그 결과 창의적인 업적을 낳는 데 이바지할 수 있다. 학문의 벽은 의도적으로 구멍을 내지 않는 한 자동으로 소멸되지 않는다. 소수 정예의 학생을 키우는 연구대학으로 유명한 칼텍(California Institute of Technology)은 교수 식당의 테이블에 8명의 교수가 모두 자리에 앉아야 주문을 받는 식으로 운영된다. 교수들은 테이블에 8명이 다 차서 주문을 받으러 올 때까지 옆자리나 맞은편에 앉은 다른 학과의 교수들과 얘기를 나눌 수밖에 없으며, 이 과정에서 서로의 관심사를 교환하고 더 나아가서 다른 사람이 고민하고 있는 연구 주제에 대해서 참신한 조언을 해줄 수 있다. 두 언어가

---

26) Cohen, Designer Labs 중 box 기사 "Architecture and Creativity: Does Beauty Matter?" p. 212. 20세기에 지어진 유명한 실험실은 http://people.seas.harvard.edu/~jones/lab_arch/lab_arch.html에서 일목요연하게 볼 수 있다.

혼합되고 문화가 교차되는 '교역지대'는 추상적인 공간이 아니라, 이렇게 바로 우리의 일상 속에 어렵지 않게 구현할 수 있는 공간인 것이다.[27)]

27) 이 장의 토대가 된 짧은 논의가 홍성욱, 「과학과 건축, 그 만남과 헤어짐의 소사(小史)」, 《자연과학》 22호(2007년 여름), 10-23쪽에 있다.

제4장

과학과 언어

과학에서 사용되는 언어는 일상에서 거의 접할 수 없는 것들이 많다. 패러데이의 '역선(lines of force)', 맥스웰의 '장(field)', 플랑크의 '공명자(resonator)', 갑상선 자극 호르몬 분비 호르몬(TRH: thyrotropin releasing hormone)과 같은 전문 용어들은 일반인에게 쉽게 그 뜻이 전달되지 않는다. 수학처럼 다른 과학 분야의 연구를 위한 도구로 광범위하게 사용되는 '언어'도 이제는 무척 어려워지고 전문화되어 오랜 기간에 걸친 전문 교육을 받지 않은 사람은 이해하기 힘들다. 이러한 전문 용어는 인문사회학자를 포함한 비전문가가 과학에 접근하기 어렵게 만드는 장벽이 되고 있다.

과학에서 사용되는 일상어도 종종 그 의미가 이해할 수 없을 정도로 다르다. 물질의 기본입자로 간주되는 쿼크(quark)에는 업(up) 쿼크와 다운(down) 쿼크, 스트레인지(strange) 쿼크와 참(charm) 쿼크, 바텀(bottom) 쿼크와 탑(top) 쿼크, 여섯 종류가 있는데, 성질이 조금 이상해서 스트레인지 쿼크라고 이름 붙였거나, 매력적인 부분이 있어서 참 쿼크라는 이름이 지어진 것이 아니다. 일상 언어와의 미묘한 차이가 결코 작지 않은 오해를 불러일으키는 경우도 있는데, 예를 들어 다윈이 진화의 메커니즘으로 제시한 '생존경쟁에 의한 자연선택'에서 '생존경쟁' 은 동물들이 먹이를 놓고 서로 싸우는 것을 훨씬 뛰어넘는 매우 광범위하고 추상적인 작인을 의미한다. 물리학자 닐스 보어가 양자역학을 집대성하면서 사용한 '상보성(complementarity)' 도 '상호보완적인 성질' 이라는 일상 언어의 뜻을 넘어서 더 특수하고 전문적인 의미를 지닌다. '입자와 파동이 상보적이다' 라는 양자역학의 언술을 '입자와 파동은 상호보완적이다' 라고 해석한다면, 이는 이 언술을 이해했다기보다 오해한 것에 가깝다.[1)]

많은 과학자들과 철학자들은 과학의 언어가 자연의 사실, 법칙, 실재를 표현하는 가치중립적이고 객관적인 도구라고 생각한다. 누가 사용을 해도 그 의미가 변하지 않는다는 의미다. 2+2=4가 만인에게 진리이듯이, 이들은 과학에서 사용되는 논리와 수학 언어가 누구에게나 단일하고 동일한 의미를 지닌다는 것을 강조한다. 사실 일상 언어에서는 이러한 이상적인 상황이 존재하지 않는다. 철학자 비트겐슈타인이 잘 보였듯이, '게임' 이라는 단어를 접하는 사람들은 이를 상이한 뜻으로 (예를 들어 카드 게임, 축구 경기, 컴퓨터 게임 등) 해석한다. '자유', '정의' 같은 개념도 명확히 정의하기 힘들다. 따라서 종종 언어를 놓고 과학과 다른 분야의 차이가 강조되기도 한다. 예를 들어 시를 쓰는 작업은 하나의 일상 언어가 표현하는 다중의 뜻을 교묘하게 담아서 그것을 읽는 사람들에게 상이하고 중층적인 느낌을 주는 행위라면, 과학은 보편적인 사실과 진리를 객관적인 언어로 서술하는 행위라는 것이다. 잘 알려져 있듯이 논리실증주의자들은 논리(=수학)가 과학의

---

1) Helen Quinn, "Belief and Knowledge—A Plea about Language," *Physics Today*(January, 2008) available at http://ptonline.aip.org/journals/doc/PHTOAD-ft/vol_60/iss_1/8_1.shtml에서 저자는 물리학과 일상생활에서 거의 정반대의 의미로 사용되는 동시성(coincidence)이라는 단어의 예를 들면서, 물리학자가 대중과 소통할 때 물리학에서 전문적으로 정의되는 개념이나 단어를 더 신중하게 사용해야 한다는 점을 지적한다.

통일된 언어라고 주장했다.[2)]

과학 언어에 대한 이러한 주장은 사실 오랜 역사를 가지고 있다. 16–17세기 근대과학은 '말'에 대한 르네상스 신비주의 사상과 스콜라주의 자연철학을 비판하면서 출범했기 때문이다. 르네상스 신비주의자들은 말과 대상이 뗄 수 없는 관계에 있다고 주장했고, 스콜라주의 철학에서는 수사학적 논증이 세상을 이해하는 한 가지 중요한 방식이었다. 유럽의 과학혁명을 주도했던 과학자와 자연철학자들은 무절제한 언어 사용에 철학적, 도덕적 오류의 근원이 있다고 생각했다. 이들은 말과 사물의 관계는 임의적이라고 주장했고, 아리스토텔레스주의 스콜라 철학이 말장난 속에 진리를 감추고 모호한 표현으로 가짜 지식과 거짓 믿음을 야기한다고 강하게 비판했으며, 수사적 논증으로 세상을 새롭게 이해할 수 있다는 주장을 배격했다. 근대과학에서 '말(word)'은 '세상(world)'과 상반되는 것이었다. 과학은 세상을 다루기 때문에 말장난과는 거리가 멀다는 얘기는 이후 지금까지도 과학자들 사이에 상식처럼 받아들여지게 되었다.

그렇지만 과학자가 사실이나 진리를 발견하는 과정은 탐험가가 무인도를 발견하는 과정과 다르다. 과학자들은 자연에 이미 존재하는 진리를 찾아내는 것이 아니라, 실험실에서 사실과 진리를 '만들어' 나간다. 이 과정에서 그는 자신이 이룬 발견의 중요성을 스스로에게 납득시켜야 하고, 그 발견에 새로운 의미를 부여해야 하며, 다른 과학자들을 설득해야 한다. 이를 위해 과학자는 일상 언어를 조금 변형시켜서 사용하기도 하고, 새로운 개념과 어휘를 만들어내기도 하며, 은

2) 논리실증주의 프로그램과 통일과학 백과전서 운동에 대한 소개는 Otto Neurath, "Unified Science and Its Encyclopaedia," *Philosophy of Science* 4(1937), pp. 265–277에 있다. 이러한 전통적인 과학관은 특히 과학 교육 현장에서 교사에 의해 학생들에게 전달된다. 과학 교육에서의 사례들은 Douglas Barnes, *From Communication to Curriculum*(Harmondsworth: Penguin, 1976)에서 발견할 수 있다.

유와 유비를 사용하고 때로는 다양한 수사법을 구사하기도 한다. 과학의 역사는 몰인간적인 발견의 역사가 아니라, 새로운 발견에 부여한 의미를 자신과 동료에게 설득하는 과정이다. 이 과정은 언어를 매개로 이루어진다.

이 장에서는 과학혁명기부터 지금까지 과학과 언어의 복잡한 관계를 엿볼 수 있는 몇 가지 에피소드를 살펴보려 한다. 이를 위해 우선 르네상스적인 언어관을 비판했던 근대과학이 새로운 방식의 글쓰기 스타일과 설득의 수사학을 발전시켰음을 보일 것이다. 이후 17세기의 과학자들이 지대한 관심을 보였던 보편언어의 역사를 베이컨에서 달가르노에 이르기까지 서술한 뒤에, 영국의 과학자이자 왕립협회의 창설멤버였던 존 윌킨스의 '철학 언어(philosophical language)' 연구와 그 실패 원인을 조금 더 자세히 검토할 것이다. 그리고는 과학과 언어에 대한 최근의 다양한 연구들을 개괄하고, 언어에 관심을 가지는 것이 과학의 문화적 차원에 대한 이해를 어떻게 새롭게 할 수 있는가를 고찰할 것이다.

1. 말과 사물—르네상스에서 과학혁명까지

전근대 시기의 철학자들 중에는 말에 일종의 마술적인 힘이 있다고 믿었던 사람이 많았다. 이러한 생각은 마술사만이 아니라 수사학자에게서도 찾아볼 수 있었다. 고대 그리스의 대표적인 소피스트 철학자 고르기아스는 말에 영혼을 바꾸는 힘이 있다고 믿었고, 이를 가리켜 마치 약이 몸을 치유하는 힘을 가지는 것과 흡사하다고 주장했다. 르네상스 마술사인 아그리파도 말의 이러한 힘을 강조했다. 말은 화자(話者)와 청자(聽者)를 이어주는 매개물이고 청자에 영향을 미치는데, 어떤 경우에는 그 힘이 너무 커서 생명이 없는 사물에게도 영향력을 행사한다는 것이었다. 르네상스 헤르메스주의(고대의 선지자 헤르메스를 신봉하던 신비주의), 카발리즘(스페인에서 시작된 유태 신비주의)과 같은 르네상스 신비주의 철학사조도 말과 언어의 마술적인 힘을 믿었다.[3)]

마술과 수사학은 상이한 것이었지만, 한 가지 철학적 기반을 공유하고 있었다. 정신은 물질 속에 존재하고 언어는 정신에 영향을 미침으로써 물질 세상도 바꿀 수 있다는 믿음이 바로 그것이었다. 사물과 그 사물을 지칭하는 말과 기호는 눈에 보이지 않는 네트워크로 연결되어 있었다. 따라서 실재와 기호는 분명하게 구별되는 것이 아니었으며, 말과 사물은 수동적이고 죽은 것이 아니라 그 자체가 살아 숨쉬는 의지력이었다. 르네상스 시기에 활동했던 유명한 신비주의 의사였던 파라셀수스는 머큐리 신이 시장(市場)을 관장하는데, 시장에서 매독이 창궐했기 때문에 머큐리(수은)를 사용해서 매독을 고칠 수 있다고 믿었다. 그는 이 방법으로 실제로 매독을 치료해서 유럽 전역에 명성을 떨쳤다. 아그리파도 "기호는 바로 사물이며, 그 자격으로 기호가 우리에게 영향을 미치고, 우리는 그것을 잘 이용해서 세상을 바꿀 수도 있다."고 하면서, "하늘의 천체가 바뀔 때 사람들의 말과 노래와 행동이 어떻게 바뀌는지 잘 관찰하고 이 관찰을 바탕으로 주문을 만들면 마술사는 하늘을 만족시키고 하늘의 힘과 흡사한 힘을 얻을 수 있다."고 주장했다. 마술사는 자신의 마음을 이렇게 정신이 있는 사물과 말의 요동 속에 집어넣을 수 있는 사람이었다. 르네상스 시기까지 수사학과 언어는 단순히 말을 번듯하게 잘하기 위해서가 아니라 세상을 이해하고 바꾸기 위해 필요했다.[4)]

---

3) Brian Vickers, "Analogy versus Identity: The Rejection of Occult Symbolism, 1580–1680," in Brian Vickers ed., *Occult and Scientific Mentalities in the Renaissance*(Cambridge: Cambridge University Press, 1984), pp. 95–163.

4) H. M. Pachter, *Magic into Science: The Story of Paracelsus*(New York: Henry Schuman, 1951), on p. 80; Paola Zambelli, "Magic and Radical Reformation in Agrippa of Nettesheim," *Journal of the Warburg and Courtauld Institutes* 39(1976), pp. 69–103.

17세기 과학자들은 수사학과 르네상스 마술에서 강조한 말과 언어에 대해서 극히 비판적이었다. 프랜시스 베이컨은 『신기관(*Novum Organum*)』(1620년)에서 말이 야기한 혼란을 '시장의 우상(idol of marketplace)'으로 다음과 같이 정리했다. "말과 이름의 결합을 통해 우리 이해를 교란하는 시장의 우상이 가장 골치 아픈 것이다. 사람은 이성이 말을 지배한다고 생각하지만 말이 우리의 이해에 반작용을 미치기 때문이다. 그리고 바로 이것이 철학과 과학을 궤변과 무력에 빠뜨렸던 장본인이다. (…) 자연적이고 물질적인 대상에 대해서 정의를 똑바로 내린다고 이 문제가 해결되지는 않는데, 그 이유는 정의 그 자체가 말로 이루어졌고 이 말이 또 다른 말을 낳기 때문이다." 시장의 우상은 베이컨이 비판한 4개의 우상 중에 가장 극복하기 힘들고 골치 아픈 것이었다. 베이컨은 과학이 말의 잔치에 빠져 허우적대지 말고 대신 실험과 관찰의 방법을 사용할 것을 강조했다.[5)]

과학에서 출발해서 근대 정치사상의 기반을 닦은 홉스도 언어와 과학을 극명하게 대비시켰다. 그는 『리바이어던(*Leviathan*)』(1651년)에서 과학자가 모호함이 없는 정확한 정의를 사용해야 함을 강조했다. 이럴 경우에는 "이성이 우리의 발걸음이고, 과학의 진보가 우리가 걷는 길이고, 인류의 복지가 종착지가 될 수 있지만, 반면에 은유와 모호한 단어는 도깨비불과 같고 이에 대해서 생각하는 것은 수많은 어리석음 속에서 방황하는 것이며, 그 종착지는 투쟁, 선동, 혹은 경멸뿐"이라고 당시 수사학을 비판했다. 당시 새로운 과학적 방법론을 주창하던 한 의사는 "말(words)이 아니라 작업(works), 생각이 아니라 사물, 언어학이 아니라 화학, 사변이 아니라 실행이 우리 의사들의 일을 정당화시켜줘야 한다."고 설파했으며, 근대 화학의 아버지 로버트 보일도 "말에 대한 공허한 탐구를 혐오하고 경멸한다."고 하면서 수사학을

5) 프랜시스 베이컨, 『신기관』, Aphorism 59(LIX).

배격했다. 당시 급진적인 자연철학자 존 웹스터도 "사물을 말에 맞춰야 하는 것이 아니라 말을 사물에 맞춰야 하며, 따라서 만약에 우리의 관념이 사물과 일치하지 않는다면 우리는 잘못된 관념을 가지고 있는 것"이라고 하면서, 새로운 과학은 말이 아니라 사물에 근거해야 함을 강조했다.[6]

말과 언어에 대한 경계는 1660년에 설립된 첫 과학단체인 영국의 왕립협회의 설립 이상에 잘 나타나 있다. 왕립협회는 그 사업의 목적으로 "신학, 형이상학, 윤리학, 정치학, 문법, 수사학, 논리학에 관여하지 않으면서 실험을 통해서 자연에 대한 지식과 유용한 기술, 산업, 기계적 실행, 엔진 발명의 발전을 도모하는 것이다."고 분명히 밝히고 있다. 문법, 수사학, 논리학은 과거의 학문으로 새로운 자연과학과 기술의 진보와 양립할 수 없는 방해물이었다. 1663년부터 왕립협회 회원 에블린은 '말에는 아무것도 없다(nullius in verba)'는 라틴어 격언을 협회의 모토로 설정했다. 실험을 통해 얻어진 사실만을 중요하게 생각한다는 근대 실험철학의 의제는 말과 수사를 배격하면서 그 정당성을 획득했던 것이다.[7]

이들이 강조했던 것처럼 정말 근대 과학자들이 언어와 수사를 전적

---

6) Richard Foster Jones, "Science and Language in England of the Mid-Seventeenth Century," in *The Seventeenth Century: Studies in the History of English Thought and Literature from Bacon to Pope*(Stanford: Stanford University Press, 1951), pp. 143–160.

7) 눌리우스 인 베르바(nullius in verba)는 스토아 학파의 격언에서 빌려 온 것이다. 그런데 원래 격언은 눌리우스 아딕투스 이우라레 인 베르바 마기스트리(nullius addictus iurare in verba magistri), 즉 '대가에 의존하지 않고' 혹은 '대가에 의지하는 것을 맹세하지 않고'라는 뜻이었다. 에블린은 여기서 세 단어만을 추려서 눌리우스 인 베르바를 만들었는데, 이는 왕립협회가 '말'에 집착하지 않고 '사실'만을 추구한다는 것을 강조하기 위함이었다. Clive Sutton, "'Nullius in verba' and 'nihil in verbis': Public Understanding of the Role of Language in Science," *British Journal for the History of Science* 27(1994), pp. 55–64.

으로 배격했던 것일까? 당시 이들이 처했던 가장 어려운 문제는 스콜라주의 철학에서 배척했던 실험이 근대과학의 타당한 방법이라는 점을 보여주는 것이었다. 스콜라주의 자연철학에서는 과학적 설명이나 논증의 타당성을 아리스토텔레스의 저술과 같은 고대의 고전적 텍스트의 권위에 의존했고, 따라서 이들의 설명은 보통 '세상은 이렇게 작동한다' 는 일반적인 명제의 형식을 띠고 있었다. 고전의 권위를 빌릴 수 없다면 실험의 권위는 실험을 수행하는 사람이 만들 수밖에 없었다. 따라서 실험 결과를 보고하는 논문이나 저술은 특정 연구자에 의해서 특정 시점에, 특정 장소에서 수행된 구체적인 실험의 결과를 담았으며, 보통 저자(실험자)의 1인칭 시점에서 기술되었다. 새로운 과학의 보고서는 '세상은 이렇게 작동한다' 는 식의 일반론이 아니라, 특정한 실험에서 '세상은 이렇게 작동했다' 는 과거의 구체적 사실을 보고하는 형식을 띠었다. 즉 실험은 과학에 새로운 글쓰기 스타일을 요구하고 이를 정착시켰다.[8)]

그런데 여기서 끝나는 것이 아니었다. 한 명의 연구자가 수행한 실험이 어떻게 이 실험을 목격하지 않은 사람들에게 신뢰를 줄 수 있을 것인가라는 문제는 계속 남았다. 근대 과학자들은 실험을 통해서 얻어진 결과가 다른 이에 의해 재연될 수 있다는 점을 실험의 가장 중요한 특징으로 강조했지만, 모든 실험이 재연되지도 않았고, 또 실험의 성격상 재연되기 힘든 것도 존재했다. 따라서 로버트 보일 같은 과학자는 그의 개인 연구실에서 수행된 실험을 직접 보지 못한 사람들에게 실험의 사실적 타당성을 확신시키기 위해서 '목격자 늘리기' 의 방법을 채용했다. 이는 다양한 방법을 통해 실험을 목격한 사람의 수를

8) Peter Dear, "Toitus in Verba: Rhetoric and Authority in the Early Royal Society," *Isis* 76(1985), pp. 145-161; Daniel Garber, "Experiment, Community and the Constitution of Nature in the Seventeenth Century," *Perspectives of Science* 3(1995), pp. 173-205 참조.

늘리는 것을 말하는데, 실험 기구를 복제하거나, 많은 사람이 모인 공공영역에서 실험을 수행하는 일도 이 일환이었다. 그렇지만 가장 핵심적인 전략은 청중에게 '가상의 목격'을 제공하는 것이었다. 가상의 목격이란 실험의 모든 세부사항들을 알려주는 지극히 자세한 보고 방식이었다. 심지어 그것은 실패한 시도들까지 빠짐없이 자세하게 묘사했다. 실험이 언제 이루어졌는지, 얼마나 지속되었는지, 몇 번이나 이루어졌는지, 어떤 기구들이 사용되었고 어떻게 준비되었는지, 누가 실험에 입회하였는지 등의 모든 사항들이 자세하게 보고되었다. 이렇게 상세한 보고서를 읽는 사람들은 머릿속에서 그 실험을 상상하면서 재연해보는 셈이 되었다. 지루할 정도로 상세한 보고는 가상의 목격을 통한 설득에 그 목적이 있었다.[9)]

또 다른 문제는 실험적 사실 자체에 있었다. 근대 실험철학을 수용한 자연철학자들은 실험이 '사실'을 만들어낸다고 주장했다. 그렇지만 이들은 실험을 통해서 얻어낸 '날것 그대로의 사실'만을 보고하는데 만족하지 않았다. 보일은 기체의 압력과 부피에 대한 수많은 실험을 하고 이를 보고했는데, 그가 이 실험을 통해서 내린 결론은 공기에 스프링 같은 성질, 즉 '탄성'이 존재한다는 것이었다. 이는 눈으로 볼 수 있거나 경험할 수 있는 실험적 사실이 아니라 이 사실들로부터 그가 얻어낸 이론이었다. 뉴턴의 경우도 마찬가지였다. 1660년대부터 뉴턴은 프리즘을 사용해서 햇빛 같은 백색광을 분해하는 실험들을 수

---

9) Steven Shapin and Simon Schaffer, *Leviathan and the Air Pump: Hobbes, Boyle and the Experimental Life*(Princeton: Princeton University Press, 1986). 이러한 서술 위주의 보고서 양식은 지금의 과학 논문과는 매우 다르다. 분석과 원리 설명 위주의 과학보고서는 17세기 프랑스 파리 아카데미에서 시작되었다. 이에 대해서는 Frederic L. Holmes, "Argument and Narrative in Scientific Writing," P. Dear ed., *The Literary Structure of Scientific Argument*(Philadelphia: University of Pennsylvania Press, 1991), pp. 164–181.

행했고, 1672년에 발표된 그의 첫 논문에서 이 실험의 일부를 언급하면서 '빛은 굴절률이 다른 광선들의 혼합체이다'는 결론과 함께, 이렇게 굴절률이 다른 빛이 상이한 색깔에 해당된다는 결론을 제시했다. 그는 빛과 색깔에 대한 자신의 이론이 참임을 보이기 위해서 한 번 굴절된 빛을 또 한 번 굴절시키는 '결정적 실험(experimentum crucis)'을 선보였다. 그렇지만 이 실험이 얼마나 결정적인가는 다시 논쟁의 대상이 되었다. 뉴턴은 결정적 실험이 자신의 이론을 의심의 여지없이 증명한다고 믿었지만, 뉴턴의 결론은 당시 많은 과학자들로부터 비판을 받았다. 이 논쟁 이후 30여 년이 지난 1704년에 출판된 『광학』에서 뉴턴은 몇 개의 실험이 아닌 수십 개의 실험을 상세한 도판과 함께 제시하면서 자신의 결론의 타당성을 다시 한 번 강조했는데, 그의 서술 양식의 변화는 실험을 통해서 얻어진 이론적 결론이 수용되는 과정이 '설득의 게임'이었음을 보여주고 있다.[10)]

2. '자연 언어'와 '보편 언어'에의 관심

근대 과학의 선구자들이 언어를 배격하기만 했던 것은 아니다. 이들은 기존의 언어와 이를 이용한 수사학을 비판하면서, 새로운 언어가 필요하다는 데에도 인식을 같이했다. 특히 중세 학자들 사이에서 보편 언어의 역할을 했던 라틴어가 쇠퇴하고 국민국가의 부흥과 더불어 영어, 프랑스어, 독일어와 같은 민족어가 부상하면서 과거에는 없던 문제가 발생했다. 게다가 국제적 상거래가 활발해지면서 상인들은 외국어를 익히는 데 시간과 노력을 쏟아야 했고, 과학자들도 다른 나

10) Clive Sutton, "'Nullius in verba' and 'nihil in verbis': Public Understanding of the Role of Language in Science," *British Journal for the History of Science* 27(1994); Alan G. Gross, "On the Shoulders of Giants: Seventeenth Century Optics as an Argument Field," *Quarterly Journal of Speech* 74(1988), pp. 1–17.

라의 언어로 쓰인 문헌을 읽는 것이 쉬운 일만은 아니었다. 당시 인쇄술의 발전에 힘입어 출판된 값싼 책 중에는 여러 언어를 비교하는 사전류도 많았는데, 캘리피노의 『사전(*Dictionarium*)』(1502년)은 무려 11개의 언어를 비교하고 있었다. 과학과 상거래 모두에서 국제적인 접촉이 훨씬 더 잦아졌는데 공통 언어가 없는 것에 사람들이 불편을 느꼈던 것이다.

유럽 전역에 걸쳐 학자들 사이에 커뮤니케이션 네트워크가 활성화되고 지식의 교류가 활발해지면서 과학자들은 중세 라틴어와 같은 공통 언어를 갈구했다. 그러나 베이컨 이래 과학자들은 일상 언어가 과학 연구를 정확하게 표현해주는 데 적합하지 않다고 확신했으며, 라틴어를 포함한 일반 언어의 문제점이 분명하게 지적되었기 때문에 이를 과학의 공통 언어로 사용하자고 할 수는 없었다. 무엇보다 과학에서는 단어와 그 단어가 서술하는 대상이 분명하게 대응하는 정합적인 '보편 언어(universal language)'가 필요했고, 이러한 목적을 위해 과학자들은 숫자나 수학 용어와 같이 모든 사람이 동의할 수 있는 완벽한 언어를 만드는 데에 주력했다. 새로운 언어가 사물과 개념을 정확하게 연결한다면, 이 언어로 과학적 설명을 서술하는 것은 자동적으로 '자연을 쓰는(write nature)' 셈이 될 것이었다.[11)]

이러한 이유 때문에 17세기 과학자들은 유독 언어에 관심이 많았다. 근대 과학과 철학의 인식의 기초를 세운 데카르트, 데카르트의 친구이자 프랑스 자연철학자들의 토론을 관장했던 메르센, 영국의 과학자 존 윌킨스, 17세기 사상가 새뮤얼 하틀립, 프랜시스 로드윅, 블레즈 파스칼, 코메니우스, 스코틀랜드의 문법학자 조지 달가르노, 독일의 수학자이자 철학자인 라이프니츠 모두 보편 언어와 언어의 개혁에 지

11) Richard Foster Jones, "Science and Language in England of the Mid-Seventeenth Century"; J. R. Knowlson, "The Ideal Languages of Veiras, Foigny and Tyssot De Patot," *Journal of the History of Ideas* 24(1963), pp. 269–278.

대한 관심이 있었다. 1640년대에 영국의 의사인 버울러는 철학자들의 보편 언어를 비판하면서 인간의 몸짓이야말로 가장 이상적인 보편 언어라고 주장하기도 했다. 보편 언어에 대한 관심은 18세기 계몽사조에도 계속 이어져서, 콩디약 같은 계몽 철학자는 수학의 원리를 응용한 보편 언어의 가능성에 깊이 천착했다.[12)]

사실 이상적인 언어에 대한 관심은 르네상스 시기에도 존재했다. 그렇지만 르네상스 철학자들이 이상적이라고 간주한 언어는 주로 '자연 언어(natural language)' 였다. 자연 언어는 정확함, 규칙성, 간결함, 명료함을 특징으로 하고, 자연의 질서가 기술하는 사물의 본성을 정확하게 전달할 수 있는 언어였다. 르네상스 카발리스트와 17세기 로지크루시언(Rosicrucians: 카발리즘과 헤르메티시즘의 기반 위에서 17세기 초엽에 출범한 신비주의자들)은 고대 히브리어에서 이 자연 언어의 원형을 찾으려 했는데, 그 이유는 히브리어가 아담이 에덴 동산에서 사용한 언어와 가장 흡사하다고 믿었기 때문이다. 17세기 사상가 웹스터도 이 전통을 이어받아서 자연의 순수한 언어는 아담이 낙원에서 사용했지만 지금은 잊힌 언어일 것이라고 생각했다. 기독교 성서에서는 아담이 사물 하나에 단어 하나씩을 정확하게 대응시킴으로써 모든 존재에 이름을 부여한 사람으로 기술되어 있고, 인간이 바벨탑을 쌓기 전에는 모든 사람들이 하나의 언어를 사용했다는 얘기가 등장한다. 르네상스 시기 신비주의 철학자들은 바로 에덴 동산에서 사용하던 인류 최초의 공통 언어를 되찾아야 한다는 이상을 공유했던 것이다.[13)]

---

12) Robert E. Stillman, *The New Philosophy and Universal Languages in Seventeenth-Century England*(Lewisburg, 1995). 라이프니츠는 D. P. Walker, "Leibniz and Language," *Journal of the Warburg and Courtauld Institutes* 35(1972), pp. 294–307 참조.

13) Jones, "Science and Language in England of the Mid-Seventeenth Century." 웹스터의 '순수한 자연 언어'에 대한 생각은 그의 *The Examination of Academies* (1654)에 나와 있으며, 이 저술은 Allen Debus ed., *Science and Education in the*

반면에 대부분의 17세기 과학자와 자연철학자들은 아담의 언어를 회복하려는 노력을 부질없는 시도로 평가했다. 이들은 이러한 얘기가 오래된 성서를 신화적으로 해석한 것에 근거했으므로, 설령 그러한 언어가 있었다고 하더라도 시간이 흐르는 동안 많은 언어가 발전하면서 그것은 자취를 추적할 수 없을 정도로 사라졌을 것이라고 보았기 때문이었다.[14] 반면에 이들은 새로운 '철학 언어(philosophical language)'를 만들어서 이를 '보편 언어'로 사용할 수 있을 것이라고 믿었다. 철학 언어를 만들어 이를 보편 언어로 쓰기 위해서는 두 가지 조건이 만족되어야 했다. 우선 보편 언어는 '실자(實字, real character)'를 사용해야 했다. 실자는 하나의 단어가 하나의 대상에 정확하게 대응하는 글자를 의미했다. 실자가 이러한 특성을 지닌다면, 외국인도 누구나 쉽게 이해할 수 있을 것이었다. 당시 과학자나 철학자들 중에는 중국어가 이러한 실자에 해당한다고 간주했던 사람들이 많았다. 두 번째로 중요한 조건은 철학적 보편 언어가 자연적 사물의 질서에 입각한 자연적인 문법을 써야 한다는 것이었다. 문법이 복잡해서 배우기 힘들면 보편 언어로 자격이 없었고, 문법이 임의적이어도 자격 미달이었다.[15]

언어를 시장의 우상이라고 비판했던 베이컨조차 '실자'에 대해서는 우호적이었다. 그는 『학문의 진보(*Advancement of Learning*)』(1605년)에서 실자가 "문자나 단어가 아니라 사물과 사상"을 나타내며 결과적으로 "말의 혼란을 가져온 저주에 대한 해독제의 역할을 한다."고 기

Seventeenth Century: The Webster-Ward Debate(London, 1970)에 포함되어 있다.

14) M. M. Slaughter, *Universal Languages and Scientific Taxonomy in the Seventeenth Century*(Cambridge: Cambridge University Press, 1982), pp. 1-3.

15) 17세기 실자에 대한 논의는 Thomas C. Singer, "Hieroglyphs, Real Characters and the Idea of Natural Language in English Seventeenth Century Thought," *Journal of the History of Ideas* 50(1989), pp. 49-70.

술했다.[16] 베이컨과 함께 근대 과학 인식의 기초를 닦았던 데카르트는 1629년 11월 20일 메르센에게 보낸 편지에서 하루 만에 배울 수 있는 문법체계를 가진 말을 만들면 매우 유용할 것이라고 하면서, 이러한 언어는 인간 정신의 구조를 그대로 따라 논리적으로 만들어져야 한다고 강조했다. 데카르트는 마치 1부터 무한까지 세는 것을 하루에 배울 수 있듯이, 이런 언어도 하루에 배울 수 있다고 생각했다. 반면에 메르센은 알파벳을 사용해서 언어를 개량하려 했다. 그는 문자 하나하나에 새로운 의미를 부여했는데, 예를 들어 모음 a에는 대단하고 고귀한 느낌이, e에는 슬픔을 표현할 수 있는 미묘한 느낌이, i에는 무척 얇고 가는 물체의 느낌이, o에는 커다란 열정이, u에는 어둡고 숨겨진 것이 나타난다는 식이었다.[17]

이상적인 언어의 중요성을 강조한 코메니우스의 『빛의 길(*Via Lucis*)』(1668년)의 초고는 1642년부터 학자들 사이에서 회람되었다. 코메니우스는 언어 교육에 평생을 바친 사람이었는데, 그는 교육 과정에서 사물 그 자체를 분명하고 완벽하게 나타내주는 언어, 즉 사물 그 자체의 본질을 반영한 언어를 만들어 우리의 대화를 더 쉽고 분명하게 해줄 필요가 있음을 인식했다. 코메니우스의 저작은 영국의 과학자들과 철학자들에게 이상적인 '철학 언어'의 개념을 소개한 책자였다. 영국 수학자 워드는 코메니우스의 영향을 받아서 1654년에 "마치 숫자처럼 모든 국가들이 소통할 수 있는 보편 문자를 쉽게 만들 수 있을 것이다."고 낙관했으며, 1657년에 언어학자 케이브 벡은 자신의 저작 『보편적 문자(*Universal Character*)』에서 10개의 아라비아 숫자를 문

---

16) 베이컨, 『학문의 진보』 Book 6, Chap. 1. 베이컨은 여기서 중국어를 실자 언어로 높이 평가하고 있다.

17) 데카르트와 메르센에 대해서는 Sidonie Clauss, "John Wilkins' Essay Toward a Real Character: Its Place in the Seventeenth Century Episteme," *Journal of the History of Ideas* 43(1982), pp. 531–553, on p. 538–539, 547–548 참조.

자로 선택해서 이 각각을 aun, too, tray, for, fai, sic, sen, at, nin, o로 발음하고 숫자와 문자를 조합해서 단어를 만드는 체계를 선보였다. 그의 언어에 따르면 '당신의 아버지와 어머니를 공경하라(Honor thy father and mother)' 는 문장은 'leb2314p2477 pf2477' 로 쓰였다.[18]

로버트 보일과 아이작 뉴턴도 보편 언어에 대한 관심이 컸다. 보일은 신이 '자연이라는 책(book of nature)' 을 썼듯이 자신도 자연을 '쓰는' 작가로 생각했다. 따라서 17세기 영어가 불완전하다는 것이 그에게 큰 골칫거리였는데, 보일도 실자에 기초한 보편 언어에서 이런 문제를 해결할 수 있는 가능성을 보았다. 보일은 1646년 하틀립에게 보낸 편지에서 "실자의 디자인이 효력을 발휘한다면 그것은 사람이 자만 때문에 바벨탑에서 잃어버린 것을 되찾게 해주는 역할을 잘할 수 있을 것입니다. 우리의 대수 기호가 유럽 전역의 모든 나라들에 의해 같은 방식으로 이해되듯이, 숫자에서 이룬 것처럼 글에서도 비슷한 것을 할 수 있는 가능성을 봅니다."라고 실자어를 긍정적이고 낙관적으로 예측했다. 뉴턴은 학생 시절에 「보편 언어에 대해서(*Of an Universal Language*)」(1661년)라는 미출판 논문을 쓸 정도로 이에 깊은 관심을 보였다. 그는 이 논문에서 "개별 언어의 방언이 너무 많고 임의적이어서 보편적 언어는 개별 언어에서가 아니라 모든 나라에서 동일하고 또 모든 언어를 최초로 구성한 '사물의 자연' 그 자체에서 적절하게 유도되어야 한다."고 강조했는데, 나중에 그가 발전시킨 미적분학은 바로 이러한 이상을 궁극적으로 구현한 것이었다.[19]

---

18) Jones, "Science and Language in England of the Mid-Seventeenth Century." 코메니우스의 보편 문자와 그의 영향에 대해서는 Benjamin DeMott, "Comenius and the Real Character in England," *PMLA* 70(1955), pp. 1068-1081.

19) Robert Markley, "Objectivity as Ideology: Boyle, Newton and the Language of Science," *Genre* 16(1983), pp. 355-372. 보일의 편지는 James Knowlson, *Universal Language Schemes in England and France*, 1600-1800(Toronto: University of Toronto Press, 1975), on p. 21. 뉴턴에 대해서는 Ralph W. V. Elliott,

스코틀랜드의 언어학자 달가르노는 『보편 문자 표(*Table of the Universal Character*)』(1657년)와 『상징의 기예(*Ars Signorum*)』(1661년)에서 사물의 분류체계에 의해서 단어가 조합되는 철학어를 제시했다. 달가르노는 우선 모든 개념을 23개의 카테고리로 나누고 이 각각에 하나의 문자를 부여한 뒤에, 이 23개 각각의 개념을 본질, 우연, 구체적인 사물로 나누었다. 이중 구체적인 사물은 수학적, 물리적, 인공적 사물로 나뉘었고, 물리적 사물을 다시 생물과 무생물로, 생물을 식물과 동물로, 동물을 피 없는 동물과 피 있는 동물로 세분했으며, 이 각각에 규칙적으로 단어를 대응시켰다. 그의 언어 체계의 또 다른 특징은 마치 신문 제목처럼 동사를 무시한 것이었다. 달가르노는 자신의 언어를 사용해서 창세기 첫 장과 이솝 우화 두 개를 번역했는데, 그의 번역에 의하면 창세기 첫 문장은 'Dam semu Sava samesa Nam tun Nom'가 되었다. 달가르노는 자신의 언어가 "지금까지 어떤 언어보다 더 쉬운 소통의 매체를 제공해서 언어의 혼란을 극복하고, 철학을 궤변론의 중병에서 구할 수 있다."고 믿었다. 그렇지만 다른 언어적 실험과 마찬가지로 그의 언어도 거의 통용되지 못했다.[20)]

3. 윌킨스의 『실자와 철학적 언어에 대한 수상』

베이컨에서 달가르노까지 지속된 보편 언어의 추구가 정점에 달한 것은 윌킨스의 『실자와 철학적 언어에 대한 수상(*Essay Towards a Real Character and a Philosophical Language*)』(1668년, 이하 『수상』으로 줄여 씀)에서였다. 윌킨스는 코메니우스, 벡, 그리고 달가르노의 영향을 받아서 존재하는 모든 사물을 그것들의 자연적인 질서에 따라 나열하고

"Isaac Newton's 'Of an Universal Language'," *MLR* 52(1957), pp. 1–18. 여기에는 뉴턴의 1661년 미출판 논문이 번역되어 있다.

20) Benjamin DeMott, "Comenius and the Real Character," pp. 1076–1077.

그것의 지위와 본질을 표현하는 적절한 기호를 발명하면 철학어로서의 보편 언어를 만들 수 있다고 낙관했다. 그는 모든 나라의 사람들이 쉽게 배우고 발음할 수 있는 3,000개의 글자로 지식의 전부를 표현하는 것이 가능하다고 생각했다. 왕립협회의 요청에 의해 작성된 『수상』은 윌킨스의 수년간에 걸친 노력을 집대성한 대작이었다.[21)]

이 책의 1부는 언어의 기원과 알파벳을 다루고, 2부는 사고의 모든 영역에 존재하는 개념을 분류하고 있다. 3부는 문법, 구문론, 철자법, 자모음을 해설하고, 4부에서는 새로운 언어의 심볼과 이를 사용해서 쓴 글을 사례로 제공하고 있다. 윌킨스는 책의 앞머리에서 "사람이 같은 개념에 대해서 동의하듯이 표현에 대해서도 비슷한 방식으로 동의할 수 있다면, 우리는 말의 혼란을 가져온 저주와 그 악영향에서 해방될 수 있다."고 했는데, 여기서는 베이컨의 영향도 엿볼 수 있다. 그는 이러한 해방이 모든 사람이 쉽게 배울 수 있고 사용할 수 있는 단 하나의 언어와 문자를 만듦으로써 가능하다고 보았다.[22)]

이를 위해 윌킨스는 우선 세상의 모든 사물을 40개의 속(屬, genus)으로 나누었다. 이 40속 중에 첫 여섯 가지는 1) 불가사의 일반, 2) 불가해한 관계 혼합, 3) 불가해한 행위의 관계, 4) 담론, 5) 신, 6) 세상처럼 일반적인 성질의 범주였고, 나머지는 실체, 양, 질, 행위, 관계라는 다섯 가지 대주제로 분류될 수 있는 것들이었다.

그리고 그는 이 각각의 '속'을 다시 '차이'로 세분했다. 예를 들어 8번째 속인 돌은 6개의 차이(differences)로 다시 나누어졌다.

---

21) 여기서의 논의는 윌킨스의 철학 언어에 대한 명확하고 간략한 논의인 Clark Emery, "John Wilkins' Universal Language," *Isis* 38(1948), pp. 174-185에 주로 의존했음.

22) John Wilkins, "To the Reader," *Essay Towards a Real Character and a Philosophical Language*(London, 1668).

일반범주	1. 불가사의 일반 2. 불가해한 관계 혼합 3. 불가해한 행위의 관계 4. 담론 5. 신 6. 세상
실체	7. 원소 8. 돌 9. 금속 10. 잎 11. 꽃 12. 씨 13. 관목 14. 나무 15. 무혈동물 16. 물고기 17. 새 18. 동물 19. 특정동물에게만 있는 부위 20. 모든 동물에게 있는 부위
양	21. 크기 22. 공간 23. 도량
질	24. 자연적인 힘 25. 습관 26. 매너 27. 감각되는 성질 28. 질병
행위	29. 영적행위 30. 물질적행위 31. 운동 32. 작동
관계	33. 경제적 관계 34. 소유 35. 식량 36. 시민적 관계 37. 법적 관계 38. 군사적 관계 39. 해군 40. 성직자의 관계

I. 가치 없는 돌
II. 중간 가치의 돌
III. 덜 투명한 가치 있는 돌
IV. 더 투명한 가치 있는 돌
V. 물에 녹는 지구의 응결물
VI. 물에 녹지 않는 지구의 응결물

이 '차이'는 다시 '종'으로 세분화되었는데, 예를 들어 '가치 없는 돌'은 다시 그 크기, 용도에 따라서 8개의 종(種, species)으로 분류되었다. 이렇게 266쪽에 걸쳐서 사물을 전부 분류한 다음에 윌킨스는 속, 차이, 종에 새로운 문자를 대응시켰다(그림 1).

이중 '공간'의 예를 들어보자. 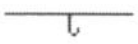는 22번째 속인 '공간'을 나타내는 새로운 문자였다. 이로부터 몇 가지 규칙에 의해서 다른 문자들이 파생했는데, 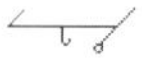에서 왼쪽의 뾰족한 각은 첫 번째 차이인 시간을 나타냈고, 오른쪽 막대기는 9번째 차이인 '영원'을 나타냈다. 오른쪽 막대기 밑의 동그라미는 이 단어가 부사로 사용됨을 의미했다. 따라서 단어 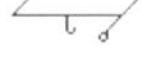는 '영원히'를 의미했다.

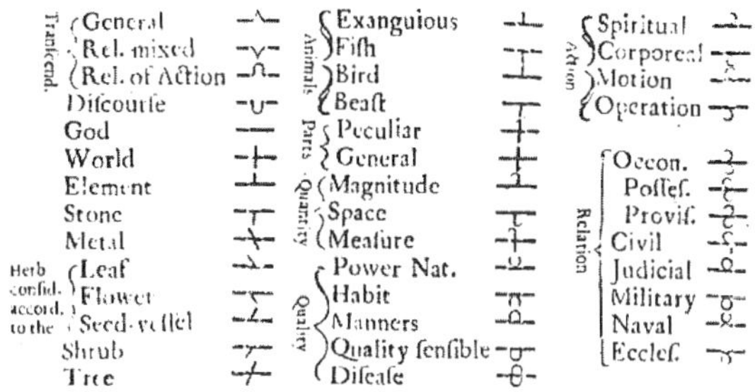

그림 1 윌킨스가 고안한 새로운 문자체계

윌킨스는 각각의 문자에 발음도 부여했다. 예를 들어 7번 속부터 18번 속까지는 다음과 같이 발음되었다.

7. 원소	De
8. 돌	Di
9. 금속	Do
10. 잎	G∝
11. 꽃	Ga
12. 씨	Ge
13. 관목	Gi
14. 나무	Go
15. 무혈동물	Z∝
16. 물고기	Za
17. 새	Ze
18. 동물	Zi

차이를 나타내는 발음은 첫 번째 차이부터 순서대로 b, d, g, p, t, c, z, s, n의 자음을 사용했고, 종은 다시 ∝, a, e, i, o, ŏ, y, yi, yŏ 의 모음을 사용했다. 따라서 '디(di)'가 돌을 의미하면 '딥(dib)'은 돌의 첫 차이인 가치 없는 돌을 의미했으며, '디바(diba)'는 가치 없는 돌의 두

번째 종인 래그(ragg)를 의미하는 것이었다. 형용사는 첫 자음 어근을 바꾸어 만들었는데, '도(do)'가 금속을 의미했음으로 '도어(dŏo)'는 '금속성의'라는 형용사가 되었다. 이것 이외에도 윌킨스의 철학어에는 부사와 복수를 만드는 법, 대명사, 관사, 접속사, 감탄사, 전치사 등을 만드는 법이 있었다. 책 중간에서 윌킨스는 주기도문을 자신의 언어로 번역해서 제공했다(그림 2).

윌킨스는 1668년에 자신의 책을 출판하고 이를 왕립협회에 제출했다. 몇 가지 사소한 문제가 있긴 하지만 그는 자신의 언어가 기존 언어의 문제점을 해결한 완벽한 언어체계를 제공할 수 있다고 확신했

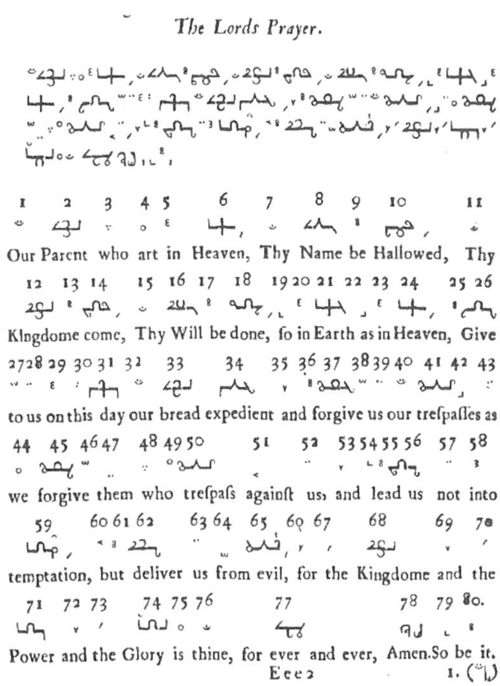
The Lords Prayer.

Our Parent who art in Heaven, Thy Name be Hallowed, Thy Kingdome come, Thy Will be done, so in Earth as in Heaven, Give to us on this day our bread expedient and forgive us our trespasses as we forgive them who trespass against us, and lead us not into temptation, but deliver us from evil, for the Kingdome and the Power and the Glory is thine, for ever and ever, Amen. So be it.

Eee2

그림 2 윌킨스의 새로운 문자로 번역한 주기도문

다. 그렇지만 왕립협회는 그의 책을 살펴본 뒤에 실망한 나머지 이 책에 대한 보고서조차 내지 않았다. 윌킨스는 왕립협회의 평가에 무척 낙심했는데, 4년 뒤에 자신의 책을 수정하던 중에 사망했다. 책의 수정판은 결국 완성되지 못했고, 『수상』은 18세기 말까지 인구에 회자되다가 19세기부터 사람들의 뇌리에서 잊혀지기 시작했다. 이 책은 20세기 후반기에 다시 발굴되어 학계에 널리 알려졌다.[23)]

계몽사조 말기인 18세기 말에도 프랑스의 델로멜은 10개의 모음과 20개의 자음으로 이루어지고 수학의 곱셈 원리를 적용한 보편 언어를 제창했고, 메미외는 12진법에 입각해서 12개의 문자와 12개의 문법으로 구성된 보편 언어를 주장했다. 이들의 프로젝트가 17세기의 철학 언어와 다른 점은 프랑스 철학자 콩디약의 영향으로 수학의 원리를 보편 언어에 적용하려 했던 점에 있었다.[24)] 그렇지만 이미 17세기부터 학자들은 철학적 보편 언어를 실패한 프로젝트로 규정했다. 가장 큰 문제는 철학적 보편 언어가 인간이 세상에 존재하는 것을 다 알고 있으며 이 존재들을 자연적 질서에 따라서 범주화할 수 있다는 문제점투성이인 가정에 근거했다는 것이다. 영국의 왕립협회는 1664년에 〈자연현상 수집을 위한 위원회〉를 구성해서 수많은 자연 현상을 수집하기 시작했는데, 곧바로 위원회는 이렇게 수집된 현상들 중에 진실

---

23) 윌킨스에 대한 연구는 20세기 전반기에도 과학사학자, 지성사학자들에 의해서 간헐적으로 이루어졌지만, 첫머리에서 윌킨스의 보편 언어를 논한 푸코의 『말과 사물』에 의해 학계의 주목의 대상이 되었다. 푸코가 윌킨스를 접한 계기는 Jorge Luis Borges, "The Analytical Language of John Wilkins," in *Other Inquisitions* 1937–1952(Austin, 1964), pp. 101–105이다.

24) Robin Rider, "Measure of Ideas, Rule of Language: Mathematics and Language in the 18th Century," in Tore Frangsmyr, John L. Heilbron and Robin E. Rider eds., *The Quantifying Spirit in the Eighteenth Century*(Berkeley: University of California Press, 1990), pp. 113–140. 이들과 동시대 언어학자인 드 제랑도(Baron Joseph Marie de Gerando)는 이러한 시도가 실패할 수밖에 없는 것임을 보였다.

과 거짓을 구별하고 원인과 결과를 구별하기 위해서 다양한 종류의 논증이 필요함을 인식했다. 그런데 이러한 언어적 논증은 바로 보편언어가 극복하려 했던 것이었다.[25] 18세기 영국의 경험주의 철학자 로크는 언어가 세계의 상징이 아니라 세계에 대한 관념의 상징임을 강조하면서, 언어와 관념 사이에는 원래 자연적인 관계라는 것이 존재할 수가 없다고 주장했다. 20세기 동물학자 호그벤은 "자연에 대한 인간의 생각이 용광로처럼 바뀌고 있을 때, 기존의 언어적 도구를 이용해서 자연을 분류하려는 윌킨스의 시도는 이쑤시개를 모아 붙여서 현대적인 전함을 만들어보려는 어린 아이의 허황된 시도와 흡사"하다고 철학 언어의 한계를 풍자했다.[26]

나중에 더 많은 시간이 흐른 뒤에 사람들은 세상에 존재하는 것에 대해서 완벽한 지식을 가질 수도 없거니와 언어로 기술되는 많은 대상이 고정된 하나의 의미를 지니지 않다는 것도 알게 되었다. 19세기 언어학자들과 철학자들은 언어와 지식이 상호의존적인 복잡한 관계에 있음을 알게 되었다. 예를 들어, 독일의 철학자이자 과학자였던 훔볼트는 언어가 단순히 대상을 표현하는 것이 아니라 의미를 만들어내는 것임에 주목하면서, 이렇게 의미를 만드는 과정에서 사람들은 그들이 처한 맥락에 따라서 지식에 서로 상이한 방식으로 접근할 수 있음을 강조했다. 간단히 말해서, 언어학자들은 언어가 완벽해야 지식이 완벽해지는 것이 아니라 지식이 완벽해야 언어가 보다 더 완벽해진다고 생각했으며, 언어를 두고 이루어지는 학자들 사이의 논쟁은 불완전한 언어 때문이 아니라 더 근본적인 지식에서의 차이가 반영된 결

---

25) Frank D. Walters, "Taxonomy and the Undoing of Language: Dialogic Form in the Universal Languages of the Seventeenth Century," *Style* 27(1993), pp. 1–16.

26) 로크에 대해서는 Singer, "Hieroglyphs, Real Characters and the Idea of Natural Language," p. 63; 호그벤의 인용은 Emery, "John Wilkins' Universal Language," pp. 181–182.

과임을 알게 되었다. 언어의 문제는 훨씬 더 복잡한 지식의 문제와 맞물려 있었던 것이다.[27]

4. 언어에 주목한 최근 과학기술학 연구들[28]

보편 언어의 역할을 하는 철학 언어를 만드는 작업은 실패했지만, '과학의 언어'는 보편적이라는 믿음은 오래 지속되었다. 이런 이유 때문에 과학자들과 전통적인 과학철학자들은 과학에서 은유(metaphor)나 명명법(taxonomy)과 같은 언어의 역할을 적절하게 평가하지 못했다. 기존의 과학철학은 은유와 같은 언어가 새로운 과학적 발견을 서술하는 데에 사용된다는 것은 인정하면서도, 이러한 발견이 사실로 굳어지는 순간에 은유는 쓸모없는 것이 되어 폐기된다고 보았기 때문이다. 그렇지만 1970년대 이후 등장한 과학학의 연구는 이러한 전통적인 과학관이 실제 과학에 잘 들어맞지 않음을 보이고 있다. 우선 과학철학자 보이드는 은유에 적극적 역할을 부여했다. 그에 의하면, 과학자들은 언어를 세상의 인과적 구조에 맞게 조정하는 과정에서, 특히 기존의 용어에서 적절한 것을 찾을 수 없을 때 은유를 사용한다. 즉 과학에서 은유는 단순히 이론을 표현하는 것이 아니라 이

27) James Knowlson, *Universal Language Schemes in England and France 1600-1800*(1975), pp. 201–208; Peter Hanns Reill, "Science and the Construction of the Cultural Sciences in Late Enlightenment Germany: The Case of Wilhelm von Humboldt," *History and Theory* 33(1994), pp. 345–366, on p. 360.

28) 여기서 소개하는 연구는 과학철학, 과학사, 과학사회학 분야의 관심을 관통한다고 생각된 연구들이다. 많은 수사학자들이 수사학의 일환으로 '과학수사학'의 영역에 뛰어들고 있는데, 과학수사학의 최근 연구와 동향에 대한 개괄은 Dwight Atkinson, "Language and Science," *Annual Review of Applied Linguistics* 19(1999), pp. 193–214나 앨런 그로스, 오철우 옮김, 『과학의 수사학—과학은 어떻게 말하는가』(궁리, 2007)를 보라.

론을 구성하는(theory-constitutive) 요소인 것이다. 그는 컴퓨터의 은유를 사용해서 뇌의 특성과 기능을 설명하는 심리학과 인지과학의 예를 들어 이 점을 설득력 있게 보였다.[29)]

토머스 쿤은 은유의 이론구성적 역할을 수용하면서 여기에서 한 발 더 나갔다. 그는 이론이 바뀔 때 그 이론에서 사용된 용어가 수반하는 '유사한 존재들의 네트워크(network of similarities)' 가 같이 바뀐다고 주장했다. 예를 들어, 프톨레마이오스 천문학 체계에서는 우주의 중심인 지구가 여타 행성과는 전혀 다른 존재였지만, 코페르니쿠스 체계에서 지구는 화성이나 금성과 비슷한 존재가 되었다. 반면 프톨레마이오스 체계에서 달이 행성과 비슷한 존재였지만, 코페르니쿠스 체계에서 달은 지구나 금성 같은 행성과는 전혀 다른 위성이라는 존재가 되었다. 다른 말로 해서, 천문학의 혁명을 거치면서 행성의 의미는 그것에 수반되는 '유사한 존재들의 네트워크' 와 함께 변하였다는 것이다. 이렇게 패러다임의 변화라는 것은 결국 '유사한 존재들의 네트워크,' 즉 사물의 분류체계가 변하는 것이고, 쿤에 의하면 이는 두 패러다임 사이에 합리적 소통을 불가능하게 만드는 '공약불가능성(incommensurability)' 을 낳는 원인이었다. 언어적 분류체계의 구조가 다를 경우에 과학자들 사이에 합리적인 소통이 불가능해진다는 쿤의 분석은 이후 언어적 분류체계에 대한 관심을 불러일으켰다.[30)]

많은 과학기술학 연구자들은 쿤의 공약불가능성이 과학의 본성에 대해 의미 있는 통찰을 제공한다는 점을 인정하면서도 이를 전적으로

---

29) Richard Boyd, "Metaphor and Theory Change: What is 'Metaphor' a Metaphor for?" in Andrew Ortony ed., *Metaphor and Thought*(Cambridge: Cambridge University Press, 1979), pp. 356-408. 보이드는 이론을 구성하는 은유가 과학의 발전에서 (소수의) 특정한 경우에만 적용된다고 주장했지만, 레더데일은 이것이 과학의 발전의 모든 측면에 보편적인 것임을 주장했다. W. M. Leatherdale, *The Role of Analogy, Model and Metaphor in Science*(Amsterdam: North-Holland, 1974), pp. 201-212.

수용하지는 않고 있다. 그 이유는 역사적으로나 혹은 지금 일어나는 과학의 변화를 보아도 과학자들 사이에 전적으로 소통이 불가능한 사례를 찾기가 쉽지 않기 때문이다. 과학기술학자 피터 갤리슨은 과학에 이론, 실험, 도구의 세 가지 차원이 있고 이 세 영역이 서로 다른 리듬과 주기를 가지면서 발전한다고 하면서, 설령 이론의 차원에서 급격한 단절과 공약불가능성이 존재한다고 할지라도 실험과 도구의 차원에서 존재하는 연속성 때문에 국지적인(local) 소통이 가능하다고 주장한다. 갤리슨은 이렇게 국지적 소통을 매개하는 것을 인류학의 개념을 빌려 '교역지대'라고 명명했는데, 교역지대에는 서로 다른 이론체계를 공부한 과학자들이 만나는 공간, 상이한 이론과 실천을 매개할 수 있는 기구, 두 이론의 중간 이론과 같이 다양한 유형이 있을 수 있다. 갤리슨은 2차 세계대전 동안에 물리학자들과 공학자들이 모여서 함께 레이더를 개발했던 래드랩(이 책의 제3장 참조)을 교역 지대의 사례로 제시하면서, 여기서 일했던 물리학자 슈빙거가 이후 양자전기역학(QED)을 만들 때 그가 래드랩에서 체화했던 공학적 방법론을 채용했음을 보여주었다. 특히 이렇게 두 이론이 만나서 새로운 이론을 만드는 경우에는 두 이론의 핵심적인 개념들로 이루어진 간단한 잡종언어체계(피진 언어, pidgin language)가 먼저 만들어지고, 이것이 보다 복잡한 언어체계(크리올 언어, creole language)로 발전하는 양상을 보

---

30) Thomas S. Kuhn, "Metaphor in Science," in Ortony ed., *Metaphor and Thought*, pp. 409-419; "Commensurability, Comparability, Communicability," *PSA* 1982 Vol 2(1983), pp. 669-688; 조인래 옮김, 「공약 가능성, 비교 가능성, 의사소통 가능성」, 『쿤의 주제들: 비판과 대응』(이화여자대학교출판부, 1997), 225-255쪽. Ian Hacking, "Working in A New World: The Taxonomic Solution," in P. Horwich ed., *World Changes*(Cambridge, Mass.: MIT Press, 1993), pp. 275-310; X. Chen, "Why Do Scientists Have Disagreements about Experiment?: Incommensurability in the Use of Goal-Derived Categories," *Perspectives on Science* 2(1994), pp. 275-301.

인다. 갤리슨에 의하면 언어가 섞이고 이로부터 새로운 언어가 발전하는 과정은 서로 다른 가치체계를 지닌 과학 분야들이 실제로 섞이고 소통하는 과정에 다름 아닌 것이다.[31)]

언어는 과학자 사회 내부의 소통만을 매개하는 것이 아니다. 과학에서 사용되는 언어는 일상 언어와 중첩되며, 일상 언어가 그러하듯이 사회적, 정치적 이해관계를 담아낸다. 하나의 예로, 여성주의 과학기술학자들은 근대 과학의 언어가 남성중심적인 이데올로기를 체화하고 있음을 비판했다. 프랜시스 베이컨은 자연을 여성에 비유하고 실험을 통해 자연에 침투하는 과학자를 남성에 비유했으며, 이러한 유비는 왕립협회를 설립한 근대과학자들도 공유하고 있었다. 처음 만들어진 원자폭탄에 '작은 소년(Little Boy)', '뚱뚱한 남자(Fat Man)'라는 이름이 붙었듯이 전쟁 무기와 관련된 연구에서도 남성적 용어가 종종 사용된다. 또 과학에서 사용되는 담론도 성차(性差)를 담고 있는 것이 많은데, 생리학에서 정자는 강한 꼬리를 가지고 힘차고 빠르게 헤엄치는 존재로 묘사되고, 난자는 수동적인 '잠자는 공주'로 묘사되는 예도 그것이다. 이러한 언어는 남녀의 위계질서가 분명한 기존의 사회적 가치를 반영했고 또 그렇게 불평등한 사회를 과학적으로 정당화함으로써 이를 유지시켜주는 데 일정한 역할을 한다. 언어와 사회가 그물망처럼 얽혀 있듯이, 과학에서 언어에 주목하는 것은 과학의 사회성과 정치성을 드러낼 수 있다.[32)]

낸시 스테판의 연구는 과학에서 언어의 역할에 주목하는 것이 과학

---

31) Peter Galison, "Trading Zone: Coordinating Action and Belief," in Mario Biagioli ed., *Science Studies Reader*(New York: Routledge, 1999), pp. 137–160.

32) Brian Easlea, *Science and Sexual Oppression: Patriarchy's Confrontation with Woman and Nature*(London: Weidenfeld & Nichoson, 1981); E. Martin, "The Egg and the Sperm: How Science Has Constructed a Romance Based on Stereotypical Male–Female Roles," *Signs* 16(1991), pp. 485–501.

의 사회적 성격은 물론 언어가 만드는 과학의 내적 특성을 동시에 조망할 수 있음을 보여준다. 18-19세기 인류학자들과 의사에 의해서 이루어진 '과학적 인종주의(scientific racism)'를 연구한 스테판은 두개골의 크기나 턱의 돌출과 같은 증거들이 흑인이 열등하다는 것을 '과학적으로' 증명하는 데 사용되었음을 보였다. 그러나 그녀의 연구는 여기서 끝난 것이 아니었다. 그녀는 흑인의 열등성을 증명하는 데 사용된 증거가 유비적으로 남성에 대한 여성의 열등성을 입증하는 데 전이되었음을 보여주었다. 즉 흑인이 백인에 비해서 머리가 작고 턱이 튀어나왔듯이 과학자들은 여성도 남성에 비해 머리가 작고 턱이 튀어나왔다고 생각하기 시작했다는 것이다. 이렇게 '백인:흑인=남성:여성'이라는 유비구조가 한번 형성된 뒤에, 그것은 그 자체의 생명력을 가지게 되었다. 즉 원래 흑인이 백인에 비해서 열등하다는 주장을 뒷받침했던 증거들의 비과학적 성격이 밝혀진 이후에도, 사람들은 같은 증거를 대면서 계속 여성이 남성에 비해 열등하다고 주장했다. 원래 여성의 열등을 주장했던 근거가 사라졌지만, 한번 성립된 유비는 지속적으로 영향을 미쳤다. 이렇게 과학에서도 언어는 세상을 반영해서 만들어지고, 또 독자적인 관성을 가진 존재로 세상을 만들어나갔던 것이다.[33)]

맺는말: 과학 언어와 과학 문화

소위 '언어적 전환'은 인문학자들로 하여금 언어에 주목하게 했고, 동시에 언어를 비판하게 만든 요인이었다. 롤랑 바르트, 자크 데리다와 같은 프랑스 철학자의 저술에서 영향을 받아 철학과 역사학 서술

33) Nancy Stepan, "Race and Gender: The Role of Analogy in Science," *Isis* 77(1986), pp. 261-277. 이 논문은 정세권 옮김, 「인종과 젠더—과학에서 유비의 역할」, 박민아·김영식 엮음, 『프리즘』(서울대학교출판부, 2007)에 번역되어 실려 있다.

방식에 큰 영향을 미친 '언어적 전환' 은 무엇보다 인문학자들로 하여금 텍스트, 수사, 스토리, 문체, 토포스(topos) 등에 더 주목하게 만들었다. 그렇지만 언어적 전환을 끝까지 밀고 갔던 사람들은 텍스트의 의미가 그것이 쓰인 컨텍스트가 아닌 다른 텍스트와의 관계 속에서만 파악된다고 주장했고, 이러한 주장은 심각한 논쟁과 비판의 대상이 되었다. 논쟁이 진행되면서 학자들은 텍스트나 언어가 다른 텍스트나 언어만을 반영하는 것이 아니라, 실천하는 사람들이 만든 물질적 '세계' 도 반영하고 있음을 알게 되었다. 즉 우리는 언어를 통해 세계를 경험하고 이러한 의미에서 언어가 세계를 구성한다고 할 수 있지만, 동시에 그러한 언어가 물질적 세계에 의해서 지속적으로 변형되면서 새롭게 형성되기도 한다. 이제 언어와 세상은 인간의 실천을 매개로 서로 맞물리는 관계를 가지는 것으로 파악되고 있다.[34)]

과학에서 언어가 부수적이고 수동적인 위치를 차지한다고 생각했던 과학자와 철학자는 과학의 언어가 발견한 사실을 중립적으로 보고하는 도구이지 그 이상은 아니라고 간주했다. 대학에서 개설되는 '과학기술 글쓰기' 와 같은 수업은 보통 '냉정한' 과학 논문 작성법을 가르친다. 그렇지만 과학자들 중에도 과학에서 언어의 중요성을 강조한 사람들이 있었다. 양자역학의 토대를 만든 물리학자 닐스 보어는 과학에 공식적인 수학 언어만이 있는 것이 아니라, 과학자가 개념을 탐구하고 이해하는 데 다양한 비공식적인 논의가 필요함을 강조하면서 과학에서 언어의 역할을 강조했다. 물리학자 데이비드 봄도 과학 언

---

34) 역사 연구에서 언어적 전환이 가져온 변화에 대해서는 David Harlan, "Intellectual History and the Return of Literature," *American Historical Review* 94(1989), pp. 581-609; John E. Toews, "Intellectual History after the Linguistic Turn: The Autonomy of Meaning and the Irreducibility of Experience," *American Historical Review* 92(1987), pp. 879-907 참조. 언어와 텍스트에 대한 균형 잡힌 평가는 Gabrielle M. Spiegel, "History, Historicism and the Social Logic of the Text in the Middle Ages," *Speculum* 65(1990), pp. 59-86 참조.

어에 과학적 세계관이 주름 잡혀 내재되어 있으며, 따라서 이렇게 주름 잡힌 세계관을 함축하는 언어를 함부로 사용하는 것이 과학적 창의성을 저해한다고 주장했다.[35)]

과학 활동에서 언어에 주목하는 것은 과학이 특정한 사회적, 문화적 맥락 속에서 이루어지는 인간의 활동임을 보여준다. 과학자들은 일상 언어의 모호함을 비판하면서 수학이나 논리와 같은 엄밀한 언어적 사용을 주창하지만, 설득을 포함하는 과학 활동의 많은 부분이 언어를 매개로 이루어진다. 또 과학의 언어 중에는 일상 언어나 다른 담론에서 빌려 온 것도 많고 그중에 어떤 것은 과학자 사회에서 분명하고 공통된 의미를 획득하지만 또 다른 것은 그 의미가 계속 변동을 거듭하는 것도 있다. 과학에서 언어는 서로 다른 분야를 가로지르면서, 서로의 담론을 매개하며 분야간의 소통을 힘들게 하기도 하고 또 힘들어 보이는 소통을 가능케 하기도 한다. 은유나 유비와 같은 언어적 도구는 과학과 사회의 상호 침투를 매개하기도 한다. 이러한 언어의 용례는 과학이 논리로만 특징 지워지는 것이 아니고, 그 자체로 완결되고 안정된 인간의 활동도 아니라는 사실을 예증한다. 과학에서 언어에 주목하는 것은 문화로서의 과학의 풍부한 의미 영역에 접근하는 하나의 열쇠이다.[36)]

---

35) Alan Ford and F. David Peat, "The Role of Language in Science," *Foundation of Physics* 18(1988), pp. 1233–1242.

36) James J. Bono, "Science, Discourse and Literature: The Role/Rule of Metaphor in Science," in Stuart Peterfreund ed., *Literature and Science: Theory and Practice* (Boston: Northeastern University Press, 1990), pp. 59–89. 이 장의 토대가 된 짧은 논의가 홍성욱, 「완벽한 언어를 찾아서: 17세기 과학자들의 보편 언어 탐험기」, 《자연과학》(2004년 6월), 116–125쪽에 있다.

제5장

과학과 젠더

우리나라에서도 지난 10년 동안 여성 과학기술 인력에 대한 관심이 높아졌다. 2001년에 과학기술부는 여성 과학기술 인력 육성을 위한 다양한 프로그램을 시작하고 이를 위한 법제를 정비했다. 멘토링과 같은 사업을 추진하는 와이즈(women in science and engineering) 프로그램, 유능한 여성 과학기술자를 포상하는 여성과학기술자상, 그리고 2010년까지 국공립 연구기관과 대학교 연구소의 여성 인력 비율을 20퍼센트까지 끌어올린다는 목표를 설정한 여성 과학기술 인력 채용목표제가 이때 출범했다. 같은 해 '여성생명과학기술포럼'이 발족했고, 2003년에는 17개 여성 과학기술 단체가 참여하는 한국여성 과학기술단체 총연합회가 발족했다. 이러한 정책적인 지원에 힘입어서 2005년 5월에는 그 이전 해에 99개 연구기관이 채용한 연구원 1,022명 중에 20퍼센트인 204명이 여성이며, 이런 추세가 지속된다면 2010년의 채용 목표를 조기 달성할 수 있다는 낙관적인 전망이 나오기도 했다.[1)]

2005년 8월 26일에 서울에서 개막된 제13차 '세계여성과학기술인

1) 「과학기술 여성 인력 채용 순항? 2010년 목표치 조기 달성」, 《한겨레》(2005. 5. 11.).

대회(ICWES 13)' 에서 세계여성과학기술인회(INWES) 회장인 모니크 프라이즈 박사는 "여성 과학기술인이 세계의 모습을 규정하고 설계할 수 있다면 세상은 좀 더 평화롭고 평등하게 될 것"이라고 하면서, 여성과학자의 참여가 높았다면 과학이 지금보다 훨씬 더 친환경적, 친자연적, 융합적으로 발전했을 것이라고 강조했다. 그렇지만 그녀는 같은 연설에서 "전 세계적으로 여성과학자의 입지가 15년 전으로 되돌아가는 최악의 사태를 맞고 있다."고 경고하면서, 그 이유를 찾기 위해 힘을 모을 것을 당부하기도 했다. 같은 대회에서 참석자들은 과학에서의 성적인 불평등의 원인으로 여성 과학기술인에 대한 사회적 편견, 여성들이 리더십을 키울 기회의 부재, 남성 연구자에게 유리한 연구비 지원 체제와 평가 체제의 문제 등을 거론하기도 했다.[2)]

낙관론과 비관론이 중첩되는 지금의 상황은 '젠더(gender)와 과학'이라는 문제가 과거에 생각했던 것보다 더 복잡한 문제임을 시사한다. 서구 사회가 여성 과학기술 인력을 포함한 젠더와 과학기술이라는 문제에 본격적으로 주목하기 시작한 것은 우리보다 20년 정도 앞선 1980년대였다. 페미니즘이 거대한 사회적 흐름이 된 것은 그보다 오래되었지만, 페미니스트들은 사회적으로나 가정적으로 열악한 여성의 지위를 끌어올리는 데 자신들의 역량을 집중했고, 과학기술에 대해서는 크게 관심을 두지 않았다. 게다가 관심을 둔 경우에도, 과학기술을 단순히 가부장제를 지탱하는 부정적인 이데올로기로 파악하곤 했다. 그렇지만 1980년대 이후에 젠더와 과학의 문제에 대한 학문적 관심이 높아지고 이에 대한 흥미로운 연구 결과가 쏟아져 나오면서, 과학기술 인력 중에 여성이 차지하는 비율이 (다른 영역에 비해서) 터무니없이 낮다는 사실도 새삼 주목의 대상이 되었다.[3)] 그리고 여성에 의한 과학 연구는 남성 중심적 사회에서 발전했고 결과적으로 남

---

2) 「여성 과학기술자가 세상을 바꾼다」, *Science Times*(2005. 8. 27.).

성성을 구현한 근대 과학의 제문제를 극복할 수 있는 열쇠가 될 것이라는 전망도 제시되었다. 같은 시기에 과학 분야에 여성의 진입을 원활하게 하기 위한 다양한 사회적·제도적 노력이 이루어졌고, 여학생의 대학 진학 비율이 상승하면서 과학 분야의 여성 비율도 상대적으로 높아졌다. 그 결과 1970년대에는 미국의 생물학과 물리과학 분야의 박사학위 수여자 중 각각 18퍼센트, 8퍼센트가 여성이었음에 반해서, 1995년경에는 이 비율이 36퍼센트, 20퍼센트로 상승했다. 이러한 비율로 여성 인력이 과학에 유입된다면, 과학 분야에서의 남녀평등은 물론 새로운 친환경적, 친자연적, 융합적인 과학이 탄생하는 것도 시간 문제일 것이었다.

그렇지만 이러한 낙관론은 오래 지속되지 못했다. 우선 젠더와 과학에 대한 주제들을 연구하는 연구자들 사이에서 여성에 의해서 이루어진 연구가 남성에 의해 이루어진 연구와 본질적으로 다를 수 있다는 주장에 대한 비판적 견해가 등장했다. 비판자들은 여성에 의한 과학이 자연의 정복이 아니라 자연과의 여성적인(feminine) 소통과 합일을 지향한다는 식의 '페미니스트 과학(feminist science)'을 주창하는 것이 과학에 대한 '본질주의(essentialism: 과학에 순수한 본질이 있고 이를 둘러싼 이데올로기의 외피가 있다는 생각)'적인 인식이라고 비판했다. 덧붙여 비판자들은 여성과학자에 대한 이전의 경험적 연구가 가진 문제점들도 구체적으로 꼬집었다. 여성 인력의 유입이 자동적으로 과학을 바꾸는 것이 아니라는 사실도 인식되었다. 미국 대학에서 과학을 전공하는 정교수 중에 여성의 비율은 1973년에 4퍼센트에서, 1987년에 7퍼센트, 그리고 1997년에도 불과 11퍼센트로밖에는 증가하지 않았던 것이다. 대학생의 절반 이상이 여성으로 채워졌고 박사학위자의 30퍼센트에 가까운 비율이 여성이었지만, 고급 연구자 중 여성 비율은 아

---

3) M. Holloway, "A Lab of Her Own," *Scientific American* (November, 1993), pp. 94–101.

직 10퍼센트대에 머물렀던 것이다.[4)]

'페미니스트 과학'에 대한 논의와 여성 과학 인력에 대한 정책은, '과학과 여성'이라는 큰 주제에 속할 뿐 다른 공통점은 거의 없는 것으로 보인다. 전자는 페미니스트 인식론과 같은 철학적 틀 속에서 진행되는 조금은 추상적인 문제 제기이며, 후자는 페미니즘과는 무관하게 국가 혁신 시스템의 효율성을 높이기 위한 인력 정책으로 간주될 수 있기 때문이다. 실제로 각각의 주제에 관심을 가졌던 사람들 사이에서도 많은 소통이 일어나지 않았던 것이 사실이다. 그렇지만 지금까지 살펴본 짧은 역사에서도 볼 수 있었듯이, 이 두 가지 주제에 대한 논의는 같은 시기에 비슷한 부침(浮沈)을 경험했다. 이번 장에서는 이 두 주제를 연결해서 생각하는 것이, 지금 '젠더와 과학'에 관심을 가진 연구자들이 직면한 난관을 극복하는 방법임을 보일 것이다. 이 문제는 이 장의 맺는말에서 다시 논의할 터인데, 그 이전까지는 1980년대 이후 여성과 과학이라는 주제에 대해 이루어졌던 다양한 연구들을 세 가지 범주로 나누어서 살펴볼 것이다.

1. 역사 속의 과학과 여성

1980년대 이후 서구에서 '젠더와 과학'에 대한 관심이 팽창한 이유는 부분적으로는 1960년대 이후의 여성운동의 성장에서, 다른 한편으로는 과학기술학(STS)의 확산에서 찾을 수 있다.[5)] '젠더와 과학'이라

4) Mary Frank Fox, "Women, Science and Academia: Graduate Education and Careers," *Gender and Society* 15(2001), pp. 654-666.

5) 1980년대 이후에 이루어진 대표적인 연구는 다음과 같다. Evelyn Fox Keller, *Reflections on Gender and Science*(New Haven: Yale University Press, 1985); Sandra Harding, *The Science Question in Feminism*(Ithaca: Cornell University Press, 1986); Helen E. Longino, *Science as Social Knowledge: Values and Objectivity in Scientific*

는 주제 하에 이루어진 연구로는 우선 역사의 베일 속에 묻혔던 여성 과학자들을 발굴하고 과학에서 여성이 배제된 메커니즘을 규명하려는 연구가 있는데, 이런 연구는 여성 과학자의 활동과 그들의 업적이 저평가된 과정에 대한 사회적 관심을 불러일으켰다. 두 번째로는 성차(性差, sex difference)를 강조한 근대 과학에 대한 분석이다. 이는 서구의 근대 과학이 어떻게 남자와 여자 사이에 존재하는 성차를 강조함으로써 이상적인 남성성과 여성성의 젠더 차이(difference in gender)를 만들고 유지했는가에 대한 비판적 연구였다. 그리고 마지막으로는 성별화된(gendered) 과학에 대한 연구가 있다. 이 주제에 대한 연구는 겉으로는 성별적인 요소가 없어 보이는 과학 연구에서 어떻게 실제로 성별적인 언어와 은유가 사용되는가에 초점을 맞추었다.[6)]

과학사 속의 여성 과학자에 대한 최근의 연구는 동시대 남성 과학자와 이후 역사가들에 의해서 부당하게 무시되어 왔던 여성 과학자들의 업적과 삶을 잘 보여주고 있다.[7)] 이 연구들 덕분에 우리는 이제 고

Inquiry(Princeton: Princeton University Press, 1990); Nancy Tauna ed., *Feminism and Science*(Bloomington: Indiana University Press, 1989); David F. Noble, *A World Without Women: The Christian Clerical Culture of Western Science*(New York: Knopf, 1992); Evelyn Fox Keller and Helen E. Longino eds., *Feminism and Science*(Oxford: Oxford University Press, 1996).

6) 이러한 구분은 Evelyn Fox Keller, "The Origin, History and Politics of the Subject Called 'Gender and Science': A First Person Account," in Sheila Jasanoff et al. ed., *Handbook of Science and Technology Studies*(Thousand Oaks: Sage, 1995), pp. 80–94에 근거했다.

7) 이러한 여성 과학자들에 대한 연구의 일부만을 여기서 소개하면 다음과 같다. Mary Terrall, "Émilie du Châtelet and the Gendering of Science," *History of Science* 33(1995), pp. 283–310. Paula Findlen, "Science as a Career in Enlightenment Italy: The Strategies of Laura Bassi," *Isis* 84(1993), pp. 441–469; G. Kass-Simon and Patricia Farnes eds., *Women of Science: Righting the Record*(Bloomington: Indiana Univeristy Press, 1990); A. D. Dalmédico, "Sophie

대의 여성 수학자였던 알렉산드리아의 히파티아(415년 사망)처럼 동시대인들에 의해서 그 과학적 업적이 인정받았지만 역사의 베일 속으로 사라져간 여성 과학자에 대해 더 많이 알게 되었다. 이러한 여성 과학자들 중에는 중세에 약물학, 자연사, 철학, 천문학에 대해서 저서를 남긴 힐데가르트 폰 빙엔, 17세기 과학혁명기에 생기론적인 천문학을 연구했던 앤 콘웨이, 역시 과학혁명기에 실험적인 자연철학을 탐구했던 마거릿 캐븐디시, 뉴턴의 『프린키피아』를 프랑스어로 번역한 샤틀레 부인, 18세기에 이탈리아 볼로냐 대학교의 정교수가 되었던 물리학자 라우라 바시, 프랑스 수학자 푸아송과 탄성이론을 놓고 논쟁을 벌였던 독일의 여성 수학자 조피 게르마인, 아크방전이론에 기여했고 여성으로서는 최초로 영국 왕립협회 회원에 임명된 허사 에이턴, 여성 과학자의 아이콘으로 자리 잡은 마리 퀴리, 열한 명의 자녀를 둔 어머니로서 과학적 경영이론의 초기 발전에 기여한 릴리안 길브레이스, 왓슨과 크릭에 의한 디엔에이(DNA)의 이중나선구조 발견에 결정적 실험 데이터를 제공한 로잘린드 프랭클린, 원자 핵분열을 이론적으로 규명한 리자 마이트너, 그리고 전이인자를 발견해서 노벨생리학상을 수상한 맥클린톡 등이 포함된다. 우리나라의 과학자들 중에서도 일제 초기에 서양 의학을 공부하고 돌아와서 복개수술로 명성을 날렸던 여의사 김점동(에스터 박)과 같은 선구자의 삶과 업적이 재조명되기도 했다.[8)]

Germain: An Extraordinary Mathematician," *Scientific American* 265(December, 1991), pp. 116–120; Margaret W. Rossiter, *Women Scientists in America: Struggles and Strategies to* 1940(Baltimore: Johns Hopkins Univeristy Press, 1982); *Women Scientists in America: Before Affirmative Action,* 1940–1972(Baltimore: Johns Hopkins Univeristy Press, 1995). 김점동을 포함한 이들 여성 과학자에 대해서는 오조영란·홍성욱 엮음, 『남성의 과학을 넘어서』(창작과비평사, 1998), 223–304쪽 참조.

8) 이들 여성 과학자들은 여성이라는 이유 때문에 숱한 불이익을 경험해야 했다. 예를 들어 게르마인은 과학자들과 서신을 교환할 때 남성 이름을 가명으로 사용했

여성 과학자에 대한 많은 연구 중에 바바라 맥클린톡에 대한 에블린 폭스 켈러의 연구는 특히 주목할 만하다. 맥클린톡은 '튀는 유전자(jumping gene)' 혹은 전이인자(transposon)에 대한 선구적 연구로 1983년에 단독으로 노벨생리학·의학상을 수상한 유전학자이다. 그렇지만 그녀는 젊은 시절에 안정된 대학 교수직을 얻는 데 실패했으며, 1940년대 후반과 1950년대 초반에 수행한 그녀의 연구가 학계의 인정을 받는 데 20-30년이라는 세월이 필요했다. 그녀와 그녀의 지인들에 대한 광범위한 인터뷰를 바탕으로 작성된 켈러의 『생명의 느낌』(1983년)은 대중적으로 성공했을 뿐 아니라 학계에서도 주목을 받았던 저술이었다.[9)]

켈러의 연구가 주목을 받았던 이유는 맥클린톡이 가졌던 독특한 연구방법을 발굴해서 소개했던 데에 있었다. 대학에 자리를 잡지 못하고 콜드 스프링 하버의 유전학연구소에 자리를 잡은 맥클린톡은 점차 주류 유전학 연구의 흐름에서 비껴 있는 아웃사이더가 되어갔고, 동시에 복잡한 유전학 문제에 대해 '어떤 사실을 곧바로 알게 되고, 진심으로 믿고, 궁극적으로 그 의미를 받아들이는 체험' 을 하는 독특한 방법론을 가지게 되었다. 이러한 체험은 그녀가 몰두한 대상에 대한 '내밀하고 온전한 지식' 에 의해 가능한 것이었다. 그녀는 옥수수의 외관만 보고도 세포핵 속의 모습을 상상할 수 있을 정도로 '생명의 각 부분을 빠짐없이 헤아릴 줄' 알았다. 이는 옥수수라는 대상의 차이

으며, 퀴리는 노벨상을 두 번이나 받았지만 프랑스 과학 아카데미의 회원으로 선출되지 못했다. 마이트너와 함께 공동연구를 했던 남성과학자들 한과 슈트라스만은 노벨상을 받았지만 마이트너에게는 노벨상이 수여되지 않았다. 이은경, 「역사 속의 과학과 여성」, 오조영란·홍성욱 엮음, 『남성의 과학을 넘어서』(창작과비평사, 1998), 143-173쪽 참조.

9) 에블린 폭스 켈러, 김재희 옮김, 『생명의 느낌: 유전학자 바바라 매클린톡의 전기』(도서출판 양문, 2001), 원저작은 *A Feeling for the Organism: The Life and Work of Barbara McClintock*(New York: W. H. Freeman & Co, 1983).

에 주목해서 수십 년에 걸친 연구를 통해 개발된 특별한 능력으로, 그 핵심은 옥수수라는 대상과 연구자라는 주체가 하나가 되어 소통하는 것이었다. 매클린톡 자신의 말을 빌리면, 그것은 바로 '생명에 대한 느낌' 이었다.[10]

1944년 겨울, 붉은 곰팡이인 뉴로스포라(neurospora)의 감수분열을 이해한 과정에 대한 맥클린톡의 회고는 주체와 대상의 소통과 합일로 특징지어지는 그녀의 독특한 방법론을 잘 드러낸다.

> 덧붙여 알게 된 것은, 내가 그 일로 빠져들수록 점점 더 염색체가 커지더라는 사실이에요. 그리고 정말로 거기에 몰두했을 때, 나는 염색체 바깥에 있지 않았어요. 그 안에 있었어요. 그들의 시스템 속에서 그들과 함께 움직였지요. 내가 그 속에 들어가 있으니 모든 게 다 크게 보일 수밖에 없었죠. 염색체 속이 어떻게 생겼는지도 훤히 보였어요. 정말로 모든 게 거기 있었어요. 나 자신도 무척이나 놀랐지요. 내가 정말로 그 속에 있는 느낌이었거든요. 그리고 그 작은 부분들이 몽땅 내 친구처럼 여겨졌어요. (…) 지극한 마음으로 바라보고 있노라면 그들이 나의 일부가 되지요. 그러면 나 자신은 잊어버려요. 그래요, 그게 중요해요. 나 자신을 완전히 잊어버리는 거 말이에요. 거기에는 더 이상 내가 없어요.[11]

매클린톡은 현대 생물학이 생명에 대한 답을 발견하기 위해서는 물리학에 근거한 환원주의가 아닌, 인내심과 공경심으로 생명의 다양성과 복잡성을 살피는 생물학의 전통적인 태도가 부활해야 한다고 믿었다.

매클린톡의 독특한 방법론은 옥수수의 돌연변이, 잡색현상에 대한 연구에서 절정을 이루었다. 그녀는 이 특이한 현상을 6년 동안 연구해서, 그 결과로 염색체를 옮겨다니는 분해자 Ds와 이를 제어하는 활성자 Ac가 존재하며, 이중 활성자 Ac와 주변환경은 지속적으로 서로의

10) 에블린 폭스 켈러, 『생명의 느낌』, passim.

11) 에블린 폭스 켈러, 『생명의 느낌』, 202쪽.

특성을 규정하는 방식으로 작용한다는 이론을 주창했다. 이 이론은, 세포나 유기체와 같은 환경이 유전자에 영향을 미칠 수 없다는 당시 다윈 진화론의 주장과 정면으로 배치되었고, 유전자로부터 단백질로의 일방적인 정보 전달을 정식화한 프랜시스 크릭의 '중앙통제론(central dogma)'이 1950년대 후반 이후에 정설로 굳어지면서, 철저하게 무시되었다. 하지만 매클린톡은 거의 모든 유전학자가 의심하지 않고 받아들인 중앙통제론도 수많은 과학적 모델 중 하나일 것이라고 생각했다. 그녀의 연구는 1960년대 중반 이후 1980년대 초반까지 박테리아 유전자, 대장균, 살모넬라 티피무리엄, 누룩곰팡이, 초파리에서 유전자의 자리바꿈 현상이 중요한 역할을 한다는 것이 밝혀지면서 비로소 그 진가를 제대로 평가받았다.

켈러는 이 책에서 맥클린톡의 독특한 방법론이 그녀가 여성이었기 때문에 가능했던 것이라고 명시적으로 주장하고 있지는 않다. 오히려 켈러는 그녀가 여성이라는 이유로 유전학의 주류에서 오랫동안 비껴 있었기 때문에, 당시 유행하던 정량적 방법이나 물리적 환원론에 휩쓸리지 않고 자신만의 독특한 방법을 꾸준히 개발하고 체화했다고 본다. 독특한 방법론의 원천은 여성성보다는 주변성이었다는 것이다. 그렇지만 그녀의 주변성은 맥클린톡이 여성이었다는 사실에 부분적으로 기인하고 있었으며, 게다가 비슷한 시기에 켈러는 근대과학의 성립 과정에서 남성적인 정신과 여성적인 자연의 이분법이 여성을 과학에서 배제했다고 주장했다. 켈러에 따르면, '마음과 자연 사이의 순결하고 합법적인 결혼'과 인간을 위한 자연의 지배와 통제를 주창했던 17세기 철학자 프랜시스 베이컨에게 마음은 매우 강력하고 남성적인(masculine) 작인이었다. 이 남성적인 마음이 여성적 자연과 결혼했을 때 그가 '영웅과 초인'이라고 불렀던 사내자식인 과학을 낳았고, 이렇게 태어난 실험과학은 자연을 통제하고 지배할 수 있었기 때문에 그 자체로 힘이었다. 이러한 베이컨의 생각은 그의 실험철학을 계승한 근대 과학자들에 의해서도 반복적으로 천명되었다.[12] 근대 이후에 과학을 하는 것이 이렇게 통제와 지배 같은 '남성적인' 행위로 특징지어진 데 반해서, 맥클린톡의 방법론은 자연에의 침투가 아닌 차이에의 존중, 자연과의 합일과 일체감으로 특징지어지는, 대안적이며 일종의 여성적인 방법이었다. 켈러에 의하면 그것은 공감, 감정, 사랑의 방법이었다.

1980년대의 실천적 페미니스트들은 어떻게 더 많은 여성을 과학에 유입하는가라는 문제보다는 어떻게 근대 과학의 남성성을 없앨 수 있는가라는 문제에 관심을 두었다. 켈러는 자신이 보여준 맥클린톡의 실험적 방법이 '여성적인 과학(feminine science)'의 사례로 간주되는 것을 환영하지 않았지만, 맥클린톡에 대한 켈러의 저작은 당시 맥락 속에서 '여성은 다른 목소리로 과학을 하는가'라는 질문에 대해 긍정적인 대답을 한 저작으로 받아들여졌다.[13] 그렇지만 1980년대 후반부터 켈러의 연구에 대한 비판이 급진적인 사회구성주의자들과 진통적

12) Evelyn Fox Keller, *Reflections on Gender and Science*(New Haven: Yale University Press, 1985), 제2장. 왕립학회의 서기관이었던 올덴버그는 학회의 의도가 "남성적인 철학을 일으키기" 위함이라고 선포했다. "과학의 기능은 자연을 정복하여 우리의 목적에 쓰이도록 만드는 방법을 발견하는 것이다."라고 설파했던 왕립학회의 열성 회원 그랜빌은 동시에 "여자는 에덴 동산에서 그러했던 것처럼 여전히 기만을 행하고 있다."고 하면서 진리는 여성적인 미덕과는 아무런 관계가 없음을 강조했다. 왕립학회의 역사에 대한 첫 책을 저술한 스프랫도 "인류의 손에서 탄생한 기예의 기반이 되는 기지는 남성적이다."라고 적고 있다. 베이컨과 왕립협회 과학자들의 남성적 언어를 켈러와 다르게 해석한 입장은 A. Soble, "In Defense of Bacon," *Philosophy of the Social Science* 25(1995), pp. 192–215 참조.

13) Elizabeth Fee, "Women's Nature and Scientific Objectivity," in Marian Lowe and Ruth Hubbard eds., *Woman's Nature: Rationalizations of Inequality*(New York: Pergamon Press, 1983), pp. 9–27; Nancy Tauna, "Re-Presenting the World: Feminism and the Natural Sciences," *Frontiers: A Journal of Women Studies* 8(1986), pp. 73–75.

인 과학사학자들에게서 나타났다. 사회구성주의자들은 남성적인 방법, 여성적인 방법, 혹은 중성적인 방법과 같이 과학 연구에서 본질적으로 한 가지 방법을 찾으려는 시도 자체가 실패할 수밖에 없는 본질주의적인 노력이라고 비판하면서, 맥클린톡이 사용한 방법은 그녀의 연구를 실제로 인도한 순수한 방법이었다기보다 그녀의 과학적 발견을 구성하는 사회적 과정에서 사용된 '방법에 대한 담론(methodological discourse)' 이었다고 주장했다. 반면에 맥클린톡의 논문과 미출판 사료들을 꼼꼼하게 분석한 과학사학자 컴포트는 맥클린톡의 실험적 방법론이 '침입' 과 '통제' 의 방법을 사용하는 기존의 연구방법과 크게 다르지 않았다고 켈러를 비판했다. 컴포트는 또 맥클린톡이 당시 옥수수 유전학을 연구하던 과학자들과 밀접한 연관을 맺으면서 연구를 했음을 강조했고, 이로서 그녀가 과학자 사회와 유리된 채 독특한 스타일을 발전시켰다는 켈러의 주장을 논박했다. 이러한 연구들은 여성 과학자의 연구 스타일이 남성의 연구 스타일과 다를 수 있다는 주장을 약화시키면서, '여성적인 과학' 이 설 토대를 흔들어버렸다.[14)]

2. 성차를 강조한 과학에서 성별화된 과학으로

근대 과학으로부터 여성의 배제는 남녀 사이의 성차를 자연적인 것으로 강조한 과학 이론에 의해서 정당화되었다. 물론 임신, 수유, 생리의 유무와 같이 남자와 여자 사이의 자연적인 성별차가 실제로 존재한다는 것을 부인하기란 어렵다. 그러나 이 경계가 모호한 영역도 많

14) Evelleen Richards and John Schuster, "The Feminine Method as Myth and Accounting Resource: A Challenge to Gender Studies and Social Studies of Science," *Social Studies of Science* 19(1989), pp. 697-720; Nathaniel C. Comfort, *The Tangled Field: Barbara McClintock's Search for the Patterns of Genetic Control*(Cambridge, Mass.: Harvard University Press, 2001).

이 존재한다. 여자들은 남자보다 평화를 더 사랑하며 남을 돌보기를 좋아하는가? 개인적이든 사회적이든 이 평화를 사랑하는 따뜻한 마음은 모성이라는 독특한 경험과 관계가 있는가? 여자들은 남을 잘 돌보는 특성 때문에 남자보다 아이를 돌보는 데에 더 능숙한가? 그렇다면 사적인 가정은 여자들에게 적합한 장소이고, 공적인 사회는 남자들에게 적합한 장소인가? 이러한 질문은 계속 이어진다. 여자들은 생리를 하기 때문에 남자들보다 더 신경질적인가? 그래서 여자들은 정신적인 평정과 안정성을 요하는 직업에는 적당하지 않은 것인가? 여성의 지적 능력은 남성의 그것과 다르기 때문에 여학생들이 고등 수학을 잘 못하는 것인가? 자연적 성차의 중요성을 강조하는 사람조차 마지막 몇몇 경우가 남녀의 자연적인 성차로 모두 설명된다고 말하기는 쉽지 않을 것이다.

우리가 이러한 문제를 접근할 때 우선 고려할 점은 사회적으로 형성된 젠더의 영역은 물론 자연적인 성차라고 간주된 것까지도 모두 역사적으로 변화를 거듭했다는 사실이다.[15)]

남성과 여성 간의 자연적 성차에 대한 인식은 여성을 불완전한 남성으로 생각했던 고대 그리스 철학자들로부터 시작했다. 이들은 이 세상이 불, 물, 공기, 흙이라는 네 가지 기본 원소에 의해서 만들어지고, 인간의 몸은 황색 담즙, 흑색 담즙, 점액, 피라는 네 가지 액체에 의해서 구성되며, 이 네 가지 액체는 다시 세상을 구성하는 4원소들에

15) 2005년 1월 14일, 하버드 대학교의 총장 로렌스 섬머스는 남녀의 두뇌의 차이가 과학, 특히 수학에서 남성의 독주를 설명할 수 있다고 해서 큰 파문을 일으켰다. 미국 초중등교육에 대한 최근의 광범위한 실증적 연구는 대학 이전의 남녀 학생들에게서 수학 능력의 차이가 거의 없음을 보여주면서, 대학 이후에 나타나는 차이에 대해서는 다른 설명이 필요함을 강조하고 있다. Erin Leahey and Guang Guo, "Gender Differences in Mathematical Trajectories," *Social Forces* 80(2001), pp. 713-732.

상응한다고 (황색 담즙–불, 흑색 담즙–흙, 점액–물, 피–공기) 생각했다. 여기서 남성을 이루는 주요 원소는 불 또는 열이었는데, 여성은 바로 이 불이나 열이 결핍된 존재였다. 예를 들어, 열이 남성의 생식기를 몸 밖으로 몰아낸 반면, 여성의 생식기는 열이 부족해서 거꾸로 몸 안으로 들어간 것으로 이해했다(당시 여성의 생식기는 남성의 생식기와 똑같은 형태라고 여겨졌다). 이러한 근거 하에 그들은 생식기가 튀어나올 정도의 강한 외부적 자극에 의해서 여성이 남성으로 즉시 변환되는 것도 가능하다고 생각했다. 여하튼 고대 그리스 철학자들에게 여성은 불완전한 남성이라는 의미에서 자연의 '괴물'이었다. 여성은 불완전하고 수동적이며 잠정적인 존재로 여겨진 반면, 남성은 완전하고, 능동적이며, 현실적이었다. 이러한 육체적 차이는 남녀 사이의 지적인 차이에 투영되었는데, 아래 인용에서 보듯이 아리스토텔레스는 최초로 남자와 여자 사이의 지적 차이를 이론화하고 체계화시켰다.[16)]

> 모든 다른 동물들에 있어서 암컷은 성질이 더 부드럽고, 더 심술 궂으며, 덜 단순하고, 더 충동적이고, 새끼를 양육하는 데 더 주의를 기울인다. 반면 수컷은 더 생기있고, 더 사나우며, 더 단순하고 덜 교활하다. (…) 사실상 남자의 본성은 가장 원만하고 완전하며, 결과적으로 남자에게서 위에서 언급했던 자질들이 더욱 분명하게 발견된다. 여자는 남자보다 인정이 많고, 더 쉽게 울고 감동하지만 동시에 질투가 더 심하고, 불평도 잘하며, 잔소리하고, 맞서려는 경향이 더 크다. 나아가, 여자는 의존심이 더 세고, 남자에 비해 희망을 잃어버리기 쉬우며, 창피를 모르고, 틀린 말을 더 많이 하고, 사람을 더 잘 속이며, 기억을 더 오래 간직한다.[17)]

---

16) Carolyn Merchant, *The Death of Nature: Women, Ecology and the Scientific Revolution*(San Francisco: Harper and Row, 1980); Lorraine Daston, "The Naturalized Female Intellect," *Science in Context* 5(1992), pp. 209–235.

17) Aristoteles, *Historia Animalium.* 여기서는 Lorraine Daston, "The Naturalized Female Intellect," *Science in Context* 5(1992), on p. 215에서 재인용.

이러한 아리스토텔레스의 관념은 중세와 근대 초기에까지 널리 받아들여졌다. 그렇지만 17세기 과학혁명기 동안에 몇 가지 변화들이 일어났다. 첫째, 아리스토텔레스적 세계관이 붕괴함에 따라 열의 결핍 때문에 여자가 불완전한 남자일 뿐이라는 고대의 이론도 설득력을 잃어갔다. 둘째, 오래된 아리스토텔레스 철학을 대체해서 모든 물질적 자연현상을 물질과 운동으로 설명했던 기계적 철학(mechanical philosophy)은 물질과 영혼, 혹은 몸과 마음을 엄격하게 구분했다. 그렇지만 영혼과 마음이 물질이나 몸과 본질적으로 무관하기 때문에 이러한 이분법은 흥미롭게도 육체의 차이가 반드시 영적 혹은 지적인 차이를 초래하는 것은 아니라는 결론을 낳을 수도 있었으며, 이는 여자들이 최소한 마음에 있어서는 남자와 동등할 수 있다는 가능성을 열어주었다. 실제로 소수의 기계적 철학자들은 여자들이 남자와 똑같은 두뇌와 똑같은 감각기관(눈과 귀와 같은)을 가졌기 때문에 해부학, 화학과 같은 과학을 남자만큼 잘 해낼 수 있을 것이라 지적하기도 했다.[18]

그러나 이러한 새로운 사상적 가능성에도 불구하고, 17세기부터는 성 기관(sex organ)에 있어서의 남녀 차이가 강조되기 시작하였다. 자연철학자들과 해부학자들은 여성의 성 기관들이 소모적이고 그것들 중에 어떤 것들은 심지어 무용지물이라고까지 주장하였다. 특히 현미경의 발달로 정자가 발견된 이래 소위 정자론자(spermatist)들은 자손이 여성의 몸이 아닌 남성의 정자 안에 처음부터 축소된 형태로 존재하며, 그렇기 때문에 번식은 전적으로 남성의 공헌이라고 주장하였다.

그러나 이보다 더욱 중요한 변화가 18세기에 일어났다. 해부학자들과 철학자들이 성 기관이 아니라 평범한 기관에서 남녀의 차이를 강조하기 시작한 것이다. 예를 들어, 17세기에 해부학자들은 남성과 여성이 생식 기관을 제외하고는 본질적으로 다른 해부학적 차이가 없다

18) Londa Schiebinger, *The Mind Has No Sex: Women in the Origins of Modern Science*(Cambridge, Mass.: Harvard University Press, 1989), pp. 172–174.

고 생각했다. 이들은 여성이 굴곡이 있는 몸 형태를 가진 이유가 뼈가 다르기 때문이 아니라 단지 지방이 더 많기 때문이라고 보았으며, 남성과 여성의 골격은 본질적으로는 동일하다고 보았다. 그러나 18세기 중반 이래로 해부학자들은 여성의 골격이 세 가지 중요한 측면에서 남성의 것과는 본질적으로 다르다고 주장하기 시작했다. 여성의 골격은 조직이 더 약하고, 골반이 더 넓으며, 두개골이 더 작다는 것이 그것이었다. 여성과 남성의 차이를 강조한 첫 해부도는 아이러니컬하게도 다르콩빌이라는 여성에 의해 그려졌고, 그녀의 그림은 죄머링과 같은 독일의 유명한 해부학자에 의해 널리 유포되었다. 특히 에딘버러의 해부학자였던 바클레이는 남성과 여성의 골격을 말(馬)과 타조의 골격에 비교하는 그림을 그리기도 했다(그림 1, 그림 2). 여기서 말은 탄탄한 골격 때문에, 타조는 작은 머리와 넓은 골반을 가지고 있다는 점 때문에 의도적으로 선택되었다.[19)]

남성과 여성의 골격 그림은 단순히 해부학적인 도해가 아니라, 당시 남자다움과 여자다움이라는 이상을 표현한 것이었다. 말은 남성 골격의 위력을 상징했으며, 타조에 비유된 여성의 골격에서 상대적으로 작은 두개골은 여성의 낮은 지능을 상징했다. 여성의 더 넓은 골반은 강한 사내아이, 특히 큰 머리에 좋은 지능을 보유하고 태어날 사내아이를 낳기 위해 필요한 신체적 구조를 나타냈다. 여성의 뼈가 상대적으로 약하다는 것은 여자들의 육체적 나약함이라는 결과로 이어졌다. 이러한 그림들은 해부학, 두개골학(craniology: 두개골 뼈의 각도를 연구하는 학문), 그리고 골상학(phrenology: 두개골의 크기, 구조와 기능을 연구하는 학문)과 같은 당시 과학의 지지를 받았다는 의미에서 '과학적'이었지만, 여성들 간의 개인적인 차이를 완전히 무시하고 이를 정형화했다는 점에서 '자연'을 반영한 것이 아니었다. 그렇지만 이러한

19) Londa Schiebinger, Ibid., pp. 189–207; idem., *Nature's Body: Gender in the Making of Modern Science*(Boston: Beacon Press, 1993).

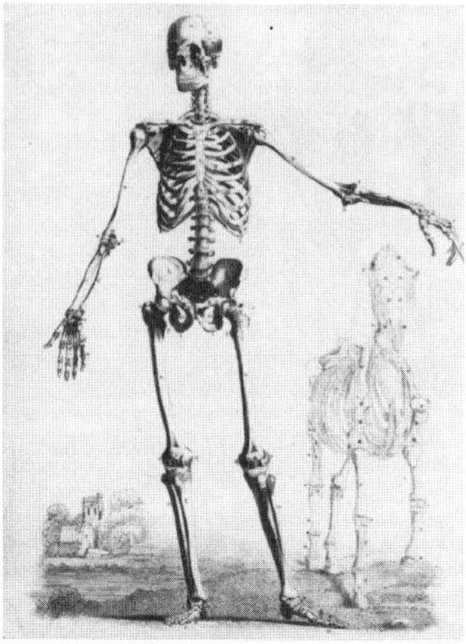

그림 1

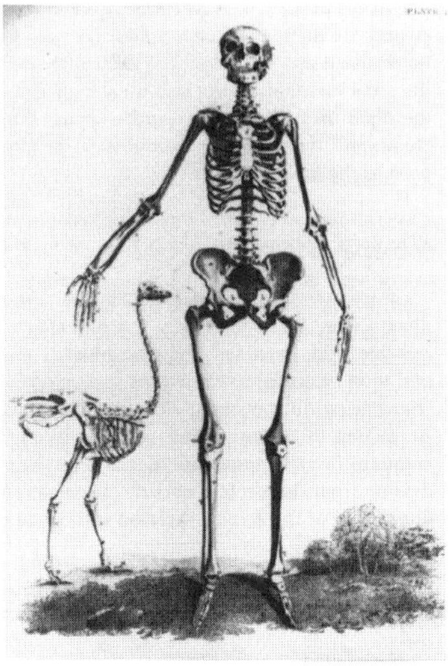

그림 2

정형화된 이미지는 당시의 사회적, 정치적 상황 속에서 많은 사람에게 설득력을 지녔다. 18세기 후반부터 유럽에서 영아사망률이 증가하고 이에 따른 인구의 감소가 심각한 사회 문제로 대두되었는데, 이를 국력의 쇠퇴로 우려한 남성들은 여성이 자녀 양육에 전념하는 것이 영아사망률을 감소시키고, 인구를 증가시켜 국부에 기여하는 유일한 방법이라고 생각했다. 반대로 이들은 여자가 남자와 같이 정치, 상업, 교육, 과학 등의 사회적 활동에 참여하려고 노력하는 것은 그녀의 가족은 물론 사회 전체에 해롭다고 간주했다. 남녀의 골격 차이를 강조함으로써 성차의 본질적 차이를 주장한 해부학은 이러한 사회적 필요에서 등장했고, 또 이러한 사회적 필요를 정당화한 학문이었다.[20)]

남녀의 육체적 차이는 여성의 사회적 불평등을 정당화하는 동시에

---

20) Londa Schiebinger, Ibid., pp. 216–218; 쉬빙어는 "Why Mammals are Called Mammals: Gender and Politics in 18th Century Natural History," *American*

남녀의 지적인 차이를 합리화했다. 한 프랑스 의사는 "여자들은 생식기에 있어서뿐만 아니라 골격, 인대, 조직, 신경, 혈관 등에서도 남자와는 다르며, 이러한 차이들이 자연이 여자에게 부여한 수동적인 위상을 잘 보여준다."라고 주장했다. 독일 철학자인 칸트는 여자의 이해력이 '추상적인 사색이나 지식'을 따라잡을 수 없다는 근거에서 여자가 형이상학과 수학을 깊이 공부하는 것을 탐탁지 않게 생각했다. 여자들의 역할은 점진적으로 자녀 양육, 가족 돌보기 등의 집안일에 한정되어야 한다고 여겨졌고, 여성과 남성의 성은 동등한 것이 아니라 '상보적인' 것이라는 인식이 점점 확고해졌다. 18세기의 해부학과 철학은 과학과 같은 공적 영역에서 여성의 배제를 촉진했을 뿐만 아니라 감정, 돌봄, 양육처럼 '여성적인' 것이라고 불리는 일련의 가치를 과학과는 무관한 것으로, 심지어 반과학적인 것으로 규정했다. 18-19세기 동안 유럽 사회에서 과학으로부터 여성이 배제된 과정은 '여성성'에 대한 전형화와 동시에 진행되었다.[21]

3. 성별화된 과학 언어와 은유

여성과 여성의 가치를 배제한 근대 과학은 반쪽짜리 과학인가? 인간의 절반인 여성이 과학에서 거의 전적으로 배제되었다는 의미에서 우리는 근대 과학을 반쪽짜리 과학이라고 볼 수도 있다. 그런데 과학의 내용으로 들어가면 문제가 복잡해진다. 우리는 더 많은 여성이 과학 활동을 했다고 해서 코페르니쿠스의 천문학, 뉴턴의 물리학, 린네의 식물학이 지금과는 다른 형태로 발전했을 것이라고 상상하기 힘들다. 과학의 객관성과 합리성을 믿는 사람들은 여기서 더 나아가서 근

Historical Review 98(1993), pp. 382-411에서 수유(授乳)의 특성을 선택해서 포유류(哺乳類)라고 이름 붙인 이유도 비슷한 사회적 필요를 반영한 것이라고 주장했다.

21) Londa Schiebinger, Ibid., pp. 233-234.

대 과학은 젠더만이 아니라 다른 사회문화적 요소와도 거의 무관하게 발전했다고 주장한다. 문제는 적극적인 사회구성주의적인 입장도 과학 내용의 변화 가능성에 대해서 우호적이지 않다는 사실 때문에 더 복잡해진다. 사회적 영향을 강조하는 관점에서 보면, 17-19세기의 여성은 남성 위주의 가부장제 사회의 이데올로기를 체화하고 있었고 따라서 이들에 의해서 발전한 과학이 지금의 근대 과학과 크게 달라질 이유가 없는 것이다. 처음으로 여성의 골격을 남성과 달리 연약한 형태로 그렸던 다르콩빌은 남성이 아닌 여성 아니었던가.

여성을 배제하고 젠더의 정형화를 고착화한 성별화된 근대 과학의 특성은 20세기 과학에도 남아 있었는가? 만약 그렇다면 이러한 성별화된 특성을 20세기 과학의 어디에서 찾아볼 수 있는가? 이 문제를 고민한 페미니스트 과학사학자들과 과학기술학(STS) 학자들은 과학의 언어에 주목했다. 4장에서 보았듯이 과학적 사고의 많은 부분이 언어를 매개로 이루어지며, 언어는 단지 발견한 것을 정확히 표현하는 도구가 아니라 과학자와 자연의 상호 작용을 특정한 방향으로 이끄는 매개자이기 때문이다. 이 과정에서 이들은 과학에서 사용되는 특정한 언어가 '남성적'인 것임을 발견하고, 이를 현대 과학의 근본적인 남성성을 보여주는 증거로 제시했다.

이러한 연구 중 가장 잘 알려진 것이 생식 과정에서 정자와 난자의 역할에 대한 설명이다. 수정 과정을 설명한 대부분의 20세기 생물학 교과서를 보면, 크기가 큰 난자는 움직이지 않거나 기껏해야 수동적으로 그저 조금 떠돌아다니는 존재로 묘사되어 있는 반면에, 정자는 대조적으로 강력한 추진력을 가진 꼬리를 이용해서 강하고 빠르게 헤엄치는 존재로 묘사되어 있다. 정자의 침입은 그 유전자를 난자에 전해주면서 '난자의 발달 프로그램을 활성화시킨다'고 간주되었는데, 어떤 생물학자들은 난자를 '잠자는 공주' 또는 '배우자가 생명의 영혼을 불어넣어주는 마법의 입맞춤을 기다리며 잠자는 신부'로 표현하기도 했다. 그러나 1986년, 존스 홉킨스 대학에서 피임약을 연구하는 과학자들을 관찰하던 인류학자 에밀리 마틴과 스워스모어 대학(Swarthmore College)의 '생물학과 젠더 연구 그룹(Biology and Gender Studies Group)'의 회원들은 정자와 난자에 대한 이러한 비유가 실제 실험실에서 관찰한 결과와 부합하지 않음을 알게 되었다.[22] 실험을 통해 드러난 것은 정자의 꼬리가 정자를 앞으로 나아가게 하는 데 부적절하며, 정자의 가장 강력한 운동이 다른 세포로부터 벗어나려는 상황에서 일어난다는 사실이었다. 이러한 발견이 의미한 것은 난자의 표면이 정자를 가두어 탈출을 막는 특수한 기능을 한다는 것이었다. 이 연구를 수행했던 연구자들은 정자와 난자가 서로 달라붙는 것은 각각의 표면에 있는 점착성의 분자들 때문이라고 결론 내렸다. 사실 난자의 적극적인 역할에 대한 연구는 이미 1970년대에 이루어졌었는데, 전통적인 관념이 지속적으로 사용된 데에는 수동적인 난자의 이미지가 남녀의 육체적 힘의 차이, 더 나아가서 남녀의 사회적 역할 구분과 잘 들어맞았기 때문이었다. 이러한 언어와 유비는 기존의 사회적 가치를 반영했지만 또 기존의 사회 구조를 안정화시키는 것처럼, 사회와 과학 언어는 그물망처럼 엉켜 있었다.[23]

남성적인 언어는 군사 연구, 전쟁 연구의 경우에도 종종 나타난다.

---

22) E. Martin, "The Egg and the Sperm: How Science Has Constructed a Romance Based on Stereotypical Male-Female Roles," *Signs* 16(1991), pp. 485-501; Biology and Gender Study Group, "The Importance of Feminist Critique for Contemporary Cell Biology," in E. F. Keller and H. E. Longino eds., *Feminism and Science*, pp. 172-187.

23) David Freedman, "The Aggressive Egg," *Discover* 13(June, 1992), pp. 61-65. 1996년에 *Nature*지에 실린 글은 난자의 역할에 대해서 더 적극적인 기능을 부여하고 있지만, 2006년 'WebMD'에 게재된 수정에 대한 항목은 아직도 정자가 난자를 뚫고 들어갈 때 난자의 막에 다른 정자의 침입을 막는 변화가 생긴다는 전통적인 입장을 고수한다. 각각에 대해서는 Roger Gosden, "The Vocabulary of the

5장에서도 언급했지만, 최초의 원자탄을 개발했던 맨해튼 계획에 참여한 원자물리학자들은 연쇄반응이 폭발로 이어지는 성공적인 폭탄을 '사내 아이'로, 폭발이 일어나지 않고 핵분열만 생기는 실패한 폭탄을 '계집 아이'로 불렀다. 또 최초로 제작된 두 개의 폭탄에는 '작은 소년', '뚱뚱한 남자'라는 이름이 붙여졌다. 과학사학자 이즐리는 원자탄 개발에 참여한 과학자들이 이렇게 남성적인 언어를 선호한 이유가 무의식적인 '자궁에 대한 질투심(womb envy)'을 만족시키는 데에 있었다고, 즉 여성의 임신 능력에 대한 질투심을 가지고 있던 남성 과학자들이 자신들도 사내 아이를 만들 수 있다는 것을 보임으로써 보상 심리를 만족시키려 했다는 데에 있었다고 주장했다. 이즐리에 따르면, 남성과학자들의 왜곡된 보상 심리는 인류를 절멸로 이끌 수도 있는 핵무기라는 엄청난 결과를 낳았다.[24)]

그렇지만 남성적인 군사 용어에 대해서는 다른 해석도 제기되었다. 여성학자 콘은 냉전 중 미국의 가장 중요한 싱크탱크였던 랜드 연구소(Rand Corporation)에서 참여관찰의 방법을 사용해서 전략가들이 사용하는 언어를 분석했다. 그녀는 이들의 언어 역시 매우 남성적임을 발견했는데, 예를 들어 그녀는 남성 전략가들이 핵미사일을 '깊숙한 삽입자(deep penetrator)'라고 부르며, 미사일을 '애무한다(patting)'는 성적인 표현을 사용한다는 것을 볼 수 있었다. 그렇지만 그녀는 이들이 전혀 다른 종류의 언어도 사용한다는 사실에도 주목했다. 미사일 저장소를 헛간이라고 한다든지, 핵미사일을 크리스마스트리라고 하는 것이 그러한 사례였다. 더욱 흥미로운 발견은 이들의 어휘 목록에

Egg," *Nature* 383(1996), pp. 485–486과 http://zwww.webmd.com/content/article/51/40790.htm 참조.

24) Brian Easlea, *Fathering the Unthinkable: Masculinity, Scientists and the Nuclear Arms Race*(London: Pluto, 1983). 그의 *Science and Sexual Oppression: Patriarchy's Confrontation with Woman and Nature*(London: Weidenfeld & Nichoson, 1981)도 참조.

서 금지된 단어도 있었다는 것이다. 예를 들어 보통 사람들이 자주 사용하는 '평화'와 같은 단어를 전략가들은 전혀 사용하지 않았는데, 이러한 금기어는 주로 인간의 기나긴 노력이 농축되어 있고 다양한 감정과 느낌을 포괄해주는 용어였다. 이들은 평화라는 단어 대신에 '전략적 안정'이라는 단어를 사용했고, '사망자수' 대신 '부수적 피해'라는 용어를 사용했다. 콘은 이러한 분석으로부터, 이들이 사용하는 언어가 전략가들로 하여금 새로운 방식으로 핵전략을 생각할 수 있게 해주는 기능을 한다고 결론지었다. 간단히 말해서 이러한 언어들은 끔찍한 전쟁을 그저 흥미로운 게임인 양 말할 수 있게 해주면서, 동시에 핵무기의 진짜 위험에 대해서는 눈을 돌리게 했던 것이다. 전략가들은 핵전쟁을 마치 컴퓨터 모의실험(simulation)처럼 논하곤 했는데, 핵무기에 대한 사회적 우려는 핵무기에 대한 기술적(technical) 토론에서 철저하게 배제되었다. 이들의 남성적인 언어는 공격적 남성성의 표출이었다기보다는, 핵전쟁에 대한 분석을 가치중립적이고 사회와는 무관한 것으로 만든 일종의 '가면'이었다. 2차 세계대전 중의 맨해튼 계획에서 과학자들이 원자폭탄을 '장난감(gadget)'이라는 암호로 불렀던 것도 비슷한 종류의 은폐 기능을 담당했다고 볼 수 있다.[25)]

페미니스트 과학사학자인 에블린 폭스 켈러는 생식과는 무관한 과학 영역에 존재하는 성별화된 언어에 초점을 맞추어, 디엔에이(DNA)를 '주인 분자(master molecule)'로 부르는[26)] 분자생물학의 '중심 도그

---

25) Carol Cohn, "Sex and Death in the Rational World of Defence Intellectuals," *Signs* 12(1987), pp. 687–718; idem., "Slick'ems, Glick'ems, Christmas Trees and Cookie Cutters: Nuclear Language and How We Learned to Pat the Bomb," *Bulletin of Atomic Scientists* 43(1987), pp. 17–24. 냉전 시기의 전쟁과 컴퓨터의 관계에 대한 에드워즈의 연구도 전쟁과 게임의 은유가 예전부터 널리 퍼져 있던 것임을 보여준다. Paul N. Edwards, "The Army and the Microworld: Computers and the Politics of Gender Identity," *Signs* 16(1990), pp. 102–127.

26) 마스터(master)에는 주인이라는 뜻 외에도 '가장(家長)'이라는 뜻도 있다.

마(central dogma)'에서 성별화된 담론의 좋은 사례를 찾아볼 수 있다고 주장했다.[27] 중심 도그마에 의하면 디엔에이(DNA)는 세포 분화를 비롯한 세포 동역학의 모든 기능을 통제하는 '주인'이었고, 이에 비해서 세포질은 이 과정과 무관하거나 기껏해야 부수적인 역할을 하는 존재였다. 흥미로운 사실은 디엔에이(DNA)가 세포핵에 존재하고 정자의 거의 대부분이 세포핵으로 구성되어 있는 데 반해서, 난자는 세포질 같은 '불필요한' 부분들을 잔뜩 가진 존재라고 간주되었다는 것이다. 즉 '남성 대 여성' '통제 대 복종' '주인 대 하인' '세포핵 대 세포질' '정자 대 난자' '부계의 공헌 대 모계의 공헌'이라는 일련의 대비는 눈에 보이지 않는 체인을 형성한 채로 20세기 생물학자들의 상상력을 오랫동안 지배한 은유였던 것이다. 켈러는 1970년대에 독일의 생물학자 크리스티안네 뉘슬라인-폴하르트가 생식 이전의 초파리 난자 세포질의 중요한 기능을 밝힌 연구를 필두로, 유전자와 세포의 지속적인 상호 작용으로 생물학자들의 관심이 이전되고, 이에 따라 유전자 작용(gene action) 담론도 유전자 활성화(gene activation) 담론으로 바뀌었다는 것을 강조했다. 1990년대가 되면 유전자가 유기체를 통제하는 것이 아니라, 유기체가 유전자를 통제한다는 새로운 담론이 나타날 정도였다. 새로운 언어가 새로운 과학의 도래를 보여주는 표식이었던 것이다.[28]

4. 페미니스트 과학이란 존재하는가

난자와 정자, 세포핵과 세포질에 대한 비유와 담론의 경우를 보면

---

27) Evelyn Fox Keller, "Gender and Science: Origin, History and Politics," *Osiris* 10(1995), pp. 26-38.

28) 에블린 폭스 켈러, 「과학과 성 연구」, 오조영란·홍성욱 엮음, 『남성의 과학을 넘어서』(창작과비평사, 1998), 60-65쪽.

젠더의 차이를 조장하는 과학이 18-19세기에 국한된 것이 아니라 지금 우리 주변에도 여전히 존재하고 있음을 알 수 있다. 그렇지 않은 대안적인 과학이 존재할 수 있는가? 우리는 그러한 대안적 과학에 대해서 '페미니스트 과학' 이라는 이름을 붙일 수 있는가? 사회과학자인 프란체스카 케인시안은 정량적인 방법을 사용하는 사회과학이 백인 남성의 이데올로기를 반영한 것이라고 비판하면서, 페미니스트 과학은 젠더와 불평등, 여성의 경험, 실천, 기존 연구에 대한 비판, 참여적인 방법에 기반을 둔 과학이어야 한다고 주장했다. 그녀는 이러한 과학이 기존의 사회과학의 편협한 객관성을 극복하고 더 평등한 객관성을 확보할 수 있다고 보았다. 그러나 이러한 주장에 대해서 다른 페미니스트 사회과학자들은 페미니스트 집단이 하나가 아니듯이 페미니스트들이 수행하는 과학적 연구 역시 하나가 아니라는 점을 강조하면서 서로 다른 접근 방법의 역할 분담과 협력이 페미니스트의 이상임을 강조하기도 했다.[29)]

자연과학의 영역에서는 페미니스트 과학이라는 말이 몇 가지 다른 뜻으로 사용되었다. 예를 들어 어떤 사람들은 페미니스트 과학이 여성 과학자와 남성 과학자의 숫자나 영향력이 서로 동등한 과학을 의미하는 것이라고 했고, 다른 이는 페미니스트 과학을 근대 과학의 남성중심적이고 지배적인 특성이 제거된 새로운 과학으로 보았다. 또 과학을 '여성다운' 방식으로 하는 것이 페미니스트 과학의 핵심이라고 말하는 사람들도 있었다. 특히 마지막 부류의 사람들은 여성에게는 과학을 하는 고유하고 독특한 방식, 즉 남자들과는 다른 그 무엇이 있다고 본다. 켈러가 보여준 맥클린톡의 옥수수 실험처럼, 이러한 여

---

29) Francesca M. Cancian, "Feminist Science: Methodologies That Challenge Inequality," *Gender and Society* 6(1992), pp. 623-642와 이에 대한 비판인 Barbara J. Risman, Joey Sprague and Judy Howard, "Comment on Francesca M. Cancian's 'Feminist Science'," *Gender and Society* 7(1993), pp. 608-609 참조.

성적인 방식은 객관과 주관, 혹은 정신과 자연의 경계를 엄격하게 구별하는 것을 거부하고, 자연에 침입하고 통제하는 방법론보다는 자연과 대화하거나 상호 작용하는 방법론을 사용하는 것을 포함한다.

이 시점에서 맥클린톡에 대한 켈러의 주장과 또 다른 저명한 여성주의 이론가인 하딩의 주장을 비교해보는 것도 흥미롭다. 하딩은 1980년대에 '여성들의 억압된 지위가 더 완전하고 덜 왜곡된 이해의 가능성을 제공한다'는 '페미니스트 입장론적 인식론(feminist standpoint epistemology)'을 제시했다. 페미니스트 입장론은 사회 관계를 이해하는 데 머무는 것이 아니라 이를 변화시키는 것을 꾀하는데, 이것이 가능한 이유는 이러한 인식론이 단순한 여성의 경험이 아닌 사회 집단으로서의 여성의 다음과 같은 다섯 가지 특성에 기반하기 때문이다. 첫째로는 남성 부르주아 과학이 자본주의 체제 하에서 육체 노동과 정신 노동으로 분리되어 수행되는 반면 여성의 경험 속에서는 주체와 대상, 주관적 지식과 객관적 지식이 구별되지 않는다는 것이며, 둘째로는 여성들의 활동은 '감각적이고 구체적이고 관계를 중요시하는 활동'으로 구체적인 현실에 '참여'하지 않는 남성들에게는 불가능한, 자연과 사회의 여러 측면에 접근이 가능하다는 것이다. 세 번째로는 페미니스트 인식론이 남성들이 유아기에 억압하고 숨겨놓은 철학적 딜레마를 드러내 해결해줄 수 있으며, 넷째로 이것은 여성의 경험을 남성적인 관념의 도식으로 설명해야 하는 현실 때문에 여성 과학자들이 겪는 분열에 대한 대안이 될 수 있다는 점이다. 마지막으로 이러한 페미니스트 과학은 '사회 변화에 의해 창조된 새로운 종류의 역사적 인간이 자연과 사회 생활을 이해하는 방식의 표현'이라는 특성을 가진다.[30)]

---

30) 산드라 하딩, 이재경·박혜경 옮김, 『페미니즘과 과학』(이화여자대학교출판부, 2002), 제6장. 원저작은 *The Science Question in Feminism* (Ithaca: Cornell University Press, 1986). 하딩은 이 책에서 페미니스트 인식론에 페미니스트 경험론, 입장론, 포스

근대 과학은 과학의 가치중립성, 즉 과학의 관심사가 사회적, 정치적, 도덕적 관심사와 구별된다는 이상을 강조하곤 했는데, 하딩은 이러한 가치중립성으로부터 현재 우리가 가지고 있는 과학의 모든 문제들—과학의 군사적, 제국주의적, 자본주의적, 남성적인 문제들—이 발생했다고 본다. 그러므로 페미니스트 과학의 임무는 과학의 관심사가 넓은 사회적, 정치적, 도덕적 문제들과 통합되는 과학의 새로운 모델을 제안하는 것이 된다. 이러한 목적을 가지고, 하딩은 1640년대와 1650년대 영국의 청교도 혁명기 동안 과학과 사회의 통합을 주장했던 '신과학운동'에 주목한다. 그 이유는 그녀가 이 청교도 과학이 반권위주의적, 진보적, 민주적(참여적), 교육의 측면에서 개혁적, 인본주의적, 그리고 과학과 신학적·철학적인 진리의 조화라는 여섯 가지 요소로 특징지어졌다고 보기 때문이다. 그녀는 이 여섯 가지의 특징들이 과학에 대한 페미니스트적인 이상에 멋지게 부합한다고 강조한다. 물론 마지막 요소인 '과학과 신학적·철학적인 진리의 조화'라는 부분이 '과학과 도덕적·정치적 이해의 조화'라고 대체되기만 한다면 말이다. 하딩에게 20세기 페미니스트 과학은 전혀 존재하지 않았던 대안적인 과학을 창조하는 것이 아니라, 근대 과학 초기에 실제로 존재했던 과학의 이상을 복원하고 계승하는 것에 다름 아니었다.[31]

그런데 이렇게 급진적인 페미니스트 과학이 실제로 존재할 수 있는가? 전통적인 과학철학자, 페미니스트 철학자, 페미니스트 과학기술학

트모더니즘이라는 세 가지 형태가 있음을 보였다. 그녀는 페미니스트 입장론에 가장 우호적이었지만, 일관성 없는 세상에서 일관적 이론을 선택하는 것이 의미가 없음을 강조하면서 이중 어느 하나를 다른 하나에 우월한 것으로 선택하지는 않았다. 이러한 그녀의 입장은 '강한 객관성'이라는 개념을 제시한 *Whose Science? Whose Knowledge? Thinking from Women's Lives*(Ithaca, NY: Cornell University Press, 1991)에서 수정된다. Sandra Harding, "Women's Standpoint on Nature: What Makes Them Possible?" *Osiris* 12(1997), pp. 186-200도 참조.

31) 산드라 하딩, Ibid., 제9장.

(STS) 학자들은 만일 여성주의 과학이 우리가 지금 알고 있는 과학과 근본적으로 다른 내용과 방법을 갖는 새로운 과학의 창조를 의미하며, 이러한 새로운 과학이 억압된 여성들에 의해서 이루어진다고 보는 것이라면, 여기에는 여러 가지 문제가 있을 수 있다고 지적한다. 과학철학자들과 페미니스트 학자들이 공통적으로 지적한 것은, 억압된 지위를 갖는 여성들이 세상에 대한 더 완전한, 덜 왜곡된 지식을 가질 수 있다는 주장의 철학적 근거가 약하다는 것이다. 하딩은 자신의 입장론(standpoint theory)이 19세기 사상가 마르크스, 과학철학자 콰인과 토머스 쿤, 그리고 1980년대 이후의 사회구성주의 스트롱 프로그램에 기반한 것이라고 했는데, 이 어느 것도 사회적 약자가 덜 왜곡된 지식을 획득할 가능성이 높다는 것을 이론적으로 지지하지 않는다. 특히 마르크스주의는 1970년대 이후 포스트모더니즘과 탈구조주의가 페미니즘에 들어오면서 낡은 이론으로 용도 폐기했던 것이었다. 게다가 하딩의 입장론은 억압된 여성이라는 집단이 오직 하나의 동일한 입장을 취한다는 가정에 근거하고 있는데, 이는 하나의 페미니즘은 물론 단일한 여성 집단도 존재하지 않는다는 페미니즘의 기반을 무시한 것이다. 남성과 여성 사이뿐만 아니라, 여성들 사이에도 좁혀지지 않는 차이가 엄연히 존재하는 것이 우리의 현실이기 때문이다.[32)]

과학이 문화적 산물이라면, 우리는 문화를 바꾸거나 문화를 구성하

---

32) 전통적인 과학철학의 입장은 Cassandra L. Pinnick, "Feminist Epistemology: Implications for Philosophy of Science," *Philosophy of Science* 61(1994), pp. 646–657 참조. 페미니즘 내에서의 반론은 Helen E. Longino, "Feminist Epistemology as a Local Epistemology," *Proceedings of the Aristotelian Society* 71(1997), pp. 19–35, 특히 pp. 31–32; Susan Hekman, "Truth and Method: Feminist Standpoint Theory Revisited," *Signs* 22(1997), pp. 341–365 참조. 사회구성주의와 페미니즘 사이의 긴장과 화해의 가능성을 모색한 글로는 Stefan Hirschauer and Annemarie Mol, "Shifting Sexes, Moving Stories: Feminist/Constructivist Dialogues," *Science, Technology & Human Values* 20(1995), pp. 368–385가 있다.

는 새로운 담론들을 창조해냄으로써 과학을 바꿀 수 있을 것이다. 그러나 과학과 사회에 대한 연구들은, 특히 과학적 지식 형성의 초기 단계에 개입하고 영향을 주는 우연성과 맥락적(contextual) 요소가 시간이 흐름에 따라 걸러지고 탈맥락화하는 과정 또한 보여준다. 따라서 현재의 과학이란 맥락화와 탈맥락화가 거듭된 복잡한 역사적 과정의 결과이다. 이렇게 과학은 사회와 함께 진화해 왔으며, 그래서 과학은 지금 우리의 사회-기술-과학적 연결망의 한 부분이다. 우리가 과학에 대해서 이야기할 때, 사실 우리는 '과학-사회 꾸러미'에 대해서 이야기하고 있는 것이다. 아프리카 부족의 우주론이나 아메리카 인디언들의 자연철학이 아마도 우리의 과학보다 자연과 더 조화롭다 하더라도 그것들을 우리 사회에 주입시킬 수는 없는 노릇이듯이, 우리가 추상적이고 기계적인 과학적 세계관이 싫다고 해서 식당에서 메뉴를 바꾸듯 지금의 과학을 간단하게 바꿀 수는 없는 것이다. 과학과 사회에 대한 과학기술학(STS) 연구들이 함의하는 바는 과학을 쉽게 바꿀 수 있다는 것이 아니라, 과학을 바꾸는 것이 점진적이고 오랜 과정이라는 것이다. 페미니스트 과학도 이러한 관점에서 다시 생각해볼 필요가 있다.[33)]

페미니스트 과학기술학자인 해러웨이는 현재의 과학과는 다른 여성주의 과학을 지향하는 입장에 모순이 있다고 본다. 지금의 과학과는 다른 새로운 과학의 가능성을 얘기하기 위해서는 과학이 사회적, 역사적 요인에 의해서 우연히 결정된다는 사회구성주의(social constructivism)를 받아들여야 하며, 왜곡된 남성적 과학이 아닌 진정한 과학이 존재한다고 얘기하기 위해서는 사회구성주의와는 정반대인 경험적 실재론을 믿어야 하기 때문이다. 해러웨이는 사회구성주의와

---

33) Helen E. Longino, "Can There be a Feminist Science?" *Hypatia* 2(1987), pp. 51-64; *Science as Social Knowledge: Values and Objectivity in Scientific Inquiry* (Princeton: Princeton University Press, 1990).

경험주의를 모두 극복하는 방안으로 '상황적 지식(situated knowledge)'이라는 개념을 제안하는데, 간단히 말해서 이 개념은 모든 사람(혹은 그룹)의 비전이 그 사람(혹은 그룹)의 시시각각 변하는 아이덴티티에 의해서 구성되기 때문에 궁극적으로 부분적일 수밖에 없다는 인식에서 출발한다. 모든 지식은 부분적이며 상황적이기 때문에, 여성의 눈으로 과학을 한다고 페미니스트 과학이 만들어지는 것도, 현대 과학에서 남성성을 걷어냄으로써 진정한 페미니스트 과학을 얻을 수 있는 것도 아니라는 것이다. 오히려 인식의 객관성이라는 것은 한 개인의 지식의 부분성과 상황성을 성찰적으로 비판하는 데에서 비롯된다는 것이 그녀의 주장이다. 이러한 성찰성은 세계를 정밀하게 측정되고 조작되는 수동적인 존재로 보는 관점에서 탈피해서 자연을 독자적인 행위 능력과 상호 작용 능력을 가진 것으로 보는 관점의 변화를 요구한다. 대상은 행위자이지 지식의 근거나 원천이 아닌 것이다. 이렇게 볼 때 과학은 넓은 의미의 대화 혹은 상호 작용이 된다. 즉 해러웨이는 상황적 지식을 통해서 과학자들이 자연의 외부나 우위에 있다고 생각하는 전통적인 인식론에서 탈피해서, 자연과 동등한 수준에 있는 것으로 스스로를 상상하는 새로운 태도를 발전시킬 수 있는 가능성을 제시하고 있는 것이다.[34)]

맺는말: 가능하고도 장기적인 대안을 위하여

이 장의 서두에서 언급한 문제로 다시 돌아가보자. 지난 30년 동안 과학에 유입되는 여성 인력이 꾸준히 늘었던 서구에서도 고급 직종에 자리를 잡은 여성 과학자의 비율은 아직도 저조하다. 이는 같은 과정

34) Donna Haraway, "Situated Knowledge: The Science Question in Feminism and the Priviledge of Partial Perspective," in *Simians, Cyborgs and Women: The Reinvention of Nature*(New York: Routledge, 1991), pp. 183-201.

을 시작한 우리나라의 경우에도 비슷하다. 이 문제를 심각하게 다루고 있는 최근의 연구는 법률과 같은 제도적인 한계에서 원인을 찾거나 현대 과학이 명백하게 남성적이어서라고 주장하기보다는, 우리가 거의 의식하지 못하고 지나가는 일상에서의 성별화된 접촉, 언어, 태도, 경험에서 원인을 찾을 수 있다고 지적한다. 특히 남성 과학자가 운영하는 실험실에서 일하는 여학생의 경우에 지도교수와의 비공식적인 접촉이 남학생보다 떨어진다든가, 아니면 수업 시간에 학생들이 젊은 여교수나 여강사의 강의를 슬쩍 무시한다든가 하는 반응이 여성으로 하여금 젠더의 차이를 내재화하도록 하며 결국 대학 같은 연구공간에 뿌리를 내리지 못하게 하는 중요한 요인이 될 수 있다는 것이다. 고용할당제 같은 정책만큼이나, 아니 어쩌면 그보다 더 중요한 변화는 일상의 대화나 접촉에서 남녀의 평등을 보장하는 것이다. 멘토-멘티(mentor-mentee)의 평등하고 바람직한 관계에 대한 프로토콜을 학과에 비치하는 것이 이러한 문제를 극복하는 한 가지 방법이 될 수 있지만, 궁극적으로는 여성 과학자에 대해 아직도 뿌리 깊게 남아 있는 사회적 편견을 극복하는 것이 이 문제를 해결하는 열쇠라고 볼 수 있다. 이렇게 봤을 때, 여학생, 젊은 여성 과학자, 중견 여성 과학자의 수가 계속 늘어나서 여성이라는 존재가 가시화되는 것은 (아이러니컬하게도) 남성들에게 여성에 대한 편견을 완화시켜주고 문제의 점진적 해결을 이끌어내는 중요한 출발점이 될 수 있다.[35)]

페미니스트 과학에 대해서도 같은 방식으로 생각이 가능하다. 과학이 사회와 문화라는 맥락 속에서 구성되고 발전하기 때문에, 급진적이지는 않더라도 '부드러운' 의미에서 페미니스트 과학의 가능성을

35) Mary Frank Fox, "Women, Science and Academia: Graduate Education and Careers," *Gender and Society* 15(2001), pp. 654-666; Paula Mahlck, "Mapping Gender Differences in Scientific Careers in Social and Bibliometric Space," *Science, Technology & Human Values* 26(2001), pp. 167-190.

모색하는 것은 의미가 있다. '여자가 무슨 과학!' 같은 교육·문화적 담론을 비판하고 이를 대체할 수 있는 새로운 담론을 확산하며, 과학대중화 운동을 통해서 여성 과학자의 '역할모델'을 정립하고, 대학원 이상의 고등교육 기관에서 여성의 비율을 높이고, 과학에서 성차별적인 담론과 은유를 비판적 시각으로 고찰해서 이에 대한 대안을 제시하고, 여성의 몸을 대상으로 하는 의학, 심리학, 생물학 연구에 성찰적인(reflexive) 잣대를 요구하며, 과학기술의 사회적 의미에 대한 여성들의 감수성을 높이는 것 모두가 부드러운 의미의 페미니스트 과학이라고 할 수 있는 것이다. 사실 지금까지 이러한 노력이 부단히 지속되었으며, 그 결과 영장류학, 고인류학, 여성의 몸을 대상으로 하는 의학의 몇몇 영역에서는 여성에 대한 노골적인 편견과 왜곡이 상당 부분 수정되었다. 앞으로도 이러한 노력은 근거 없이 여성 연구자를 차별하는 과학계의 관행을 바로잡을 수 있고, 과학자 사회의 소통의 동역학을 더 다양한 것으로 만들 수 있으며, 남성들이 관심을 덜 가졌던 주제를 조망함으로써 연구의 방향을 다양하게 만들 수 있다. 페미니스트 과학은 근대 과학의 남성성을 단숨에 걷어내거나 억압받는 여성의 우월한 인식론적 기반을 기초로 해서가 아니라, 수백 년간 지속된 차별과 배제의 언어, 이론, 담론, 세계관, 제도 등을 남녀 모두에게 평등한 형태로 바꾸는 노력의 결과로서 일상이 변화하면서 서서히 만들어질 수 있을 것이다.[36)]

---

36) Evelyn Fox Keller, "Developmental Biology as a Feminist Cause?" *Osiris* 12(1997), pp. 16–28. Londa Schiebinger, "Creating Sustainable Science," *Osiris* 12(1997), pp. 201–216; Kristina Rolin, "Why Gender Is a Relevant Factor the Social Epistemology of Scientific Inquiry," *Philosophy of Science* 71(2004), pp. 880–891.

제6장

과학과 법

21세기에 과학은 확실한 지식의 권위로서, 기술혁신과 경제발전의 원천으로서, 그리고 철학과 예술의 영감의 근원으로서 그 어느 시기보다 더 높고 고상한 지위를 부여받고 있다. 사람들은 다른 지식과 달리 과학을 확실하며, 객관적이고, 합리적이며, 보편적인 지식으로 간주한다. 과학의 객관성과 보편성은 지금의 과학 교과서들이 전 세계적으로 거의 비슷하며, 과학자들이 공통의 학술지를 통해서 소통하는 것을 보면 알 수 있다. 법학은 물론, 공학, 사회과학, 심지어 인문학까지도 자연과학의 객관성과 보편성을 모방하려고 노력한다. 아마도 대부분의 사람들에게 과학이 사실을 다루고 진리를 추구한다는 명제는 너무나 자명해서 상투적으로까지 들릴 것이다.

법은 정의를 추구한다. 그런데 과학의 진리와 달리 법이 추구하는 정의에는 보편적인 측면도 있지만, 지역의 특성을 반영한 사회문화적 측면도 존재한다. 어떤 지역에서는 범죄라고 간주되는 것이 다른 지역에서는 도덕적인 규범의 문제라고 간주되기도 한다. 이는 정의가 사실의 문제라기보다는 규범적이고 도덕적인 문제, 즉 일정 정도는 사회 구성원들이 합의한 관습적인 문제라는 데에서 기인한다. 물론 모든 인간에게 공통적으로 적용될 수 있는 자연법을 추구하는 전통은 아직도 존재하지만, 전 세계적으로 통용되는 법률이나 법전은 실질적으로 존재하지 않는다. 법은 과학과 달리 제한적으로만 보편적이다.

그렇지만 우리는 동시에 법이 추구하는 정의가 사실과 진실에 기반해야 한다고 생각한다. 법원 앞에서 볼 수 있는 '정의의 여신상'은 한 손에 법전이나 칼을, 다른 손에는 저울을 들고 있다. 또 눈을 가리고 있는 여신상도 있다. 법전과 칼은 엄격한 법 집행을 의미하고, 저울이나 가려진 눈은 공평함을 추구함을 상징한다. 법이 만인에 평등하다는 얘기는 이러한 공평성을 담고 있기 때문에 가능하다. 법은 공평한 판단을 통해서 사안의 진실에 도달하는 것을 목표로 하며, 이러한 맥락에서 '정의의 과학'이라고 불린다.

문제는 과학과 법이 진리에 도달하기 위해서 사용하는 방법이 상이하다는 것이다.[1] 과학은 실험과 관찰, 수학적 이론과 모델 등을 사용해서 다양한 방식으로 자연을 탐구한다. 이러한 탐구 결과는 과학자 공동체에서 발표되고, 이후 동료 과학자들에 의해서 논의되고 검토된다. 이 과정에서 처음에 제시된 견해와는 다른 견해가 제시되는 경우도 많으며, 견해의 불일치는 일정한 기간에 걸쳐서 다양한 방식으로 검증되면서 그중 하나가 선택되거나 절충되는 방식으로 해소된다. 빛의 파동론과 입자론처럼 200-300년을 거치면서 계속 논쟁을 했던 사례도 있고, 상식과는 다른 결과임에도 불구하고 과학자 사회에서 단숨에 진리로 받아들여진 사례도 있다. 따라서 과학철학자 칼 포퍼의 '반증가능성 테제(과학적 방법론의 핵심이 명제의 검증이 아닌 반증에 있다고 보는 것)'에 동의하지 않더라도 우리는 과학의 발전 과정이 그 본질에서 열려 있다는 데에는 쉽게 동의할 수 있다.

---

1) Susan Haack, "Truth and Justice, Inquiry and Advocacy, Science and Law," *Ratio Juris* 17(2004), pp. 15-26.

반면에 법은 법정에서 진실에 도달할 수 있다고 본다. 서로 상충되는 견해가 존재하고, 무죄라고 주장하는 변호인과 유죄라고 몰아세우는 검사가 팽팽하게 맞서도 결국은 진실을 알 수 있다고 보는 것이다. 이를 위해서 법정은 오랜 시행착오 끝에 지금 형태의 당사자주의(adversarial system)를 발전시켰다. 당사자주의의 핵심은 반대심문(cross-examination)인데, 이에 따르면 쟁점을 두고 다투는 양측은 자신들의 입장을 지지하는 증인을 소환할 수 있고, 변호사와 검사는 (혹은 양측의 변호사들은) 상대편 증인의 신뢰성을 검증할 수 있는 질문을 던져서 이들로 하여금 진실을 얘기하게끔 한다는 것이다. 판사는 이들의 증언을 종합해서 누가 진실을 말하는가를 판단하는데, 한 명의 판사에게 그 판단을 맡기는 것이 문제가 있다고 생각되어 복수의 판사제도나 배심원 제도가 도입되었다. 12명의 배심원들이 만장일치로 판단을 할 경우에는 오판의 가능성이 훨씬 더 줄어든다는 것이다.

이러한 제도에서 변호사나 검사는 상대방 증인이 진실을 얘기하는지 혹은 거짓을 얘기하는지를 결정적으로 판단할 수 있는 객관적인 증거를 찾기 마련이며, 바로 이 지점에서 과학이 다시 법정에 등장한다. 사람들은 과학이 가진 객관적 특성에 근거하여 법정에 제시된 과학적 증거 역시 움직일 수 없이 객관적이라고 생각하는 것이다. 법의학 과학자들이 분석한 사망원인, 혈액형, 지문, 디엔에이(DNA) 검사 등은 법정에서 강력한 증거로 기능한다. 그러나 문제가 되는 과학적 증거도 있다. 거짓말 탐지기는 능수능란한 거짓말쟁이에게는 통하지 않고, 거꾸로 심약한 사람은 참말을 해도 거짓말로 읽힌다. 최근 미국에서는 지문이 법정에서 받아들일 수 없는 증거로 판결이 난 경우도 있었는데, 이는 오랫동안 과학적 증거라고 간주되어오던 것이 그 신뢰성을 잃어버린 경우에 해당한다. 디엔에이(DNA) 검사는 오류의 가능성 때문에 초기에는 숱한 논쟁을 불러일으켰지만, 1990년대 이후에 급속도로 법정에서 채택되었다.

이처럼 법의학의 영역에서도 문제가 되는 것이 있지만, 법의학의 범위를 벗어나면 과학적 증거의 설득력은 더 큰 논란의 대상이 된다. 우리는 종종 영화나 소설에서 살인자가 다중인격자이기 때문에 살인에 대한 책임이 없다고 주장하는 피고 측 심리학자의 증언에 정반대의 주장을 펴는 심리학자를 법정에 세우는 검찰을 볼 수 있다. 사실 이러한 상황은 영화에서만 가능한 것이 아니라 실제 재판에서 자주 등장한다. 교통사고 관련 재판에서 서로에게 유리한 증인을 불러 세우듯이, 자신의 입장을 지지해주는 과학기술자나 전문가를 증인으로 채택하는 것은 별로 어려운 것이 아니다. 예를 들어, 암을 유발한 작업환경에 대한 피해배상을 둘러싼 재판은 종종 이를 뒷받침하는 전문가와 이를 논박하는 전문가들 사이의 싸움으로 바뀐다. 이는 과학자들이 돈이나 권력에 매수되었기 때문이라기보다는 현실의 복잡한 문제에 대해서는 전문가들 사이에도 상이한 의견이 존재할 수 있기 때문이다. 문제는 이러한 갈등이 법정에서 부딪칠 경우에 판사나 배심원이 그중 한쪽의 손을 들어준다는 데에 있다. 이러한 문제 때문에 어떤 과학자는 법정에서의 논쟁과 법원에 의한 판결이 과학에 득이 되는 경우가 없다고 주장하면서, 과학자들에게 법정에 증인으로 출석하지 말 것을 요청하기도 한다.

과학과 법은 전문가 증인이나 법의학이라는 연결 고리 외에도 다양한 연결 고리를 가지고 있으며, 이 장에서는 과학과 법 사이의 다양한 상호 작용을 17세기 과학혁명기부터 살펴볼 것이다. 지금 우리가 표방하는 '과학적 세계관'의 골격이 완성되었던 16~17세기 과학혁명은 전통적으로 철학과 신학을 위해서 봉사하던 작은 학문 분야였던 과학이 확실한 지식으로 인정받으면서 다른 지식의 모델이 된 역사적 과정으로 해석될 수 있다. 과학혁명기 동안의 과학과 법률과의 관계도 처음에는 과학(자연철학)이 법률로부터 여러 가지 개념과 사상을 빌려오는 식으로 시작되었다가, 과학적 지식의 확실성이 확립되면서 그 관계가 역전되었다. 다음 절에서는 과학혁명기 동안의 과학과 법의 관계를 다루고, 이후 절들에서는 전문가 증인이나 과학적 증거처럼 법정에서 과학의 지위와 관련된 주제들을 역사적으로 고찰할 것이다. 맺는말에서는 이러한 논의에 기초해서 과학과 법의 관계를 개념화하는 바람직한 방향에 대해서 언급할 것이다.

1. 과학혁명기 동안 과학과 법의 관계

과학혁명기 동안에 과학(자연철학)은 다른 학문 분야와 영향을 주고받으면서 발전했다. 17세기가 되면 이미 과학은 신학의 시녀에서 벗어났지만, 과학자들은 여전히 종교적인 태도를 지닌 채로 과학 활동을 수행했다. 영국의 실험과학자 로버트 보일과 뉴턴은 자신들의 과학이 세상을 관통하는 신의 섭리를 발견하는 활동이라고 강조했다. 또 과학은 인간에 대한 새로운 관념을 제창함으로써 철학에도 많은 영향을 주었다. 예를 들어, 갈릴레오와 데카르트의 기계적 철학은 토머스 홉스의 정치철학에 영향을 주었다. 과학혁명기 동안 과학과 법률 사이의 상호 영향은 과학과 철학 혹은 과학과 신학의 상호 영향에 비해서는 덜 알려져 있지만, 양자의 발전에 결정적으로 중요한 역할을 하기는 마찬가지였다. 과학혁명기 동안 과학과 법률의 상호 작용은 다음 세 가지 차원에서 찾아질 수 있다.

첫 번째는 자연과학에서의 '자연법칙(law of nature)'의 개념이 법률과 신학의 영역에서 유래되었다는 것이다. 1930년대와 1940년대에 걸쳐서 중요한 과학사회학적인 연구를 내놓았던 질셀은 과학에서의 자연법칙이라는 생각이 나타나게 된 배경으로 입법자로서의 신의 개념과 강력한 군주제 법률의 조우를 꼽고 있다. 입법자로서의 신은 유대-기독교 전통에서 찾아볼 수 있었던 개념이다. 따라서 이러한 개념이 없던 플라톤과 아리스토텔레스 같은 고대 그리스의 자연철학자들은 자연의 법칙이라는 개념을 생각하지 못했으며, 같은 시기의 소피스트들은 의지가 없는 자연이 법칙을 따라서 움직인다는 생각이 자가당착이라고 보았다. 기독교가 지배적이었던 중세에는 입법자로서의 신이라는 개념이 널리 퍼져 있었지만, 단일한 법률로 모든 백성을 다스리는 강력한 군주제가 발달하지는 않았다. 질셀은 16세기에서 17세기를 거치면서 유럽에 봉건 정치체제가 붕괴하고 한 명의 왕이, 단일한 법률을 사용해서 국가를 다스린다는 생각이 널리 퍼지면서 비로소 자연법칙이 등장할 수 있는 조건이 만들어졌다고 보았던 것이다.[2)]

질셀에게 신이 자연에 법칙을 부여해서 이를 관장한다는 생각이 등장한 것은 당시 국가 구조의 변화, 즉 봉건 중세 사회에서 절대 군주의 근대 사회로의 변화와 궤를 같이한 것이었다. 모든 사람에게 적용되는 강력한 '법률'이 만들어지고 여기에 입법자로서의 신이라는 개념이 결합되면서 과학에서의 자연법칙이라는 생각도 받아들여지게 되었음을 잘 보여주는 증거는 절대왕정이 발달한 프랑스에서 자연법칙이라는 개념이 처음으로 뚜렷하게 등장했다는 것이다. 운동의 법칙을 제창한 프랑스 자연철학자 데카르트는 자연이 따르는 자연법칙이라는 개념을 최초로 명확하게 제시한 사람이었다. 이후 보일, 후크와 같은 과학자들도 자연법칙이라는 용어를 사용했고, 뉴턴은 자신의 유명한 운동법칙에서 자연법칙을 과학이 추구해야 할 궁극적인 목표로 제시했다. 지금은 과학의 거의 모든 영역에서 법칙이라는 개념이 사용되지만, 17세기에 등장한 과학의 법칙이라는 개념은 종교의 영역에

---

2) Edgar Zilsel, "The Genesis of the Concept of Physical Law," *The Philosophical Review* 51(1942), pp. 245-279. 질셀의 또 다른 유명한 논문 "The Sociological Roots of Science," *American Journal of Sociology* 47(1942), pp. 544-562도 참조. 질셀에 대한 최근의 평가로는 Wolfgang Krohn and Diederick Raven, "The 'Zilsel Thesis' in the Context of Edgar Zilsel's Research Programme," *Social Studies of Science* 30(2000), pp. 925-933 참조.

서 '입법자로서의 신', 그리고 법률의 영역에서 '법'의 개념을 빌려오면서 형성된 것이었다. 중국 과학사 연구가인 조지프 니덤은 중국 과학에서 자연의 법칙이라는 개념이 발달할 수 없었던 이유로 중국 사회에는 기독교적인 입법자로서의 신이라는 개념이 없었을 뿐만 아니라, 중국 사회가 성문화된 법률을 거부하면서 법적인 판단을 할 때 그때그때 상황에 맞는 윤리적 판단과 관습에 의존했다는 점을 들었다.[3)]

법률이 자연과학에 미친 두 번째 영향은 '사실(fact)'이라는 개념에서 찾아볼 수 있다. 중세 초기에는 육체에 모진 고통을 가하는 죄인 식별법(ordeal)을 사용해 재판을 했지만, 이러한 방법의 비합리성에 대한 불만이 지속적으로 제기되면서 12세기 중세 후기부터는 교회와 세속의 지배층들이 보다 더 합리적 판결의 토대를 마련하려 했다. 이 과정에서 중요하게 부각된 개념이 '사실'인데, 법정에서 사실은 '과거에 일어났던 인간의 사건 또는 행위'라는 뜻으로 정착되었다. 15-16세기를 통해서 법정의 배심원들은 사실의 문제(matter of fact)를 가리는 사람으로, 판사와 같은 법관은 법률의 문제(matter of law)를 판단하는 사람으로 그 역할이 정착되었다. 영국의 초기 코몬로(common law)의 경우에 배심원들은 사건의 전후사정을 잘 아는 피고의 이웃으로 구성되

3) Zilsel, "The Genesis of the Concept of Physical Law."; Joseph Needham, "Human Laws and the Laws of Nature in China and the West," *Journal of the History of Ideas* 12(1951), pp. 3-32. 질셀은 강력한 절대군주제의 성립 외에도 자본주의의 발달과 수학적 비례 등에 익숙했고 실험적 방법을 사용한 장인 계층의 등장이 과학적 법칙 개념의 등장에 핵심적 역할을 담당했다고 주장했다. 특히 자본주의와 근대 과학을 연관 지은 부분이 비판의 초점이 되었는데, 밀턴은 데카르트처럼 자연 법칙의 초기 주창자들이 이론적인 맥락에서 이를 주장했다고 강조했다. John R. Milton, "The Origin and Development of the Concept of the 'Laws of Nature'," *Archive of European Sociology* 22(1981), pp. 173-195. 또 다른 역사학자는 중세 철학자인 로저 베이컨 같은 사람이 '광학의 법칙'과 같은 표현을 사용했음을 보이면서 질셀의 해석에 의문을 제기했다. Jane E. Ruby, "The Origins of Scientific 'Law'," *Journal of the History of Ideas* 47(1986), pp. 34-59.

었다. 그렇지만 사회가 복잡해지면서 사건의 전후를 잘 모르는 배심원들이 평결에 참여하는 경향이 늘었고, 이들은 개인적 안면이 없는 사람들의 법정 증언을 들으며 그중 무엇이 사실인지를 스스로 판단해야 했다. 따라서 사실을 아는 자에서 사실을 평가하는 자로 역할이 바뀐 배심원들은 증언의 신뢰성을 판단해서 그 사실 여부를 따져야 했던 것이다. 배심원들의 능력으로는 공평성, 무사무욕, 분별력 등과 같은 능력이 꼽혔으며, 법정에서 증인이 하는 증언의 신뢰성을 판단하기 위해서 배심원들은 증인이나 목격자의 사회적 지위, 나이, 성, 분별력, 재산, 명성, 생활방식, 성실성 등을 고려하기 시작했다.[4)]

법정에서 목격자의 진술의 신뢰성을 판단하는 데 사용되던 기준은 법정 밖에도 영향을 주었다. 예를 들어, 근대 역사학에서 사료의 신뢰성을 판단할 때에도 법정에서 사용한 기준과 비슷한 기준이 적용되었다. 그렇지만 가장 큰 영향은 자연철학에서 나타났다. 17세기 자연철학자들은 실험실에서의 실험을 통해 자연에 대한 사실을 만들어낸다고 주장하기 시작했다. 그렇지만 당시 널리 퍼져 있던 아리스토텔레스 자연철학은 지금은 너무도 상식적으로 보이는 이러한 주장을 받아들이지 않았다. 따라서 실험실에서 만들어진 사실의 신뢰성을 확립하기 위해서 자연철학자들은, 마치 법정과 비슷하게, 자신의 실험을 목격한 증인을 내세웠으며, 특히 증인의 사회적 지위와 이로부터 추론되는 증언의 신뢰성을 강조했다. 또 실험을 보고할 때에도 아주 지루할 정도로 상세한 방식으로 실험을 기술했는데, 이는 논문을 읽는 사람들이 보고된 실험을 머릿속에서 재현해볼 수 있도록 함으로써 궁극적으로는 실험을 목격한 증인의 수를 늘려서 실험의 타당성을 높이는

---

4) Barbara J. Shapiro, "Testimony in Seventeenth Century English Natural Philosophy: Legal Origins and Early Development," *Studies in History and Philosophy of Science* 33(2002), pp. 243–263; idem., "The Concept of 'Fact': Legal Origins and Cultural Diffusion," *Albion* 26(1994), pp. 227–252.

방식이었다. 자연철학자들의 목표는 목격자의 신뢰성을 높이고 그 수를 늘려서 자신들이 얻어낸 실험 결과를 사실로 받아들이게 하는 데에 있었다. 진공을 둘러싸고 벌어진 보일과 토머스 홉스의 논쟁을 분석한 과학사학자 섀핀과 섀퍼는 보일과 같은 자연철학자들이 목격자의 수를 늘리는 것을 강조한 이유가, 역시 당시 복수의 목격자를 중시하는 방향으로 법률을 개정하려 했던 중도적인 법조인과 일종의 사회적 동맹을 형성하려고 했기 때문이라고 주장했다.[5)]

17세기 영국의 지식인들에게 사실은 인간의 역사와 자연의 역사 모두를 관통하는 것이었다. 홉스는 '사실의 지식을 기록한 것이 역사'라고 하면서, 역사에는 자연의 사실을 기록한 '자연사(natural history)'와 인간의 행동을 기록한 '인간사(civil history)', 두 종류가 있다고 주장했다. 사변적인 아리스토텔레스의 스콜라 철학을 비판하면서 새로운 자연철학의 방법론으로 사실의 기록, 즉 자연사를 강조했던 사람이 프랜시스 베이컨이었다. 1600년대 초엽에 베이컨은 이후 큰 영향을 미친 『학문의 진보』, 『신논리학』 등의 저서를 출판해서 실험과학의 방법론과 협동연구의 필요성을 제창했다. 그런데 베이컨은 초기에는 법률가로 활동하다가 나중에 자연철학으로 관심을 바꾼 사람이었음을 주목할 필요가 있는데, 그 이유는 바로 그가 '사실' 이라는 개념을 법률의 영역에서 자연철학의 영역으로 옮겨오게 한 결정적인 역할을 담당했기 때문이다. 베이컨은 '자연에서 얻은 사실들' 만으로 자연철학의 지식 체계를 구축해야 한다고 주장했다. 이러한 사실들은 관찰과 실험을 통해서 얻어졌으며, 실제로 일어난 일이라면 '다수의 증인' 을 가지고 있어야만 했고, 오류를 제거하기 위해서 여과와 검증 작업을

5) Steven Shapin, "Pump and Circumstance: Robert Boyle's Literary Technology," *Social Studies of Science* 14(1984), pp. 481–520; Steven Shapin and Simon Schaffer, *Leviathan and the Air-Pump: Hobbes, Boyle and the Experimental Life* (Princeton: Princeton University Press, 1985).

거쳐야 했다. 베이컨의 방법론은 왕립협회를 설립한 그의 정신적 후계자들에게 전승되었는데, 17세기 중·후반에 활동한 새로운 자연철학자들은 사실이 협회의 '회원들이 동의하는 증언'에 기초해야 한다고 강조했다.[6]

법과 과학의 상호 작용은 전자가 후자에 미친 영향에 국한되지 않는다. 이 절에서 다룰 마지막 세 번째 상호 작용은 과학이 법에 미친 영향에서 찾아질 수 있다. 17세기 과학혁명이 완성되면서 과학은 '개연성(probability)'과 대비되어 '확실성'을 상징하는 지적인 활동으로 인식되기 시작했다. 과학자들은 회의주의자들의 공격에 의해서 야기된 '지식의 위기'에 맞서서 과학적 지식이 세상에 대해서 믿을 만한 지식을 만들어낸다는 점을 보였으며, 특히 데카르트와 뉴턴에 의해서 완성된 근대 물리학은 확실한 지식의 모범으로 간주되었다. 또 과학

6) 홉스에 대해서는 Barbara J. Shapiro, "The Concept of 'Fact': Legal Origins and Cultural Diffusion," *Albim* 26(1994), pp. 236-237, 베이컨과 왕립협회는 Shapiro, "Testimony in Seventeenth Century English Natural Philosophy: Legal Origins and Early Development," *Studies in History and Philosophy of Science* 33(2002), pp. 250-252 참조. 증언(testimony)은 법률적 전통과도 연관이 있지만 르네상스 수사학의 전통과도 관련이 있다. 그렇지만 수사학의 논거 발견의 한 가지 형식으로서의 증언은 보통 증인인 고전의 원저자의 권위에 의존하고 있다. 따라서 이러한 증언은 증거의 성격이 결여되어 있었다. 보일과 같은 17세기 자연철학자들은 증언과 원저자 권위의 연결고리를 끊고, 증언의 권위를 목격자에게서 빌려 옴으로써 증언에 증거로서의 자격을 부여했다. 물론 왕립협회 같은 과학자 단체가 확장되면서 회원이 실험을 목격해서 증언하는 방식에는 곧 한계가 있음이 드러났으며, 과학자들은 보고된 실험을 재연(replication)하는 식으로 사실을 확인하게 되었다. 이는 사실의 확인이 사람의 증언에서 사물의 증언으로 바뀐 것이다. R. W. Serjeantson, "Testimony and Proof in Early-Modern England," *Studies in History and Philosophy of Science* 30(1999), pp. 195-236 참조. 목격과 재연의 차이에 대한 흥미로운 논의로는 Steven Shapin, "The House of Experiment in Seventeenth Century England," *Isis* 79(1988), pp. 373-404 참조.

은 현미경이나 망원경처럼 인간의 감각을 보완하고 극복하는 기구를 사용했으며, 기구의 사용은 과학이 확실한 지식이라는 인식을 강화했다. 경험주의 철학자 로크는 우리의 지식이 '관찰의 확실성, 경험(혹은 실험)의 빈도와 일관성, 그리고 증인의 수와 신뢰성'에 기반한다고 하면서, 법정에서의 증언이 사실이라는 점을 확인하기 위해서는 증인의 수, 성실성, 숙련도, (책에서 나온 증언일 경우에는) 저자의 의도, 각 부분의 일관성과 연관 관계, 상반된 증언을 고려해야 한다고 강조했다. 여기서 보듯이 과학에서 사실을 증명하는 방법은 거꾸로 법정에서 증언의 신뢰성을 검증하는 기준으로 채용되기 시작했다.[7]

뉴턴 이후에 사람들은 자연과학에 수학적 확실성과 물리적 확실성의 두 가지 다른 형태가 존재한다고 생각했는데, 17세기 후반에 법철학자들과 법률가들은 이러한 확실성 개념에 의존해서 '도덕적 확실성(moral certainty)'이라는 개념을 제창했다. 이 도덕적 확실성은 도덕과학(moral science)의 영역에서 적용되는 것으로서, 절대적 진리는 아니어도 '의심 없는 진리'를 의미했으며, 편견 없는 사람이라면 누구나 동의할 수 있는 확실성을 의미했다. 18세기 들어 도덕적 확실성은 '납득된 양심(satisfied conscience)'의 개념으로 발전했고, 이는 1770년경에 '한 점의 의심도 없는 믿음(belief beyond reasonable doubt)'이라는 법률적인 개념으로 정식화되었다. 지금도 배심원제에서는 배심원들이 유죄, 무죄를 판단할 때 사용하는 가장 중요한 기준이 '한 점의 의심도 없는 믿음'인데, 이 관념은 17세기 과학적 확실성이라는 개념에서 연유해서 발전한 것이다. 이러한 영향은 법에서 증거를 평가하는

7) 지식의 위기에 대해서는 Hugh Trevor-Roper, *The Crisis of the Seventeenth Century: Religion, the Reformation and Social Change*(Indianapolis: Liberty Fund, 2001); Theodore K. Rabb, *The Struggle for Stability in Early Modern Europe*(New York: Oxford University Press, 1975) 참조. 로크는 Barbara J. Shapiro, "Testimony in Seventeenth Century English Natural Philosophy," pp. 258-259에서 인용.

기준이 자연과학과 같은 법학 외부의 발전에 자극받았음을 보여주는 것이다.[8)]

2. 전문가 증인으로서의 과학자

이제 이 책의 독자는 과학에서 사용되는 자연의 법칙, 사실, 증거와 같은 개념이 과학혁명기에 법률의 영역에서 과학의 영역으로 넘어왔음을 이해했을 것이다. 사실 과학이 이러한 핵심적인 개념들을 법에서 빌려 왔다는 것은, 문화로서의 과학이 다른 영역과 열려 있는 상호작용을 했다는 것을 잘 보여준다. 그렇지만 그렇다고 과학이 법정에서 통용되던 심문·반대심문의 방법을 택한 것은 아니었다. 무엇보다 과학적 탐구는 사실의 규명에 머무르는 대신에, 관찰과 실험을 통해서 수집한 사실로부터 자연철학의 제1원리를 이끌어내려고 노력했다. 베이컨은 이러한 원리를 공리(axiom)라고 불렀으며, 이 공리를 이끌어내기 위해서 수집된 수많은 사실들의 공통점과 차이점을 비교해보는 표를 만들 것을 제안했다. 보일은 이러한 원리를 종종 가설이라고 칭했고, 사실과는 달리 가설은 넓은 범위에 걸쳐 있는 개연적인 확실성만을 가진다고 보았다. 추상적으로 얘기하자면, 과학자들이 수집한 사실은 이러한 일반원리를 이끌어내기 위한 일종의 '증거'로도 기능해야 했다. 즉 어떤 현상에 대해서 명확하게 알려진 사실은 아직 모르는 또 다른 현상에 대한 증거의 원천이 되어야 했다는 얘기다. 일례로 1672년에 왕립협회의 《철학회보》에 발표된 뉴턴의 논문은 몇 가지 프리즘 실험에서 뉴턴이 내린 (빛이란 굴절률이 다른 광선의 혼합이라는) 혁신적인 결론이 과연 자연스럽게 유도되는 것인가를 놓고 국제적인 논

8) '한 점의 의심도 없는 믿음'에 대해서는 Barbara J. Shapiro, "'To a Moral Certainty': Theories of Knowledge and Anglo-American Juries, 1600-1850," *Castings Law Journal* 38(1986), pp. 153-193.

쟁을 불러일으켰다. 근대 과학이 확립된 이후에 실험적 사실은 목격자의 수나 신뢰성보다 그것이 가리키는 이론적인 결론 때문에 더 큰 논란이 되곤 했던 것이다.[9)]

과학에서 나타난 또 다른 변화는 증언의 권위가 실추했다는 것이다. 초기 왕립협회를 주도했던 존 윌킨스와 토머스 브라운은 자연철학에서 권위에 의존하는 증언의 위험성을 지적했다.[10)] 이러한 위험은 논쟁적인 사실의 경우에는 더 심각했다. 16세기 중엽에 제정되어 17세기 초까지 계속 개정되었던 '마녀사냥법'은 마녀를 재판하고 처형하기 위해서 피의자가 악마와 계약을 맺었다는 증거를 요구했다. 따라서 사람들은 그 증거로 마녀가 부리는 마귀의 존재나 (몸에 새겨진) 악마의 표지 같은 것들을 찾아내려고 했고, 이것을 찾지 못할 때에는 고백을 받아내려 했다. 당시 교회와 교단은 무신론에 대항하기 위해서 악마와 마녀가 실제로 존재한다고 주장했으며, 많은 과학자들도 이에 동조했다. 왕립협회의 그랜빌은 마녀의 존재가 여러 권위 있는 사람에 의해서 보고된 '사실'에 근거하기 때문에 확실성을 담고 있는 것으로 받아들여질 수 있다고 주장했다. 반면에 역시 왕립협회의 웹스터는 그랜빌이 사실이라고 받아들인 증언들을 자세히 분석해보면, 이 중 마녀를 직접 목격하고 작성한 것은 거의 없고 대부분이 사람들의 전언이나 소문을 옮긴 것에 불과하다고 주장했다. 같은 사실을 놓고도 그 사실의 증거 능력에 대해서 다른 판단이 나올 수 있었던 것이다. 웹스터 같은 과학자들은 무신론에 대적하기 위해서는 악마와 마

---

9) 사실에서 원리의 추론에 대해서는 Lorraine Daston, "Marvelous Facts and Miraculous Evidence," *Critical Inquiry* 18(1991), pp. 93–124; Mary Poovey, *A History of the Modern Fact: Problems of Knowledge in the Sciences of Wealth and Society*(Chicago: University of Chicago Press, 1998)에서의 논의 참조.

10) R. W. Serjeantson, "Testimony and Proof in Early-Modern England," *Studies in History and Philosophy of Science* 30(1999), pp. 211–215.

녀의 존재를 입증하는 마녀재판이 아니라, 자연에 대한 연구를 통해서 신의 섭리를 밝히는 것이 더 의미 있는 작업이 될 수 있다고 주장했다.[11)]

18세기가 되면서 과학(자연철학)이 강조한 증거는 증언과 결별해서 탈인격화되었다. 그 과정은 더 많은 과학적 증거가 과학기기와 같은 사물에 의해서 만들어진 것이 되어갔다는 사실과 관련이 있었다. 18세기에는 과학자들 중에는 자신의 몸을 증거의 매개체로 사용한 사람들도 있었지만, 자동기록기기(self-recording instruments)의 등장은 다시 실험자의 몸을 객관적인 기계로 대체하게 하였다.[12)] 이렇게 과학이 탈인격화, 기계화되면서 과학과 다른 분야들과의 상호 작용도 전문분야와 전문분야 사이의 상호 작용으로 변화했다. 17세기 과학혁명기에는 과학과 법의 상호 작용이 '법칙,' '사실,' '증언,' '확실성' 같은 핵심적인 개념과 근본 철학을 서로 빌려주는 방식으로 나타났지만, 18세기 중반부터는 이러한 근본적인 상호 작용 대신 제도적인 상호 작용이 부상했다. 과학자들은 법에 전문적 지식, 새로운 형태의 지식을 공급하기 시작했고, 반대로 법은 과학에 더 발전된 증거를 요구하면서 과학자들에게 경제적 보상을 제공했다. 과학자들은 전문가 증인(expert witness)의 지위로 법정에 등장하기 시작했고, 법정에 증거를 제시하는 활동이 체계화되어 독극물학이나 법의학이 과학의 전문분야로 발전했다. 과학과 법은 더 신빙성 있는 증거와 이론을 만들어내기 위한 파트너십을 형성하기 시작했던 것이다.[13)]

1730년대 당사자주의의 골격을 정립한 영국의 경우 법정에서 전문

---

11) Barbara Shapiro, *Probability and Certainty in Seventeenth Century England* (Princeton: Princeton University Press, 1983), pp. 194–226; Thomas Harmon, "The Devil in Restoration Science: The Glanvill–Webster Witchcraft Debate," *Isis* 72(1981), pp. 343–356.

12) Simon Schaffer, "Self Evidence," *Critical Inquiry* 18(1992), pp. 327–362.

지식을 소유한 전문가는 배심원으로, 혹은 판사가 임명한 자문으로 자신의 의견을 내놓을 수 있었다. 물론 이 시기 이전에도 의사, 측량가, 상인, 선박제조공과 같은 전문가는 법정에 증인으로 불려 나와서 자신의 전문지식에 근거해서 증언을 하기도 했다. 그렇지만 18세기 말엽까지 이러한 전문가들의 증언은 보통 사람들의 증언과 본질적으로 다른 것으로 간주되지 않았다. 소위 과학자가 '전문가 증인'으로 지닌 전문성이 처음 드러난 사건은 영국의 과학자 겸 엔지니어였던 존 스미턴이 전문가로 채택된 웰스 항구 사건(Wells Harbor Case, 1782년)이었다. 웰스 항구에는 그 지역 유지인 포크스 경의 집안에서 건설한 제방이 있었는데, 항구의 해안이 자꾸 침식되자 주민들은 이 침식의 원인이 포크스 경의 제방에 있다고 주장하면서 소송을 제기했다. 피고인 포크스 경은 당시 최고의 엔지니어이자 존경받는 과학자로 알려진 스미턴을 증인으로 채택했다. 스미턴은 뉴턴의 동일과정(uniformitarian) 철학에 입각해서 제방이 항구의 침식에 미치는 영향을 계산해서, 항구의 침식에 미친 제방의 영향은 전체 침식의 34분의 1 정도밖에는 안된다고 주장했다.

이에 대해서 원고 측 증인으로 나선 호즈킨슨은 스미턴의 설명이 그의 머릿속에만 있는 인과관계에 입각한 설명이고, 이는 사실이 아니라 가설에 불과하다고 논박했다. 1심에서 판결을 맡은 굴드 판사는 스미턴이 제시한 증거가 배심원의 판단에 영향을 주어서는 안 된다고 이를 기각했다. 그렇지만 2심을 주재한 맨스필드 판사는 "스미턴 씨의 의견은 논박될 수 없는 사실에서 연역된 것이다. 나는 자연적이거나 인공적인 원인에서 문제가 생긴 것이 논란이 될 때에 과학 지식인들의 의견이 받아들여져서는 안 된다고 생각하지 않는다. (…) 침식의 원인은 과학의 주제이고, 이 주제에 대해서는 스미턴 씨가 가장 잘 판

---

13) Tal Golan, *Laws of Men and Laws of Nature: The History of Scientific Expert Testimony in England and America*(Cambridge, Mass.: Harvard University Press, 2004).

단할 수 있다. 따라서 우리는 사실에 입각한 그의 판단이 적절한 증거가 될 수 있다고 본다."고 판결했다. 역사상 최초로 과학자의 증언이 '과학적 증거'의 지위를 가지고 법정에 받아들여졌던 것이다. 그렇지만 비록 맨스필드 판사가 스미턴의 의견을 사실에 입각한 것이라고 생각했지만, 스미턴의 의견은 눈에 보이는 사실이 아니라 눈에 보이지 않는 법칙에 근거한 것이었다.[14)]

과학자의 전문적 판단이 처음으로 증거로 인정된 이 사례에서도 같은 주제에 대해서 대립되는 의견이 있었음은 주목할 만하다. 당시 법정은 스미턴의 견해를 받아들이고 항구의 침식에 대해서 스미턴과 다른 의견을 가진 호즈킨슨 같은 과학자의 의견을 기각했기 때문이다. 이렇게 같은 현상에 대해서 상이한 설명들의 차이가 극명하게 드러나는 곳이 바로 법정이 되었으며, 19세기 동안에는 전문가들의 증언이 법정의 분규를 종식시키기보다는 이를 더 논쟁적으로 만들곤 했다. 많은 경우 원고와 피고는 유명한 과학자들 중에서 자기 편을 옹호해주는 전문가 증인을 찾아내서 이들로 하여금 법정에서 증언하도록 할 수 있었기 때문이다.

윌슨의 설탕제조법을 놓고 벌어진 보험 소송에서 공장은 제국보험회사에 소송을 걸었는데, 이 재판에서는 양측에서 수많은 전문가들이 동원되어서 같은 실험이 서로 상반된 결과를 낳는다고 주장했다. 심프슨과 윌슨 사이에 아닐린(aniline) 특허를 놓고 벌어진 특허 소송에서는 '건조한(dry)' 이란 단어의 의미를 놓고 과학자들 사이에 논쟁이 벌어졌고, 판사는 전문가들이 판결을 내리는 데 도움이 되지 않는다고 한탄했고, 배심원들은 결국 자신들이 판결을 내릴 수 없다고 결정했다. 당시 언론은 이 사건을 놓고 '과학의 매춘(prostitution of science)' 이라는 극단적인 표현을 쓰기도 했다.[15)]

---

14) Golan, *Laws of Men and Laws of Nature*, 제1장, 특히 pp. 22-51.

법정에서 일어난 전문가들 사이의 논쟁은 사람들로 하여금 과학의 전문성에 대해서 다시 생각해보게끔 만들었다. 어떤 이들은 과학의 기준이 퇴락한다고 불평했고, 다른 이들은 이러한 논쟁이 법원의 당사자주의가 안고 있는 근본적인 문제점에서 기인한다고 했다. 반면에 과학이 밝힌 것이 절대적 진리가 아니라 현 시점에서 가장 진리에 가까운 것이기 때문에, 과학이 미래의 진보를 향해 열려 있다는 특성은 법원의 당사자주의와 모순되지 않는다고 주장하는 사람들도 소수 있었다.

과학자들도 법정에서 어떤 태도를 취해야 하는지, 어디까지 얘기해야 하는지, 어느 정도의 일관성을 유지해야 하는지에 대해서 확실한 입장을 취하기 어려웠다. 이러한 맥락에서 1860년, 영국의 과학자 스미스는 편파성(partiality: 검찰 측이나 변호인 측은 한쪽의 편을 들어야 한다는 의미)에 근거한 법정과 공평함(impartiality)에 근거한 과학이 본질적으로 양립할 수 없다고 하면서, 전문가들의 증언이 필요할 경우에는 이를 반드시 서면으로 제출하게 해야 한다는 개혁안을 제시했다. 스미스는 법정에서 벌어지는 전문가들 사이의 충돌이 실제로 존재하는 것이라기보다는 반대심문에 의해서 억지로 유도된 것이며, 법정에서는 변호사들이 과학적 사실만이 아니라 종종 과학의 가정과 개념을 문제 삼아서 과학자들을 마치 바보 취급한다고 하면서, 과학자가 법정에 출두하면 이러한 당사자주의와 반대심문의 논리에 희생양이 되기 쉽다고 강조했다. 그렇지만 이에 대해서 동료 과학자인 오들링은 과학자들 사이의 의견 불일치가 정당한 것이므로, 과학자들이 법정에 출석하는 것을 막아야 할 어떤 이유도 없다고 논박했다.[16]

과학자들이 법정에 서는 것은 과학의 지위를 떨어뜨릴 뿐이라는 입

---

15) Golan, *Laws of Men and Laws of Nature*, 제2장, 특히 pp. 54–63, pp. 82–89.

16) Christopher Hamlin, "Scientific Method and Expert Witnessing: Victorian Perspectives on a Modern Problem," *Social Studies of Science* 16(1986), pp. 485–513.

장 사이에 비슷한 논쟁이 19세기 후반 영국에서 다시 벌어졌다. 개스 조명(gas lighting) 엔지니어의 논문을 주로 실었던 《개스 조명 학회지(*Journal of Gas Lighting*)》는 법정이 학회보다 과학 발전에 더 적합한 장소라고 주장했다. 법정에서의 심문은 과학자들이 이론을 단순하게 하면서 완벽하게 하는 데 도움을 주고, 역으로 반대심문은 과학자들에게 예외와 변칙에 대해 다시 생각해보게끔 한다는 것이다. 이 학술지는 법정이 과학 교육을 위해서도 좋은 장소라고 강조했는데, 그 이유는 법정에서 과학자들이 최신 이론과 성과를 제시하고, 한 분야의 최고 과학자들이 다른 사람들과 논쟁을 벌이면서 과학 이론을 검증할 수 있기 때문이라는 것이었다. 이러한 입장은 과학이 마치 시장과 비슷한 논리에 따라서 움직이는 것이라는 가정에 근거했다. 반면에 과학자들을 대변하는 학술지 《네이처(*Nature*)》는 법정이 과학의 발전과 교육에 적합한 장소라는 주장을 강하게 논박하면서, 법이 가진 변론의 속성과 과학의 공평무사함은 양립하기 힘든 것임을 다시 강조했다. 많은 과학자들에게 공평한 과학과 편파적인 법정은 근원적으로 양립할 수 없는 것이었다.[17)]

법정에서 증거로 제시되는 사인(死因)을 분석하는 법의학(forensic science)은 19세기에 독극물 살인사건의 증거를 과학적으로 찾으려는 노력으로부터 발달했다. 그렇지만 독극물 살인의 경우에는 비접촉적이며 비가시적인 방법으로 위해가 가해지기 때문에, 그 원인을 찾아내려는 법의학은 초기에는 자신이 제시한 과학적 증거를 '결정적인' 것으로 법정에서 받아들여지게 하는 데 숱한 어려움을 겪었다. 예를 들어, 비소에 의한 살인은 유럽에서 가장 빈번했던 독극물 범죄였는데, 19세기 법의학자들은 비소가 섞인 증거물에 화학적 반응을 일으켜서 비소를 환원해내는 방법을 제시했다. 이는 비밀스러운 독살을

---

17) Hamlin, "Scientific Method and Expert Witnessing."

물질적 증거의 상태로 드러나게 한다는 방법으로 환영받았지만, 곧 비소의 함유량이 적을 경우에 반응이 제대로 일어나지 않는다는 문제점을 드러냈다. 이를 극복하기 위해서 법의학자들은 색상반응법에서 마시 공정(Marsh process)에 이르기까지 수많은 새로운 방법을 개발했지만, 어느 하나 100퍼센트 확실한 테스트를 제공하지는 못했다. 일례로 마시 공정은 비소만이 아니라 소량의 안티몬에 대해서도 비슷한 결과를 낳았다. 결국 법의학 과학자들은 여러 가지 다른 방법을 적용해서 나온 다양한 실험 결과를 종합해서 판정하거나 실험을 일찍 종결 짓지 말고 지속적인 실험을 수행하자는 의견을 제시했는데, 이러한 결론은 실험을 통한 과학적 판단이 법정에서 다양한 증거의 경중을 비교하고 판단하는 법률적 판단과 흡사하다는 것을 암묵적으로 인정하는 셈이 되었다. 법의학적 증거들이 움직일 수 없는 증거로 받아들여진 것은 이후 19세기와 20세기에 오랜 기간에 걸쳐서 다양한 과학적 방법들이 개발되었고 그때마다 그 새로운 방법이 신빙성 있는 것으로 인정되었기 때문이다.[18)]

19세기에 법의 영역으로 들어간 또 다른 과학은 심리학과 정신병리학이었다. 이 경우는 법의학보다 더 복잡했는데, 독극물 살인의 경우에 보통 사람들은 이에 대한 상식적인 판단을 할 수 있는 경우가 거의 없었지만, 어떤 사람이 '미쳤다,' '정신이상이다' 라는 것에 대해서는 배심원과 법관들이 이미 상식적인 판단을 내릴 수 있었기 때문이다. 19세기 영국의 경우, 자신의 행동에 대해서 책임을 질 수 있는 사람에 대한 법적인 판단은 당시 배심원의 역할을 하던 중산층의 정체성에 근거해서 이루어졌다. 그렇지만 1860년 이후에 정신병리학자들이 과학의 권위를 내세워서 자신의 행동에 책임을 질 수 없는 사람의 범주

---

18) Ian Burney, "Testing Testimony: Toxicology and the Law of Evidence in Early 19th Century England," *Studies in History and Philosophy of Science* 33(2002), pp. 289-314.

를 과학적으로 규정하기 시작했는데, 이는 상식적으로 본 '미친 사람' 범주와 일치하지 않았다. 과학자들은 동기의 비합리성, 피고의 성격, 비정상적인 행동을 하는 그룹과의 유사성, 가족력 등을 고려해서 이를 판단하면서, 자신의 행위에 책임을 질 수 없는 '거역할 수 없는 충동(irresistable impulse)' 이라는 새로운 범주를 만들었다. 그렇지만 정신적인 비정상의 범주에 속하는 '거역할 수 없는 충동'과 법적인 책임을 져야 하는 '거역하지 않는 충동(unresisted impulse)' 의 경계가 항상 분명한 것은 아니었다. 따라서 정신병리학자의 판단이 범죄에 대한 면죄부를 제공할 것을 우려한 법률가들은 배심원이 해야 할 판단을 의사와 같은 전문가가 대신 하도록 유도하는 질문을 해서는 안 된다는 규칙(M' Nahgten' s Rule)을 만들어 이를 법정에 도입했다. 그렇지만 변호사들은 실제로 이 규칙을 어기지 않으면서도 피고의 정신 상태를 암시할 수 있는 대답을 유도하는 질문을 던지곤 했다. 정신병리학은 이런 과정을 통해서 법정에 도입되었지만, 단 한 번도 법의학이 가진 권위를 획득하지는 못했다.[19)]

이렇게 19세기를 통해서 법과 과학은 여러 가지 서로 다른 양상으로 만났다. 사인을 분석하는 법의학은 상대적으로 빨리, 또 상대적으로 가장 결정적 증거를 제공하는 과학의 지위를 확보했다. 반면에 자신의 행위에 책임을 질 수 없는 정신병을 판단하는 과학은 우여곡절 끝에 제한된 형태로 법정에 도입되었고, 그 이후에도 움직일 수 없는 과학적 증거의 지위를 획득하지는 못했다. 가장 문제가 된 경우는 보

---

19) Tony Ward, "Law, Common Sense and the Authority of Science: Expert Witnesses and Criminal Insanity in England, Ca. 1840-1940," *Social & Legal Studies* 6(1997), pp. 343-362. 정신병을 근거로 무죄를 주장한 초기 시도에 대한 분석은 Michel Foucault, "About the Concept of the 'Dangerous Individual' in 19th Century Legal Psychiatry," *International Journal of Law and Psychiatry* 1(1978), pp. 1-18; Joel Peter Eigen, *Witnessing Insanity: Madness and Mad-Doctors in the English Court*(New Haven: Yale University Press, 1995) 참조.

험 소송, 특허 소송, 손해배상 소송 등에 과학자들이 전문가 증인으로 출석한 경우였다. 이러한 경우에는 종종 과학자들 사이에 심각한 의견의 불일치가 생겼고 이것이 보도되면서 사회적인 파문을 불러일으키기도 했으며, 과학적 권위의 실추, 심지어는 '과학의 매춘'이라고까지 묘사되었다. 그러나 거꾸로 법정이 과학의 발전을 위한 이상적인 공간을 제공해준다는 주장도 있었다.

사실 지금도 과학자가 전문가 증인으로 법정에 서는 것에 대해서 이러한 두 가지 입장이 모두 존재한다. 여기서 우리에게 필요한 태도는 모든 과학적 지식이 참이라는 과학주의와 거리를 두면서, 동시에 과학적 지식과 일반인들의 상식 사이에 큰 차이가 없다는 상대주의에서도 한 발 물러서서 법정에서의 과학의 기능을 모색하는 것이다. 법률체계 자체가 자동적으로 진리를 낳는 것이 아니기 때문에 전문가들의 지식과 판단은 매우 중요한데, 당사자주의를 채택한 법정에서 전문가들 사이에 갈등이 빚어지는 이유는, 자연에 대해서 의미를 가진 과학의 명제가 법정에서는 인간의 삶과 권리에 대해서 의미를 갖는 것으로 변형되기 때문인 것이다.

과학자의 증언이 재판에 연루된 사람들의 삶과 권리에 미치는 영향을 생각해보면, 과학과 법의 갈등은 과학이라는 지식체계와 법이라는 다른 체계가 만나면서 발생하는 피할 수 없는 긴장으로 보는 것이 더 타당하다. 즉 과학자가 법정에서 증언을 하는 것은 그의 과학 지식이 논문의 형태로 출판되는 것이 아니라 다른 사람의 삶과 행복에 직접 영향을 주는 형태로 제시됨을 의미하며, 법정에서 과학을 둘러싼 논쟁이 계속되는 이유는 과학의 근본을 의심해서가 아니라 그에 근거한 결정이 사람들의 삶과 행복에 큰 영향을 미치기 때문이라는 것이다. 법과 과학의 갈등을 해결하기 위한 첫걸음은 바로 이러한 인식론적인 전환에서 출발해야 한다.[20]

20) Hamlin, "Scientific Method and Expert Witnessing."

3. 무엇이 법정에서 받아들여지는 '과학적' 증거인가

과학이 법정과 접목되면서 과학을 이용해서 재판을 위한 객관적인 증거를 찾아내려는 노력도 배가했다. 형사 절차는 경찰이나 검찰과 같은 수사관의 심문과 취조로 시작되는데, 마음먹고 거짓말을 하는 피조사자를 심문해서 진실을 말하게 하는 것은 오랜 경험을 가진 수사관에게도 쉬운 일이 아니었다. 유죄가 무죄가 되고 역으로 무죄가 유죄로 둔갑하는 일이 종종 나타났고, 이는 법률 체계에서 가장 취약한 부분인 '인간의 오류(human error)'였다. 반면 18-19세기에 산업혁명이 시작되면서 오류를 저지르는 인간보다 대상을 동등하게 다루고 표준화된 기계가 훨씬 더 신뢰할 만하다고 믿는 사람들이 많아졌는데, 이러한 경향은 특히 테일러주의와 포드주의가 만연했던 20세기 초엽 미국에서 팽배했다. 이들 중 수사관의 역할을 기계로 대체하는 것을 고민하던 뮌스터베르크, 마스턴 같은 사람은 인간의 혈압, 피부반응, 심장박동, 호흡 등을 측정해서 진술의 진실성을 판단하는 거짓말 탐지기를 개발했다. 이들의 거짓말 탐지기는 라슨과 킬러에 의해서 실용적인 것으로 변환되어 일선 경찰에 널리 보급되었다. 특히 널리 보급된 킬러의 거짓말 탐지기는 피조사자로 하여금 먼저 거짓말을 하도록 유도해서 그 반응을 기록한 뒤에, 이를 나중에 묻는 질문에 대한 대답과 비교하는 방식을 취했다. 이는 협박을 통해서 스트레스를 조장하는 수사 방법과 전혀 다르지 않았다. 실제로 킬러의 거짓말 탐지기가 널리 사용된 이유 중 하나는 그것의 작동 원리가 경찰이 기존에 사용했던 수사 방법의 연속선 상에 있었기 때문이었다. 미국 범죄의 대부분은 플리바겐(plea bargain: 범죄를 인정하고 형을 깎아주는 것)에 의해서 해결되는데, 킬러의 거짓말 탐지기로 조사를 받던 피조사자의 60퍼센트가 조사 과정에서 자백을 했다는 사실은 이 기계가 협박을 해서 자백을 받아내는 수사관의 역할을 대신했음을 보여준다.[21)]

거짓말 탐지기는 미국 사회 전역에 확산되었다. 1950년대 매카시 선풍 때에 미국 정부는 정부 조직에 숨어 있는 위험분자들을 찾아내는 데 거짓말 탐지기를 사용했다. 기업에서도 고용주가 직원의 신실성을 테스트하기 위해서 거짓말 탐지기를 이용하는 일이 잦았다. 물론 일선 경찰에서도 거짓말 탐지기가 광범위하게 사용되었다. 그렇지만 이러한 광범위한 사용에도 불구하고 거짓말 탐지기는 법정에 도입되지 못했다. 1923년에 거짓말 탐지기 증거가 법정에 과학적 증거로 제출되었을 때 이는 많은 논란을 불러일으켰고, 결국 미국 고등법원은 '과학 전문분야에서 일반적으로 받아들여진 기법(technique)' 만이 법정에서 증거로 채택될 수 있다는 소위 '프라이 결정(Frye Rule)' 을 통과시켰다. 당시에 거짓말 탐지기가 받아들여지지 않았고 그 뒤로 그것이 끊임없이 개선되었음에도 불구하고 법정에 수용되지 않은 것은 거짓말 탐지기가 하는 역할을 법정에서는 '믿을 만한 배심원' 이 오랫동안 수행해오고 있었기 때문이었다. 즉 거짓말 탐지기를 도입하면 근대 사법체계의 핵심이라고 할 수 있는 배심원이 불필요해진다고 생각했기 때문이었다. 법정은 기계와 인간의 파워게임에서 인간의 권력이 기계의 힘을 압도한 공간이었다.[22] '프라이 결정' 에 입각해서 현미경으로 분석한 머리카락 같은 특정한 증거는 법정에서 받아들여졌지만, 과학자들의 전문 분야에서 논란의 대상이 되는 거짓말 탐지기나 최면에 의한 증거는 증거로서 효력을 상실하는 것으로 판정되었다.

---

21) 흥미로운 사실은 킬러와 함께 거짓말 탐지기를 개발한 라슨은 피조사자들에게 미리 거짓말을 하게 하는 방법을 사용하지 않았다는 것이다. 이러한 이유 때문에 라슨의 거짓말 탐지기는 자백률이 낮았다. Ken Alder, "A Social History of Untruth: Lie Detection and Trust in Twentieth Century America," *Representations* 80(2002), pp. 1-33. 거짓말 탐지기의 역사에 대해서는 많은 연구가 있는데, J. A. Matte, *Forensic Psychophysiology Using the Polygraph: Scientific Truth Verification, Lie Detection*(J.A.M. Publications, 1996), pp. 11-101에서 서술된 상세한 역사도 도움이 된다.

1980년대 이후에 나타난 중요한 변화 중 하나는 '프라이 결정'이 1993년에 완화되었다는 것이다. '프라이 결정'은 1975년에 제정된 '연방 증거 규칙(Federal Rules of Evidence)'과 모순이 생겼는데, 그 이유는 후자가 증거의 채택에서 훨씬 더 느슨한 형태를 요구했기 때문이다. 법리적인 차원에서만 생각하면, 1993년에 대법원이 결정한 '다우버트(Daubert) 결정'은 두 선행 규칙의 모순을 해결한 것이었다. 그 계기가 된 다우버트 사건은 메릴도우 제약회사(Merrell Dow Pharmaceuticals)가 1956년에서 1983년에 걸쳐서 판매했던 임산부 구토약 벤덱틴(Bendectin)을 복용한 한 임산부가 기형아 제이슨 다우버트를 낳은 뒤에, 약을 판매한 메릴도우 사를 기형의 원인으로 고소한 사건이었다. 이 재판에서 원고 측은 동물연구와 화학구조분석, 통계적 분석을 이용해서 벤덱틴이 기형의 원인이 될 수 있다고 주장했지만, 1심과 재심에서는 이 증거들이 '프라이 결정'을 만족하지 못한다고 원고 패소 판결을 내렸다. 그렇지만 대법원에서는 이러한 증거를 위해서 '프라이 결정'의 '일반적으로 받아들여진다'는 조건이 너무나 제한적이라고 판결했다. 소수의 과학자가 지지를 해도 올바른 이론일 수 있다는 것이었다. 대법원은, 어떤 증거가 검증(testing)을 거칠 수 있고, 전문가 심사(peer review)를 받고 출판물이 있으며, (법의학적 증거의 경우에는) 오류 확률이 계산되어 있고, 중요한 소수 집단에 의해서 받아들여지고 있다면, 이러한 증거는 법정에서 증거의 효력을 갖는 것으로 받아들여야 한다고 판결했다. 이에 대해서 몇 명의 과학기술학(STS) 학자들은 전문가 심사를 받았다는 것이 과학성의 확고부동한 기준이 되는 것은 문제가 있으며, 과학의 특성은 사실적인 전제와 사유

---

22) Ken Alder, Ibid.; George Fisher, "The Jury's Rise as Lie Detector," *Yale Law Journal* 107(1997), pp. 575-713. 우리나라에서도 2005년 6월 1일 대법원은 거짓말 탐지의 결과가 유·무죄를 가르는 증거로 사용될 수 없다는 기존의 판례를 재확인했다.

의 깊이에서 드러난다고 주장했지만, 이들의 의견은 대법원의 판결을 바꾸지는 못했다.[23)]

과학이 증거로서가 아니라 재판의 대상이 되는 경우도 종종 생긴다. 기술 특허와 관련된 법적인 분규도 가끔 일어나고, 이례적이긴 하지만 창조론 재판에서 진화론과 창조론이 법정에서 부딪힌 사건도 있었다. 1980년의 아칸소 재판은 학교에서 진화론과 더불어 창조론을 교육할 수 있게 해달라는 요청을 놓고 진행된 재판이었는데, 초기에는 과학 대 종교의 재판이었다가 나중에는 '과학의 특성은 무엇인가', '무엇이 좋은 과학이고 무엇이 나쁜 과학인가'의 기준을 논하는 장으로 바뀌었다.

창조론자들은 진화론 자체에 의견 불일치가 많고, 실험을 통해 입증되지 않았으며, 진화론을 반대하는 증거가 역으로 창조론을 지지한다고 주장했다. 진화론자들은 이러한 주장을 비판하면서 진화론자들 사이의 의견 불일치가 과장되어 표출되었다는 점을 인식했고, 무엇보다 진화론이 유전학과 분자생물학 분야의 성공으로 입증되었으며, 진화론이 물리학이나 지질학, 화학 등의 다른 과학과도 밀접히 연결되어 있다고 주장했다. 즉 진화론을 포기하는 것은 생물학의 작은 이론 하나를 포기하는 것이 아니라, 현대 과학의 성과 전반을 부정하는 결과를 낳는다는 것이었다. 이 재판을 통해서 진화론자들은 과학이 가진 변칙성(anomalies)이 과학 발전을 가능케 하는 중요한 요소임에도 불구하고, 창조론자들에 의해서 채용되어서 진화론의 문제를 부각하고 창조론자들의 모순을 감추는 데에도 사용된다는 것도 발견하게 되

---

23) Shana M. Solomon and Edward J. Hackett, "Setting Boundaries between Science and Law: Lessons from Daubert v. Merrell Dow Pharmaceuticals, Inc.," *Science, Technology & Human Values* 21(1996), pp. 131-156. 이후 금호타이어 사건(Kumho Tire v. Carmichael)에서는 다우버트의 기준이 테크니션 같은 비과학자의 증언에도 적용될 수 있다고 판결했다.

었다. 재판은 결국 과학자들에게 과학과 종교의 근본적인 차이를 드러냈는데, 진화론 같은 과학은 그것의 기본 개념까지도 의심하는 것을 꺼리지 않지만, 창조론 같은 종교적 입장은 성서의 이야기를 필연적 진리라고 받아들인 상태에서 자신들의 주장을 편다는 것이었다. 결국 이러한 근거에서 창조론에 반대하는 과학자들은 창조론은 '나쁜 과학' 이 아니라 단지 믿음 차원의 종교라는 점을 부각시켰다. 재판은 국가와 교회는 분리되어야 한다는 헌법에 기초해서 종교인 창조론은 학교에서 교육되어서는 안 된다는 판결로 결론이 났다.[24)]

1980년대 이후 주목할 만한 변화는 디엔에이(DNA) 증거와 관련된 것이었다. 지금은 디엔에이(DNA) 프로파일링이 범인이 현장에 남긴 '생물학적 명함' 이라고 불릴 정도로 법적 증거로서 강력한 효력을 가진다. 최근의 디엔에이(DNA) 프로파일링은 MLP(multilocus profiling), STR, PCR(polymerase chain reaction), SNP(single nucleotid polymorphism), 미토콘드리아 디엔에이(DNA) 분석과 같은 최침단 방법을 사용해서 오류의 확률을 10억 분의 1에서 1,000조 분의 1까지 낮춘 것은 물론, 이러한 분석을 더 빠르고, 더 효율적이고, 더 값싸게 하고 있다. 이러한 기법은 최첨단으로 발전해서 만약에 범인이 손으로 눈을 만진 뒤에 문고리를 잡았다면, 눈에서 떨어진 미세한 각막조각에서 범인의

---

24) Erig Holtzman and David Klasfeld, "The Arkansas Creationism Trial: An Overview of the Legal and Scientific Issues," *Science, Technology & Human Values* 7(1982), pp. 94-99. 이 재판에 전문가 증인으로 참석한 과학철학자 루즈의 회고는 Michael Ruse, "Commentary: The Academic as Expert Witness," *Science, Technology & Human Values* 11(1986), pp. 68-73 참조. 이 재판을 과학과 종교의 경계를 명확하게 형성함으로써 창조론자들을 과학의 전문영역 밖으로 축출한 사건으로 보는 해석은 Thomas F. Gieryn, George M. Bevins and Stephen C. Zehr, "Professionalization of American Scientists: Public Science in the Creation/ Evolution Trials," *American Sociological Review* 50(1985), pp. 392-409를 참조.

대략적인 신체적 특성까지 추출해낼 정도까지 발전했다. 지금 미국의 커디스(CUDIS)라는 국가 데이터베이스에는 약 10만 명의 디엔에이(DNA) 정보가 저장되어 있는데, 디엔에이(DNA) 프로파일링 비용이 저렴해지면서 이를 전 국민으로 확산하는 문제를 진지하게 고려하고 있다. 이러한 디엔에이(DNA) 데이터베이스는 벌써부터 인권과 프라이버시 침해 논란을 불러일으키고 있다.[25)]

그렇지만 디엔에이(DNA) 프로파일링이 처음에 등장했을 때부터 바로 만장일치로 과학적 증거의 지위를 부여받았던 것은 아니다. 디엔에이(DNA) 프로파일링을 지지하는 사람들은 그 과정이 매우 단순하고 객관적임을 강조하며, 증거가 법정에 제출될 때까지 합리적이고 엄격한 절차를 따른다고 강조한다. 그렇지만 실제로 프로파일링의 과정은 매우 길고, 복잡하며, 논쟁적인 부분들이 존재한다. 이렇게 나온 결과는 피의자의 디엔에이(DNA)와 정확하게 일치하는 경우도 있지만, 뭉개진 데이터를 컴퓨터로 계산해서 얻어진 결과가 포함되는 경우도 있다. 후자의 경우에는 배심원을 설득하는 데 어려움을 겪게 되리라는 것을 쉽게 상상할 수 있다. 또 증거를 수집해서 이를 분석하는 절차와 관련해서도, 1980년대 말엽에 디엔에이(DNA) 프로파일링을 전문으로 '증거를 파는 기업' 이라고 불린 라이프코드(Lifecode) 사와 셀마크 사에서 심각한 절차상의 문제가 드러나기도 했다. 또 에릭 랜더와 같은 유명한 인구 유전학자는 인구의 하부구조와 효율의 문제를 들어서 디엔에이(DNA) 프로파일링의 오류 가능성을 심각하게 지적하기도 했다.[26)]

---

25) Andrew Watson, "A New Breed of High-Tech Detectives," *Science* 289(11 August, 2000), pp. 850–854.

26) Arthur Dämmrich, "The Evidence Does Not Speak for Itself: Expert Witnesses and the Organization of DNA Typing Companies," *Social Studies of Science* 28(1998), pp. 741–772; Saul Halfon, "Collecting, Testing, Convincing: Forensic DNA Experts in the Courts," *Social Studies of Science* 28(1998), pp. 801–827.

디엔에이(DNA) 프로파일링이 법정에서 결정적인 증거로 받아들여지게 된 과정은 이러한 비판을 극복하고 절차의 타당성을 확립했기 때문이었다. 디엔에이(DNA) 프로파일링을 전문으로 하는 기업은 정부의 개입에 대응해서 자발적으로 우수한 표준을 만들고, 자신들의 방법이 이러한 표준을 만족시킨다는 것을 보여주는 전략을 택했다. 또 기업들은 스스로의 결과를 검증하는 테스트를 만들고 그 결과를 다른 기업의 결과와 비교함으로써 신뢰성의 회복을 꾀했다.

이들은 지속적인 연구 개발과 검증 절차의 수립, 공동 세미나와 다른 기업의 결과에 대한 평가 같은 공동 전략을 추진했고, 사회가 요구한 표준화와 정부에서 제시한 규제에 동참했다. 물론 이러한 높은 기준을 만족시키지 못한 기업들은 시장에서 퇴출되었다. 게다가 프로파일링 기업들은 측정이 수반하는 오차를 숫자로 표시하고 디엔에이(DNA) 프로파일링의 일치를 판정할 수 있는 범위도 숫자로 계산해서 제시했다. 이러한 계량화된 표준 오차와 일치 판정의 범위가 사회적 동의를 얻어감에 따라서 다른 우연한 요소들에 의한 변이는 논제 밖으로 밀려나갔다.

여기에 마이클 코넬리 같은 유전학자는 디엔에이(DNA) 프로파일링을 반대하는 논리에 대항해서 이 새로운 기법을 받아들일 수 있는 근거를 끊임없이 제시했다. 물론 O. J. 심슨 사건에서 보듯이, 충분한 자원과 시간, 그리고 돈으로 무장한 최고의 변호인들은 샘플 수집과 그것의 관리에 문제가 있음을 보여주며 결국 디엔에이(DNA) 증거를 '진실'로 인정하기 힘들게 하는 데 성공하기도 했지만,[27] 이러한 예외적인 경우를 제외하고는 디엔에이(DNA) 검사 기관과 디엔에이(DNA) 검사를 지지하는 학자들의 노력—수준 높은 자발적 표준화, 오차와 판

---

27) O. J. 심슨 재판에서 제기된 증거의 과학성에 대한 논의로는 Sheila Jasanoff, "The Eye of Everyone: Witnessing DNA in Simpson Trial," *Social Studies of Science* 28(1998), pp. 713-740.

정 범위의 숫자화, 상호 검증하고 비판하는 네트워크의 창설 등—은 디엔에이(DNA) 프로파일링의 객관성을 높이고 이를 과학적인 증거로 법정에 수용하게 하는 데 핵심적인 역할을 했던 것이다.[28)]

맺는말: 과학기술학의 연구 주제로서 과학과 법

자연과학은 16-17세기 과학혁명기를 통해서 근대 과학으로 새롭게 거듭났다. 이 과정에서 자연과학은 이미 그 절차가 잘 확립되어 있던 법률의 영역에서 '법칙,' '사실' 등의 개념을 채용했으며, 사실을 확증하는 믿을 만한 증인의 증언을 강조했다. 당시 자연과학이 법률적 용어와 개념을 적극적으로 차용한 이유는 늘 일어나고 누구나 동의하는 자연현상이 아니라 자신의 실험실에서 이루어진 특정한 실험의 결과를 다른 사람들에게 믿을 수 있는 것이라고 설득력 있게 소개해야 했기 때문이다.

증언과 증거의 신뢰성은 과학과 법률을 이어주는 접점이었다. 과학이 확실한 지식으로 자리를 잡은 뒤에는 역으로 법이 과학의 확실성을 채용했다. 법률가들은 법률적인 판단이 개연성의 수준에 머물 수 있다는 비판을 인식하고, 수학적 확실성, 물리적 확실성에 비견할 수 있는 개념으로 도덕적 확실성이라는 개념을 창안했으며, 이 개념은 이후 '한 점의 의심도 없는 믿음' 으로 발전했다.

18세기를 지나면서 과학과 법률의 관계는 전문화된 제도와 제도 사이의 관계로 변했다. 과학은 이미 확립된 실험실에서의 확실성을 법정에 그대로 도입하려 했지만, 이 과정은 우여곡절로 점철되었다. 전문가들의 증언은 또 다른 전문가들의 상충된 증언을 통해서 논박되었

---

28) Linda Dersen, "Toward a Sociology of Measurement: The Meaning of Measurement Error in the Case of DNA Profiling," *Social Studies of Science* 30(2000), pp. 803-845; Arthur Dämmrich, Ibid.; Saul Halfon, Ibid.

으며, 그 증언의 기본 전제를 의심하는 변호사들의 반대심문에 의해서 낱낱이 해부되곤 했다. 과학자들의 상충된 증언들이 과학의 신뢰성을 실추시키고 과학의 이미지를 훼손한다는 주장이 지속적으로 제기되었고, 독극물학이나 법의학이 사인을 과학적으로 입증하는 것도 지속적인 논란과 반대에 직면했다. 그렇지만 이러한 과정에도 불구하고 19세기 이후 법정은 화학, 독극물학, 의학, 심리학, 정신분석학, 공학, 생명과학 등에 종사하는 과학자들에게 새로운 종류의 '증거'를 지속적으로 요구했다. '프라이 결정' 이후에는 과학자들의 전문분야에서 일반적으로 받아들여진 기법에 근거한 증거는 법정에서 증거의 구속력을 갖는 것으로 간주되었고, 그렇지 않은 것은 증거로 채택될 수 없는 것으로 간주되었다. 그렇지만 이러한 절차는 과학자들의 전문분야의 일반적 합의의 권위를 절대적인 것으로 만드는 문제를 안고 있었으며, 이는 1993년에 '합의'를 더 넓게 해석하는 방향으로 전환한 한 가지 이유가 되었다.

과학과 법은 아직도 상충되는 것으로 간주되는 경우가 많다. 법정에서 과학적 증거를 놓고 충돌이 일어날 때, 과학은 '과학적으로' 움직이는 법정을 좋은 제도라고 생각하지만 법정은 법의 목적에 스스로를 맞춰주는 과학을 좋은 과학이라고 생각한다. 최근에 어떤 과학자들은 뇌영상 기술이 발전하면 참말과 거짓말을 100퍼센트 과학적으로 판단할 수 있고, 이때에는 뇌영상 기계가 판검사나 변호사가 했던 일 중 많은 부분을 대체할 것이라고 주장하기도 한다.[29] 이러한 논쟁의 과정에서 양측 모두 상대방을 단순화시키며, 또 대립이 있는 경우에 종종 그러하듯이 양측은 자신은 완벽하지만 상대가 결함이 있다고 비난하면서 잘못을 전가한다. 그렇지만 과학이 절대적인 진리가 아니

29) Sarah E. Stoller and Paul Root Wolpe, "Emerging Neurotechnologies for Lie Detection and the Fifth Amendment," *American Journal of Law & Medicine* 33 (2007), pp. 359–375.

듯이 법률도 완벽한 제도가 아님을 인식하는 것이 중요하다. 또 과학이 법정에 들어올 때, 과학은 더 이상 실험실에서 자연의 진리를 추구하는 행위가 아니라, 인간의 행복과 권리에 직접 개입하는 활동으로 변해버린다는 사실을 인식하는 것 또한 중요하다. 또 법에 종사하는 사람들이 법정에서 다루는 문제 모두가 법률에 의거한 기술적 문제들로 환원되지 않는다는 점을 인식하는 것도 마찬가지로 중요하다. 예를 들어, 안락사와 인권의 문제, 기술 프로젝트의 위험에 대한 문제, 독성물질의 위해에 대한 문제에 내재한 '불확실성'은 가공된 것이 아니라 실제로 존재하는 것들이고, 따라서 이러한 문제는 의사의 능력, 기술자의 능력으로 환원될 수 있는 문제라기보다는, 그 문제에 내재한 사회적, 종교적, 미적 취향을 고려해서 정치적으로 해결해야 할 문제들이다.

위에서 논의한 사례는 유럽과 미국의 사례이며, 따라서 우리나라의 현실과는 잘 맞지 않는 면이 존재한다. 우리나라의 사법제도는 배심원 제도도 아니며, 증거를 둘러싼 당사자주의라기보다는, 아직도 검찰에 의한 자백과 검찰조서가 절대적 영향력을 행사하는 제도이기 때문이다. 그렇지만 최근 우리나라의 사법 제도에도 일대 혁신이 이루어지고 있다. 사법고시를 대체하는 로스쿨 제도가 만들어지고, 배심원 제도도 서서히 도입되고 있다.

자백에 근거한 검찰조사가 법정에서의 효력을 잃으면, 법정은 마치 외국처럼 검사와 변호사가 배심원을 설득하기 위해서 증거를 놓고 설전을 벌이는 장소로 변할 수 있다. 이때에는 여기서 다룬 '과학적 증거'의 중요성이 크게 부각될 것이며, 이와 결부해서 '과학적이라는 것의 특징은 무엇인가', '과학적 증거의 효력이 어디까지인가', '무엇이 증거가 되는가', '과학자 사회에서 '일반적으로' 받아들여진다는 것은 무엇을 의미하는가'와 같은 문제에 대한 상이한 해답이 법정에 선 사람을 유죄로 만들 수도 있고 무죄로 할 수도 있는 중요한 사안이 될 것이다. 과학과 법의 관계와 관련된 모든 문제는 아주 가까운 미래에 바로 우리의 과학기술학(STS)이 끌어안아야 할 문제가 될 것이다.[30)]

30) 이 장에서 논의된 과학과 법의 관계에 대한 아주 개략적이고 간략한 논의가 서울대학교 기술과법 센터 엮음, 『과학기술과 법』(박영사, 2007), 3-19쪽에 필자의 '과학사' 라는 제목의 논문으로 출판되었다.

제7장

과학과 인권

과학은 자연의 비밀을 파헤치는 인간의 활동이다.[1] 반면에 인권은 사람의 자유, 평등, 고문 금지 등 근대 자유권을 근간으로 한 이념이다. 과학이 진리 탐구의 영역이라면, 인권은 법적 정의의 영역이다. 과학적 발견의 결과는 만인에게 평등하게 귀속되지만 인권이 문제가 되는 데에는 사람에 따라서 누리는 천부적 권리가 불균등하다는 인식이 있었다. 1970년대에 영국이나 미국 같은 선진국의 과학자들은 주로 개발도상국이나 소련 같은 공산주의 국가의 과학자들이 투옥과 고문을 받는 상황에 대해서 문제를 제기하면서 '과학과 인권'이라는 주제를 부각시켰다. 미국과학아카데미, 미국과학진흥협회, 영국의 왕립협회 등이 이러한 인권 운동을 주창했던 단체들이었다. 그렇지만 이로부터 약 20년이 지난 1990년대 말엽에 미국과학진흥협회의 저명한 학술지 《사이언스》는 「과학자들의 대의(大義)로서의 인권이 시들어가고 있다」는 기사를 게재했다. 소련의 공산주의가 붕괴하면서 탄압받는 과학자에 대한 관심이 시들어갔고, 새로운 문제로 부상한 중국의 인

1) 다른 장과는 달리 이 장에서 특별한 지적이 없는 경우에 '과학'은 공학기술과 의학을 포함하는 넓은 의미로 사용된다.

권 문제에 대해서는 과학자들 사이에서도 다양한 견해가 존재한다는 것이 그 이유였다. 미국 물리학회가 주최하려 했던 인권 워크숍은 학회에 참석한 수천 명의 물리학자 중 오직 두 명만이 등록을 하면서 취소되었다.[2)]

이러한 관심의 퇴조는 과학과 인권의 문제를 인권을 침해당하는 과학자의 문제로 한정했기 때문에 나타난 자연스러운 결과이다. 물론 아직도 독재국가나 제3세계에 기본권을 억압받는 과학자들이 존재하고 있지만, 이러한 문제가 과학자들의 관심을 끄는 중요한 이슈로 부각되는 사례는 이제 많지 않다. 그렇지만 과학과 인권의 관계를 인권을 침해당하는 과학자라는 주제에 국한하지 말고 조금 더 넓혀보면, 과학과 인권 문제의 교집합이 존재할 뿐만 아니라 그것이 점점 더 넓어지고 중요해지고 있음을 알 수 있다. 우선 현대 과학은 기술이나 산업 발전과 뗄 수 없는 관계에 있으며, 과학의 이상과는 달리 과학에 기초한 기술과 산업 발전의 혜택은 계층별로, 인종별로, 국가별로 불균등하게 배분되는 것이 현실이다. 예를 들어, 정보기술의 발전은 정보기술을 사용해서 더 많은 부가가치를 창출하는 사람들과 정보에서 소외되어 있는 사람들 사이의 경제적·문화적 간격을 더 벌려놓고 있다. 전통적인 방법에 의해서 이 새로운 부를 균등하게 배분하려는 노력은 한계가 있기 때문에, 과학기술의 연구 단계부터 그 결과의 사용과 배분을 생각하는 것이 현대 사회에서 인권의 중요한 문제가 된다.

또 과학기술의 발전은 사람이 거주하는 도시를 비롯하여 생태계를 급격하게 바꾸어놓았다. 비록 오염이 만인에게 평등하다는 역설이 있지만, 열악한 지역에 거주하는 사람들은 더 오염된 공기를 숨쉬고 더

---

2) 1970년대 서구 과학자들의 인권에 대한 문제 제기는 Robert W. Kates, "Human Issues in Human Rights," *Science* 201(11 August, 1978), pp. 502–506 참조. 1998년의 상황은 James Glanz, "Human Rights Fades as a Cause for Scientists," *Science* 282(9 October, 1998), pp. 216–219 참조.

오염된 물을 마시고 있으며, 더 많은 기술적 위험에 노출되어 있다. 도시화와 경제 성장은 화석에너지 의존도를 높이고 있으며, 각국의 정부와 과학기술자들은 대안에너지의 사용에 동의하지만 다른 한편으로는 지금의 에너지 수요를 맞추는 대안에너지가 개발될 때까지는 원자력에너지의 사용을 어쩔 수 없는 현실적 선택으로 받아들이고 있다. 환경 파괴에 따른 인간 존재 조건의 위협과 증대되는 기술적 위험은 인권의 개념을 확장할 것을 요구한다.

20세기 '과학적 의학(scientific medicine)'의 탄생은 인간이 질병과 싸워온 역사에 획기적인 사건이다. 항생제의 발명, 의료기기의 발전, 다양한 신약의 개발을 통해 인류는 극복 불가능하리라고 믿었던 수많은 질병을 극복하고, 지금은 분자생물학 연구나 유전자 치료를 통해 불치병과 암을 극복하는 것을 목표로 한다. 그렇지만 이 과정에서 의료의 혜택이 불평등하게 돌아가는 문제가 발생한 것은 물론이고, 환자의 의도를 거역하면서 환자를 대상으로 여러 가지 실험을 하는 경우도 빈번히 일어나고 있다. 질병에 노출이 안 된 사람이 없듯이, 이러한 문제는 많은 사람의 인권 침해로 이어질 수 있는 문제이다.

마지막으로 과학 연구는 '인간'의 개념을 확장한다. 시험관 아이가 탄생하기 전에 종교계의 일부에서는 인위적인 방법으로 아이를 만드는 것이 신의 뜻에 위배된다고 이를 반대했지만 지금은 인공수정을 통해 태어난 아이들도 다른 아이들과 전혀 다를 바 없는 '인권'을 부여받고 있다. 한편 줄기세포에 대한 최근의 연구는 배아를 실험적 목적을 위해 파기하는 것이 정당한가라는 문제를 야기하면서 논란을 가속시켰다. 과학자 사회는 14일 이전의 배아는 잠재적 인간으로 볼 수 없다는 견해에 합의했지만, 종교계는 모든 수정란에 인간의 지위를 부여해야 한다고 주장하면서 과학계의 의견에 반발하고 있다. 또 유전공학이 발전하면서 '인간=유전자의 총합'이라는 유전자 결정론이 사람들 사이에서 널리 받아들여지고 있는데, 이는 인간을 전인적 총체로 보는 것을 가로막고 있다. 반면에 인간의 유전자를 이식받은 잡종 동물도 인권을 가진 존재라고 보아야 하는가의 문제도 있다. 최근에는 뇌 영상을 사용하는 뇌과학과 진화생물학이 인간의 도덕성과 법률의 생물적인 기초를 규명하면서, 새로운 윤리적 딜레마를 낳기도 한다.[3)]

과학이 가져온 여러 가지 사회적 변화는 사실상 인권 개념의 변화에 반영되어 있다. 20세기 이전의 인권 개념에서는 전통적인 언론의 자유, 집회의 자유, 종교의 자유, 투표의 자유와 같은 자유권과 법률적 평등과 같은 개념이 주를 이루었다. 그런데 20세기 전반기에 건강과 무상 교육을 포함한 복지와 사회 보장을 포함한 사회권이 전통적 인권 개념에 더해졌으며, 20세기 후반에는 환경권, 정보접근권, 알 권리, 평화적 생존권이 포함되었다. 최근에는 지금을 살고 있는 우리의 인권만이 아니라 후세대의 인권을 동시에 고려해야 한다는 주장이 폭넓은 지지를 얻고 있는 실정이다. 인권의 개념이 이렇게 확장된 데에는 과학기술의 발전을 통한 현대 사회의 급격한 경제 성장이 사회적 불평등을 강화하고, 전쟁에서의 대량 살상을 가져오며, 기술적 위험을 증가시키고 환경을 황폐하게 함으로써 사회 공동체의 인간다운 삶을 저해한다는 인식이 존재했다. 현대 사회는 과학의 혜택을 고르게 분배해야 하는 숙제와 사회적 문제를 낳을 수도 있는 과학기술의 발전을 적절하게 제어하고 통제해야 하는 숙제를 동시에 안고 있다.

이 장에서는 과학과 인권의 상호 영향을 몇 가지 범주로 나누어서 살펴볼 것이다. 우선 의학, 생명공학의 발전과 인권의 관계를 살펴본 뒤에, 과학기술의 발전이 야기한 사회적 변화가 인권의 개념을 어떻

3) Alex Mauron, "Is the Genome the Secular Equivalent of the Soul?" *Science* 291(2 February, 2001), pp. 831–832; Oliver R. Goodenough and Kristin Prehn, "A Neuroscientific Approach to Normative Judgement in Law and Justice," *Philosophical Transactions* B(2004), pp. 1709–1726.

게 바꾸는가를 살펴보기 위해 정보기술의 예를 분석할 것이다. 그 다음으로는 환경 문제와 에너지 기술이 불러일으키는 문제를 인권의 차원에서 분석하고, 마지막으로는 과학기술의 시대에 인권을 지키고 이를 바람직한 형태로 확산하기 위해서 과학자, 대중, 그리고 이 두 집단을 연결하는 과학 커뮤니케이터들이 어떠한 일을 해야 하는가를 간단히 논의해볼 것이다. 이러한 논의를 시작하기 이전에 다음 절에서는 과학과 인권이라는 주제가 사회적 의제로 부각된 역사를 간략하게 짚어보려 한다.

1. 과학과 인권의 관계에 대한 역사적인 인식

유엔인권위원회의 프랑스 대표를 역임했던 르네 카상은 인권이 네 개의 기둥으로 받쳐지는 사원과 같다고 설명했다. 그 네 개의 기둥이란 1) 평등, 삶, 자유권과 같은 개인적 권리, 2) 프라이버시, 결혼, 주거 이동, 재산, 종교의 자유처럼 자신이 속한 그룹과 관계를 맺을 수 있는 사회적 권리, 3) 사상의 자유, 집회결사의 자유, 투표의 자유처럼 정부 기관을 만드는 데 기여하고 의사 결정 과정에 참여할 정치적 권리, 그리고 4) 일할 권리, 직업 선택의 자유, 노조 결성의 자유, 행복권, 교육받을 권리 등 경제적, 문화적 공간에서의 권리이다. 과학과 관련해서도 위의 네 가지 자유와 권리는 중요하다. 우선 사람들은 인종, 성별, 혹은 다른 사회적 지위에 관계 없이 충분하게 동등한 과학 교육을 받을 권리가 있다. 또 과학자들은 국제 학회에 참여할 때 필요한 이동의 자유를 가질 권리가 있으며, 창의력이 중요한 과학 연구에서 통신의 권리와 표현의 자유를 가질 권리가 있다. 그리고 모든 사람들이 과학의 진보를 누릴 권리를 가짐과 동시에 과학자의 지적재산권도 보장되어야 함은 물론이다. 국제협력을 장려하는 국가간 질서를 만들고 이를 유지하는 것도 중요하다.[4)]

과학과 인권에 대한 문제는 2차 세계대전 이후에 훨씬 더 중요하고 민감한 문제로 부상했다. 이는 2차 세계대전 동안의 독일과 일본에서의 과학 연구가 정치 제도의 이데올로기에 의해 위협받을 수 있음이 드러났으며, 과학의 결과가 원자폭탄처럼 엄청난 살상력을 지닌 무기로 탈바꿈할 수 있다는 것을 보여주었기 때문이다. 특히 독일과 일본의 과학자들은 자국의 국익과 과학 지식의 진보를 위해서는 잔인한 인체실험도 마다하지 않았다. 전쟁 이후에 이러한 연구에 종사했던 사람들은 과학 연구 그 자체는 가치중립적이지만 이를 나쁜 방향으로 사용하려 했던 전체주의적 정치 체계가 자신들의 연구를 타락시켰다고 주장했다. 그렇지만 이를 비판했던 사람들은 과학자가 자신의 연구 결과가 인류에게 어떤 영향을 미칠지 판단할 수 있다고 하면서 과학의 가치중립성에 내재된 이데올로기를 비판했다. 과학과 인권에 대한 논의는 이러한 배경에서 본격적으로 시작되었던 것이다.

전쟁 이후에 두드러진 변화 중 하나는 과학과 인권의 문제를 다루기 위한 국제적인 제도의 설립이었다. 1945년에 유엔(UN)이 만들어졌고, 곧이어 유네스코(UN Educational, Scientific and Cultural Organization)가 발족되었다. 유네스코의 첫 의장이었던 헉슬리는 미국인류학회에서 만들려고 했던 세계인권기준을 검토하고, 세계인권기준을 만들었을 때 생길 이론적 문제점에 관하여 공개 질문을 통한 조사를 실시했는데, 과학 부문에서는 다음과 같은 두 가지 의견이 제시되었다. 첫 번째는 과학자들이 정치적인 목적을 가진 파괴적인 연구를 하지 않고 건설적인 연구를 함으로써 '책임'을 다해야 한다는 것이고, 두 번째는 과학자가 과학자로서 진리를 추구하되 시민으로서의 의무도 다하면서 광범위한 자유를 추구해야 한다는 것이었다. 여기서 책임이라는

---

4) Richard Pierre Claude, *Science in the Service of Human Rights*(Philadelphia: University of Pennsylvania Press, 2002), pp. 21–22.

말에는 과학자들이 자신의 연구 결과가 어떻게 응용될 것인가에 대해서도 고려해야 한다는 의미까지 포함되어 있었다.[5)]

1948년에 제정된 유엔(UN)의 「세계인권선언」에서도 과학과 관련된 부분을 찾아볼 수 있다.[6)] 이 인권선언에서 과학의 역할은 대중에 대한 책임감을 연결고리로 해서 연구 결과의 이익을 나눌 대중의 권리를 과학자들과 연결시키는 것에 초점이 모아졌다. 즉 과학자들은 다른 모든 사람들처럼 정치적 권위의 꼭두각시가 되어서는 안 되며, 과학자들의 연구는 과학의 수혜자들인 대중의 권리 기준에 의해 판단된다는 것을 인식해야 한다는 것이었다. 여기서 중요했던 원칙은 모든 사람들이 과학 발전에 평등하게 참여하지 않더라도, 과학의 수혜를 평등하게 받을 수 있다는 점이었다. 즉 「세계인권선언」(특히 27조)은 모든 사람이 발달된 과학과 그 이익을 나눠 받을 권리는 사회적 권리이며, 사회적 복리이자 사회의 책임이라는 것을 명시했다. 물론 모든 사람이 과학적 발견의 혜택을 받을 권리가 있듯, 과학자도 자신의 과학 연구를 보호받을 권리가 있다는 점 역시 선언에 포함되었다.[7)]

유엔(UN)은 1966년에 「경제적, 사회적, 문화적 권리에 관한 국제규약」을 인준했는데, 여기에도 과학에 대한 내용이 포함되어 있었다. 규약 초안을 마련하기 위한 위원회의 위원들은 유엔(UN)의 「세계인권선

---

5) Claude, *Science in the Service of Human Rights*, pp. 18–19.

6) 「세계인권선언」은 http://www.un.org/Overview/rights.html에서 볼 수 있다.

7) 「세계인권선언」의 제27조는 다음과 같은 두 가지 항목으로 이루어져 있다. 1. 모든 사람은 공동체의 문화 생활에 자유롭게 참여하며 예술을 향유하고 과학의 발전과 그 혜택을 공유할 권리를 가진다. 2. 모든 사람은 자신이 창작한 과학적, 문학적 또는 예술적 산물로부터 발생하는 정신적, 물질적 이익을 보호받을 권리를 가진다. 특히 문제가 되었던 것은 지적재산권에 대한 언급이었는데, 이 27조의 문안 작성을 둘러싼 논쟁과 합의 과정은 Richard Pierre Claude and Bernardo W. Issel, "Health, Medicine and Science in the Universal Declaration of Human Rights," *Health and Human Rights* 3(1998), pp. 126–142 참조.

언」에서 사람들이 과학의 발전을 공유할 권리를 가진다고만 서술한 부분에 만족하지 못했다. 이들은 인권선언의 표현이 더 구체적인 법률적 의무를 보여주는 규정으로 바뀌어야 한다고 생각했다. 따라서 이들은 인권선언의 '과학적 발전과 그 혜택을 공유(to share in scientific advancement and its benefits)' 한다는 구절을 '과학적 진보와 그 응용의 이익을 향유(to enjoy the benefits of scientific progress and its applications)' 하는 것으로 바꾸었다. 그리고 위원회는 과학 발전의 수혜를 받을 권리를 보장하기 위해서는 다음과 같은 네 가지 권리들이 인정되어야 한다는 것을 지적했다. 우선 언론, 정보접근, 집회, 참여와 같은 기본권이 보장되어야 하며, 사람들이 인권에 해악이 되는 과학의 악용에서 보호받을 권리를 가지고 있어야 하고, 모든 사람이 성별을 떠나 평등하고 경제적, 사회적, 문화적 권리를 가진다는 것이 보장받아야 하며, 마지막으로 국제협력이 보장받아야 한다는 것이었다.[8)]

유엔(UN) 인권위원회가 1975년에 작성한 「인류와 모든 국가의 이익과 평화를 위한 과학기술의 진보 선언」은 위에서 언급한 논의들에 기반한 것으로, 모두 9개의 조항으로 이루어졌다. 여기에서는 「유엔헌장」에 맞게 인간의 권리와 자유를 실현하기 위해서 국제협력을 촉진하고, 국가에 의해서 과학기술의 발전이 인권을 침해하는 방식으로 사용되는 것을 막기 위한 조치를 취하며, 모든 국민의 물질적·정신적 욕구를 충족시키기 위해서 과학기술의 결과가 사용되도록 조치하며, 다른 국가의 주권과 영토권을 침해하는 데 과학기술의 발전이 사용되는 것을 막고, 개발도상국가의 사회경제적 권리를 실현하기 위해서 과학기술을 발전시키는 것을 도와주고, 과학기술의 발전이 가져올 잠재적 해악에서 국민을 보호하고 이들 모두에게 과학기술의 이익을 골고루 분배하기 위해서 노력하며, 인종, 성별, 언어, 종교의 차별 없이

8) http://www.unhchr.ch/html/menu3/b/a_cescr.htm; Claude, *Science in the Service of Human Rights*, pp. 43–49.

인권과 자유를 실현하기 위해서 과학기술의 발전을 도모하고, 인간존엄성과 인권을 침해하는 방식으로 과학기술이 사용되는 것을 방지하며, 인권과 자유에 대한 법률이 과학기술의 진보와 합치되도록 조치를 취한다는 내용이 선포되었다.[9)]

1974년 파리에서 열린 제18차 유네스코 총회는 과학자가 전문인으로서 가져야 할 직업적 자유를 강조하는 「과학연구 종사자 지위에 관한 권고」를 채택했다. 여기서 직업적 자유란 자신의 전문적 지식에 대해서 편견이나 타인의 간섭을 받지 않고 지적 자유의 정신 속에서 일하는 것을 의미하며, 과학기술자가 자신의 동료, 같은 직종의 연구자, 상급자, 기관, 사회 등에서 통용되는 지식에 대해 합리적인 근거를 가지고 반대하더라도 괴로움을 당하지 않는 자유를 포함하는 것이었다. 이러한 자유는 책임이 수반되는 것이었는데, 권고안은 과학자들의 책임이 중요한 이유를 과학적 연구의 결과가 대규모의 파괴를 가져올 전쟁을 준비하거나, 다른 나라를 착취하는 데 사용되었을 경우에 위협을 가져다줄 위험을 수반하기 때문임을 명시하고 있다. 이를 위해 유네스코는 회원국들에게 '과학연구 종사자들이 공공당국의 지원 하에 책임과 권리를 갖는 조건을 고무' 하기 위해서 '그들이 관찰한 과학적 진리를 추구하고 해석하며 또 옹호함에 있어서 지적 자유의 정신으로 일을 하고,' '그들이 종사하는 계획의 목적에 대한 정의와 인도적, 사회적 및 생태학적으로 책임 있는 방법을 결단하는 데 공헌' 할 것을 촉구했다.[10)]

---

9) http://www.unhchr.ch/html/menu3/b/70.htm; Claude, *Science in the Service of Human Rights*, p. 47.

10) http://www.unesco.or.kr/kor/ency/na_sci_rec_1.html; 1974년 권고의 의미와 한계에 대해서는 Sang-yong Song, "Some Thoughts on the UNESCO Recommendation of 1974", 『과학기술자 윤리강령을 향하여』(유네스코 과학기술윤리 포럼 자료집, 2006), 1-6쪽.

지금까지 보았듯이 2차 세계대전 이후 1970년대까지 유엔(UN)과 유네스코를 중심으로 이루어진 과학기술과 관련한 인권론은 과학 발전과 그 혜택을 누릴 권리, 과학 연구의 자유를 강조했다. 연구의 자유를 비롯한 과학자의 자유(scientific freedom), 교육과 연구를 통한 과학의 발전과 자유로운 정보의 공유, 그리고 이를 촉진할 국제협력 등을 그 핵심으로 하고 있었다. 그런데 1970년대 이후에 정보혁명과 생명공학 시대에 들어서면서 이제 이런 인권논의에 패러다임 전환이 일어나고 있다. 그 전환의 골자는 과학적 진보를 강조하는 데에서 과학의 위험으로부터 우리의 몸과 사회, 환경을 보호해야 한다는 쪽으로, 연구 자유의 보장을 강조하는 데에서 과학 연구의 윤리와 책임를 강조하는 쪽으로 과학 인권론이 바뀌고 있다는 것이다.

지난 1999년 헝가리 부다페스트에서 열린 '세계과학회의(World Conference on Science)' 에서 채택한 「과학과 과학적 지식의 이용에 관한 선언」은 이러한 변화를 잘 보여준다. 여기에서는 "모든 과학자들은 높은 윤리적 기준에 헌신해야 하며, 국제인권문서들에 명시된 관련 규범에 근거한 윤리 규약이 과학자 사회에 확립되어야 한다."고 밝히고 있다. 또 "과학적 진보의 응용과 인간 활동의 발전 및 확장은 입증할 수 있는 분명한 혜택을 가져왔지만, 이와 더불어 환경의 악화와 기술적 재난을 가져왔으며 사회적 불균형과 배제에 기여했다."고 하면서, "오늘날, 전례가 없는 과학의 진보가 예견되고 있는 상황에서, 과학 지식의 생산과 이용에 관해 보다 활발하고 지식에 근거한(informed) 민주적 토론의 필요성이 제기되고" 있음을 강조하고 있다. 「선언」은 이를 위해서 과학자 공동체와 정책 수립자의 대중적 신뢰 강화, 토론의 활성화, 과학과 타학문 사이의 학제적 노력을 촉구하면서, '지식을 위한 과학', '평화를 위한 과학', '발전을 위한 과학', '사회를 위한 과학' 의 구체적 강령을 제시하고 있다. 여기서 주목해야 할 부분은 과학의 발전이 단순한 경제발전이 아니라 더 효율적인 자원

이용, 더 안전한 생산, 더 나은 고용, 사회 정의, 향상된 경쟁 등을 도모하고 지구 자원, 생물 다양성, 생명 유지 체계에 대한 보호와 이해를 가능케 하는 '지속가능한 발전' 이어야 한다는 것이다.[11]

부다페스트 '세계과학회의' 에는 우리나라 정부의 대표도 참석했고, 그 후속 작업을 진행해서 과학의 개별 분야들과 인권 사이의 바람직한 관계를 모색한 『과학연구윤리』와 『과학기술과 인권』이라는 책을 출판했다.[12] 이러한 작업의 연장선상에서 한국과학기술단체총연합회(과총)는 2004년 11월 11일에 「과학기술인 헌장」을 공표했다. 「헌장」은 구체적인 실천 강령을 포함하지 않은 추상적 원론에 그쳤다는 비판을 받았지만, 그럼에도 불구하고 그 속에 "탐구의 자율성을 소중히 여기며 과학기술에 대한 사회적 책임과 윤리의식을 갖는다."라는 선언과 "과학기술에 대한 국민의 이해를 높이는 데 앞장선다."는 선언을 포함한 것에 의미를 둘 수 있다.

2. 과학과 인간의 재정의: 의학, 생명공학과 인권

2차 세계대전이 끝난 뒤에 사람들은 유태인 학살을 담당했던 독일 의사들의 비인간적 행위에 경악했다. 이들의 만행은 뉘른베르크 재판 과정에서 낱낱이 공개되었고, 이 재판 이후 인간을 대상으로 의학실험을 하는 모든 연구자들이 따라야 할 규범으로 「뉘른베르크 강령」이 제정되었다. 이 강령은 사람을 대상으로 하는 의료 실험에서 실험 대상이 되는 사람의 자발적인 동의(voluntary consent)가 절대적으로 필요

---

11) 「과학과 과학적 지식의 이용에 관한 선언」은 http://www.unesco.org/science/wcs/eng/declaration_e.htm에서, '세계과학자회의'에서 발표된 논문들은 http://unesdoc.unesco.org/images/0012/001207/120706e.pdf 에서 볼 수 있다.

12) 또 다른 후속 조치로 장회익 외, 『세계과학회의 후속 조치를 위한 국내 과학기술활동의 점검』(과학기술정책연구원, 유네스코 한국위원회, 2001)이 있다.

하다는 점을 명시했고, 사람을 대상으로 한 실험은 다른 연구방법에 의해서는 얻을 수 없는 사회적 이익을 낳을 수 있을 때에만 정당화된다는 점을 강조했다.[13] 1948년에는 세계보건기구(WHO)가 창립되었고, 이 기구는 건강을 단지 질병이나 허약이 없는 상태로 보지 않고 육체적, 정신적 및 사회복지적인 측면에서 모두 완전한 상태라고 적극적으로 정의했다. 1948년에는 국제의료연맹이 히포크라테스 선서를 현대화한 「제네바 선언」을 채택했으며, 1949년에 「국제의료윤리헌장」을, 1975년에 「의료윤리원칙」을 제정했다. 1964년에는 인체 실험과 임상 연구의 상세한 규정을 정한 「헬싱키 선언」이 천명되었다. 이러한 의료 윤리는 피실험자에게 실험의 내용을 충분히 공지하고 피실험자의 자발적인 동의를 얻어야 한다는 내용, 피실험자가 연구프로젝트의 참여를 거부할 권리, 연구에 참여의 보상 문제, 대안의 제시, 플라시보 실험에 대한 신중성, 위험과 혜택의 신중한 계산과 이의 공정한 분배, 취약한 대상에 대한 보호, 비밀의 보장, 기관윤리심의위원회(IRB)의 설립, 역할의 상충 문제에 대한 윤리적 규정을 담고 있었다.[14]

1950년대와 1960년대를 통해서 의학은 당시 새롭게 부상하던 학문인 분자생물학과 결합했다. 분자생물학은 인간의 질병을 디엔에이(DNA) 수준에서 규명하고, 디엔에이(DNA)를 조작함으로써 특정한 디엔에이(DNA)를 복제하고 이를 통해 새로운 생명체를 만들어내기 시작했다. 1971년 미국의 생화학자인 포터가 새롭게 부상하는 생명과학 연구가 새로운 윤리적 문제를 낳는다는 사실을 인식하고 이를 다루기

---

13) 「뉘른베르크 강령」의 현재적 의의는 George J. Annas and Michael A. Grodin, "Medicine and Human Rights: Reflections on the Fiftieth Anniversary of the Doctors' Trial," *Health and Human Rights* 2(1996), pp. 6-21에서 잘 볼 수 있다.

14) Claude, *Science in the Service of Human Rights*, pp. 84-89. 제네바 선언과 헬싱키 선언은 다음에서 볼 수 있다. http://www.koreabioethics.net/code/code8.htm, http://www.koreabioethics.net/code/code11.htm

위해서 전통적인 의료 윤리(medical ethics)를 포함한 새로운 학제적 학문 분야인 '생명 윤리(bioethics)'라는 분야를 제창했다. 생명 윤리는 인공수정, 디엔에이(DNA) 재조합, 실험실에서 만들어진 새로운 생명체, 유전자치료, 배아연구, 인간복제, 유전자특허, 맞춤아기, 유전자향상, 이종간 장기이식, 신경생리학과 같은 새로운 생명공학, 의학에 대한 다양한 윤리적인 고찰에 초점을 두고 있다. 특히 1993-2001년 사이에 인간게놈계획이 성공적으로 마무리되면서 인간을 유전정보의 총체로 간주하는 환원적인 인간론이 대두되고 있는데, 생명공학 시대의 생명 윤리는 사람을 유전적 존재 이상의 전인격적 존재로 취급해야 한다는 성찰을 담아야 한다.[15)]

생명공학 시대의 윤리와 인권은 전통적인 인권에 대한 논의와 몇 가지 차이점을 지닌다. 우선 생명 윤리는 생명과학자의 높은 연구 윤리를 필요로 한다. 특히 인간복제나 인공생명체와 같은 연구 주제는 그 위험을 예측해서 과학자 사회가 이러한 연구를 지속할 것인가를 결정하고 개별 과학자는 그 결정을 준수해야 한다. 또 심각한 윤리적 문제를 낳는 연구가 동시에 의학적 수혜를 가져올 수 있다는 문제도 있다. 따라서 생명공학과 관련된 윤리 문제는 상충되는 사회집단 사이의 오랜 기간에 걸친 사회적 합의를 필요로 하는데, 이러한 경우에 사회적 합의 과정은 국제적 경쟁력 차원에서 연구를 빨리 진행시켜야 한다는 절박함과 마찰을 일으킨다. 게다가 황우석 사태에서 보았듯이 생명과학이 인권에 대해 던지는 도전은 정치 권력과 기술을 상업화하려는 자본의 연합으로부터 나오며, 이 연합에는 종종 난치병 환자들과 그들의 가족과 같은 일반 시민들도 가세한다. 따라서 윤리를 둘러싼 논쟁은 국가 대 시민 사회의 대립으로는 이해되기 힘들다. 그리고 연구가 세계화되면서 윤리 문제도 범지구적인 것으로 되는데, 이 경

15) 박은정, 「생명공학기술과 인권」, 유네스코한국위원회 편, 『과학기술과 인권』(당대, 2001), 28-48쪽; Mauron, "Is the Genome the Secular Equivalent of the Soul?"

우에 인간복제처럼 전 세계적으로 금지 규약을 만들 수 있는 것도 있지만, 배아 연구처럼 국가별로 상이한 정책이 채택되는 경우도 많다. 생명공학 연구를 법적으로 규제하는 법률이 필수적이지만, 매우 빠른 연구 속도와 관련해서 볼 때 이러한 법이 유연성을 가져야 한다는 문제도 있다. 이를 종합해보면, 생명과학의 경우에는 인권을 침해하는 권력자와 그 피해자의 구분이 유동적이고, 논쟁이 국제적이면서 동시에 국지적이며, 인권의 보호가 과학자 집단을 비롯한 사회 구성원의 숙의에 기초하며, 법률이 유용하지만 동시에 한계를 지닌다는 특징이 있다.[16)]

인권 개념이 생명공학의 복잡한 윤리 문제를 모두 해결해줄 수는 없지만 최소한의 가이드라인을 설정하는 데에는 도움을 줄 수 있다. 인간복제는 인간의 존엄성이라는 인권의 기본을 위협하는데, 이런 경우에 인권이라는 가이드라인은 기술이 아닌 유전적으로 동일한 인간을 복제하려는 의도를 금지함으로써 과학 발전의 가능성을 열어두면서 인권을 보호할 수 있다. 생명과학과 인권의 문제를 지속적으로 제기해온 유네스코는 현대 생명과학의 발전이 난치병 치료와 불치병 퇴치 같은 혜택을 가져다줄 수 있지만, 배아의 파괴에서 보듯이 인간존엄, 인권, 프라이버시 침해 등의 윤리적 문제를 제기한다는 점을 주목하고, 일찍이 1993년에 이 문제를 논하기 위한 국제생명윤리위원회(IBC)를 창설했다. 유네스코는 1997년에 「인간게놈과 인권에 관한 보편선언」을 채택하였고, 2003년에는 「인간 유전정보에 관한 국제선언」을 채택했으며, 2005년에는 「생명윤리와 인권에 관한 보편 선언(Universal Declaration on Bioethics and Human Rights)」을 채택했다. 이중 제일 먼저 만들어진 「인간게놈과 인권에 관한 보편선언」에서는 제5조에서 제9조까지 유전자 연구가 가져올 수도 있는 인권의 문제를 명시했는데, 그중 일부를 뽑아보면 다음과 같다.[17)]

---

16) 박은정, 앞의 논문, 36-39쪽.

제5조

a. 개개인의 게놈에 영향을 주는 연구와 치료 또는 진단은 반드시 그 자체 잠재적인 위험성과 이익에 대한 엄격한 사전 평가와 함께 국가법이 요구하는 다른 모든 요구 조건에 따라 수행되어야 한다.

b. 모든 경우에 관련 당사자의 자유의사에 의한 사전 인지된 동의를 얻어야만 한다. 만일 관련 당사자가 동의할 수 없는 상황일 경우 당사자의 최대의 이익에 근거하여 법에 의해 규정된 바대로 동의 또는 인가를 얻어야 한다. (…)

제6조

그 어느 누구도 유전적 특성에 기인하여 인권을 침해하려 하거나 침해하는 효과를 가지거나 기본적으로 자유와 인간존엄을 침해하는 차별을 받아서는 안 된다.

제7조

연구나 기타의 목적으로 저장되거나 가공된 식별 가능한 개인의 유전 자료는 법에 의해 예견된 조건 하에서 비밀이 유지되어야 한다.

위의 조항에는 생명공학 시대 인권의 문제에 접근하는 원칙이 드러나 있는데, 이를 조금 확장해보자. 우선 인간의 몸은 그 자체가 문화적, 역사적, 사회적 산물로서, 결코 디지털화된 유전정보로 환원될 수 없는 인간의 총체이다. 따라서 사기업의 이윤이나 국가의 경쟁력 강화를 추구하기 위해서 무분별하게 인간의 몸을 연구 도구로 삼는 것을 경계해야 한다.[18] 이와 더불어 생명특허의 남발에 대해서는 국제적인 논의와 협약이 필요하다. 선진국에서 특허가 가능하면 자기 나

17) Stephen P. Marks, "Human Rights Assumptions of Restrictive and Permissive Approaches to Human Reproductive Cloning," *Health and Human Rights* 6(2002), pp. 80-100. 인간게놈과 인권에 대한 보편선언은 http://portal. unesco. org/en/ev.php-URL_ID=13177&URL_DO=DO_TOPIC&URL_SECTION=201.html.

라에서 특허가 금지되었더라도 선진국의 특허를 신청하면 되기 때문이다. 두 번째로 유전정보의 남용과 이를 매개로 차별을 조장하는 것을 방지해야 한다. 교육, 취업과 승진, 보험이나 연금 등에 유전정보가 사용되거나 이를 토대로 불평등한 대우가 조장되어서는 안 되며, 유전적 질환에 대한 사회적 차별은 우생학의 비극을 반복할 가능성이 있으므로 특히 경계해야 한다. 셋째로 생명공학이 열어주는 개인적 선택의 확대를 인정하지만 이러한 개인적 선택이 얼마나 자발적인 것인가도 주의 깊게 살펴보아야 한다. 예를 들어 생식 보조기술의 발전으로 인해 여성들은 출산 전에 태아의 유전병을 진단해서 태아가 유전병이 있을 경우에 낙태를 선택할 수도 있게 되었다. 그렇지만 이러한 선택들이 유전자 결정론에 의거해서 확대되는 것은 방지해야 하며, 사회가 담당해야 할 사회의료 부분을 개인이 미리 조치하도록 권장하기만 하는 것도 바람직하지 못하다.

이렇게 복잡하게 얽혀 있는 문제를 풀어나가는 데 인권은 매우 중요한 가이드라인이 된다. 인간복제를 금하는 것도 그것이 인간의 존엄성을 침해하기 때문이며, 치료 목적의 유전자치료가 자손의 형질을 향상시키는 데 적용된다면 그 결과가 차별을 조장하기 때문에 이 역시 인권을 침해하는 문제가 된다. 그렇지만 실제로 문제를 해결하는 과정에서는 인권에 근거한 판단만으로는 문제를 해결하기 힘들고, 여기에 법률적 접근과 전문가 윤리라는 측면에서의 접근이 함께 수반되어야 한다. 또 구체적인 해결 과정에서는 생명과학이 야기하는 실제적, 잠재적 위험에 대한 장단기적 분석이 축적되어야 하고, 대중과 전문가를 포괄하는 시민 사회의 토론이 활성화되어야 하며, 규제 사항을 감독할 수 있는 효과적인 감독기관도 필요하다. 이렇게 다양한 접근 방법과 제도적 장치를 통해 우리는 '감시가 불가능하다' 고 일반적

---

18) Laura Tangley, "Who Owns Human Tissues and Cells?" *BioScience* 37(June, 1987), pp. 376–378.

으로 간주되는 생명과학의 발전을 어느 정도 통제할 수 있을 것이다.[19)]

3. 과학기술이 바꾸는 사회: 정보기술과 인권

인터넷, 컴퓨터, 핸드폰과 같은 정보기술의 발달은 정보를 얻는 과정, 지식을 만드는 연구 활동, 인간관계 등을 획기적으로 바꾸었다. 특히 전자메일, 데이터베이스와 같은 정보기술의 발달로 인해 사람들은 국경을 벗어나 글로벌 정보사회(global information society)의 일원이 되었으며, 인권운동을 하는 사람들과 엔지오(NGO)는 과거에는 상상할 수도 없는 엄청난 힘을 얻게 되었다. 멕시코 혁명군인 자파티스타(zapatista)는 인터넷을 이용해서 정보를 주고받으면서 자신들의 이념을 전 세계에 알렸고, '차이나 뉴스 다이제스트' 나 '버마넷' 같은 인터넷 사이트는 독재국가의 정치적 문제나 인권 문제를 폭로하는 매체로 기능하기도 했다. 미국에 본부를 둔 아시아재단은 캄보디아, 스리랑카와 같이 고립되고 내전이 빈번한 지역에서 활동하는 인권운동단체가 쉽게 접근할 수 있는 인권 데이터베이스를 만드는 데 주력하고 있다. 이렇게 정보기술은 정부, 집단, 개인의 권리와 책임에 관한 광범위한 사회적 자각을 일으키고 있다.[20)]

반면에 뉴스와 정보통신 기술에 대한 국가 권력의 조작과 통제가 새로운 인권 문제로 부각되고 있다. 그릇된 정보나 인권에 반하는 정보를 얻게 되는 가능성도 증가했는데, 인권 탄압을 주도하는 정부, 반인권 단체들과 인종차별주의적인 단체들도 뉴스를 조작하고 인터넷

19) Bartha M. Knoppers et. al., "Commercialization of Genetic Research and Public Policy," *Science* 286(17 December, 1999), pp. 2277-2278; Mark S. Frankel and Audrey R. Chapman, "Facing Inheritable Modifications," *Science* 292(18 May, 2001), p. 1303.

을 이용해서 자신들의 그릇된 이념을 퍼트리고 있기 때문이다. 텔레비전이 지구의 한쪽에서 일어나는 인권 침해 소식을 신속하게 전하기도 하지만, 뉴스의 홍수 속에서 사람들이 이러한 소식에 무감각해지는 현상도 나타난다. 중국에서는 국가가 운영하는 '차이나넷'을 통해서만 인터넷에 접속할 수 있는데, 1999년에 정부의 관리들은 중국에서 가장 인기 있던 인터넷 포럼인 '리치토크(Richtalk)'를 폐쇄하고 이에 항의하는 엔지니어를 실형에 처했다. 중국의 경우가 아니어도 대부분의 국가들은 인터넷 사용에 어느 정도의 제한을 가하고 있는데, 인터넷을 사용하는 131개국 중 44퍼센트는 약한 제한을 두고 있으며, 42퍼센트는 중간 수준의 제한을, 14퍼센트는 강력한 제한을 가하고 있다. 정보통신기술을 두고 단순히 인권을 신장하는 '자유의 기술(technology of freedom)'이라고만 파악할 경우에는 정보통신기술 때문에 나타나는 인권 침해를 경시하는 위험에 빠질 수 있다.[21]

우리나라는 인터넷 강국으로 불린다. 우리나라의 상황에 초점을 맞출 때, 새로운 정보통신 기술이 야기하는 인권의 문제는 다음과 같이 4가지로 나누어 생각해볼 수 있다. 우선 인터넷을 통해 내가 정보에 접근하는 것이 혁신적으로 용이해졌지만, 동시에 국가 권력이나 기업이 나를 포함한 사람들의 정보에 접근하는 것도 무척 용이해졌고, 그 결과 개인 정보의 유출을 비롯한 프라이버시의 문제가 부각되고 있다. 두 번째로 개인이 자신의 생각을 표현할 수 있는 인터넷 공간이 크게 확장되었지만, 그에 따라 사상과 표현의 자유가 다른 사람의 권리와 충돌하는 부분이 생기면서 통신 공간에서 사상과 표현의 자유가

---

20) Claude, *Science in the Service of Human Rights*, pp. 101-105.

21) Jamie F. Metzl, "Information Technology and Human Rights," *Human Rights Quarterly* 18(1996), pp. 705-746; 백욱인, 「정보통신기술과 인권」 유네스코한국위원회 편, 『과학기술과 인권』(당대, 2001), 99-115쪽. 리치토크 뉴스는 http://www.wsws.org/articles/1999/mar1999/chin-m02.shtml 참조.

어디까지 지켜지고 보호받아야 하는가의 문제가 부각되었다. 세 번째로 고급 정보에 대한 접근이 계층별, 성별, 지역별, 나이별로 다르게 나타나면서 정보부자(information haves)와 정보빈자(information have-nots) 사이의 정보 격차가 사회적 불평등을 확대시키는 문제로 제기되고 있다. 마지막으로 최근의 정보통신 기술의 발전은 지적재산권의 문제를 새로운 차원에서 부각시켰다. 지금부터는 이 각각에 대해서 조금 더 상세히 알아보도록 하자.[22)]

1) 정보혁명 시대에 개인 정보와 프라이버시가 중요해지는 이유는 두 가지이다. 우선 정보기술은 개인 정보를 비트화함으로써 이것의 저장성, 이동성, 연동성을 비교할 수 없이 쉽게 만든다. 개인 정보의 수집은 광고와 고객 관리를 위해 이를 필요로 하는 기업에 의해서, 범죄, 복지, 징병, 인구센서스 등의 목적으로 국민에 대한 통계를 수집하는 국가에 의해서, 그리고 타인에 의해서 이루어진다. 의료 정보, 범죄 정보, 신용 정보 등이 서로 사고팔리면서 쉽게 연동되는 것이다. 두 번째로 정보기술은 새로운 개인 정보를 만들어낸다. 인터넷 로그인 기록, 전자 단말기에 의한 차량운행 기록과 같은 것은 정보혁명 이전에는 존재하지 않았던 것들이다. 미래학자들은 개개인의 일거수일투족이 전자정보로 바뀌어 저장될 사회가 곧 도래하리라고 예상한다. 지금도 기업은 사내 전산망을 이용해서 직원들의 출퇴근은 물론 근무 상황과 전자메일을 체크한다. 주민등록번호의 도용은 어제오늘의 문제가 아니며, 교육정보화 시스템을 둘러싼 논쟁에서도 볼 수 있듯이

---

22) 유엔(UN)에서는 2003년 정보 사회를 위한 '세계정상회담'을 주재했다. 여기에서는 정보 사회가 인권의 요구에 맞추어서 발전해야 한다는 「원칙 선언」이 이루어졌는데, 이 원칙에 대한 상세한 논의는 Rikke Frank Jørgensen ed., *Human Rights in the Global Information Society*(Cambridge, Mass.: MIT Press, 2006) 참조. 「원칙 선언」은 http://www.itu.int/wsis/docs/geneva/official/dop.html 에서 볼 수 있다.

데이터베이스는 항상 해킹을 통한 정보의 유출 가능성을 안고 있다. 은행과 기업은 신용카드, 상품권, 할인카드 등을 통해서 개개인의 신용 정보와 구매 성향 등을 분석하는데, 이러한 정보는 본인도 모르는 사이에 취합되어 신용 대출이나 광고 전략에 사용된다. 정보를 수집하는 쪽은 정보 수집이 국가 정책과 기업 전략의 편의를 위해서 이루어지며 그 혜택이 결국 국민과 소비자에게 돌아간다고 하지만, 실제로 사람들은 이러한 전자정보 사회에서 끊임없이 감시당하고 통제되는 존재가 될 가능성을 안고 살아간다.[23)]

프라이버시의 권리는 「세계인권선언」 12조에 포함이 되어 있으며, 1980년 오이시디(OECD)는 개인 정보를 보호하기 위한 「프라이버시 보호와 개인정보의 국제적 유통에 관한 지침(Guidelines Governing the Protection of Privacy and Transborder Flows of Personal Data)」을 만들었다.[24)] 이것의 핵심적인 내용은 개인 정보의 수집이 합법적이고 정당한 수단에 의해서, 정보 주체의 인지와 동의 아래 수집되어야 하고, 처음에 명시된 목적과 다른 목적으로 사용되어서는 안 되고, 유실이나 해킹에 대한 적절한 안전장치가 마련되어야 하고, 이를 관장하는 정책권자의 권한과 소재가 공개되어야 한다는 것이다. 또 개개인은 자신의 정보를 쉽게 조회할 수 있어야 하고, 그 내용에 대한 정정권을 가진다는 것이다. 여기서 보듯이 정보화 시대에 프라이버시는 더 이상 혼자 있을 수 있는 소극적인 자유가 아니라 개인의 정보를 개인이 통제할 수 있는 적극적인 자유를 의미한다. 정보기술이 정보의 수집과 연동을 용이하게 하고 새로운 정보를 계속 만들어내는 정보혁명 시대에 프라이버시는 이제 가장 중요한 권리 중 하나로 간주되어야

---

23) 프라이버시 문제에 대해서는 홍성욱, 『파놉티콘—정보사회 정보감옥』(책세상, 2002)을 참조.

24) http://www.oecd.org/document/18/0,2340,en_2649_34255_1815186_1_1_1_1,00.html

하는 것이다. 특히 정보통신 기술에 의해 수집되고 분석된 정보가 차별의 근원이 되는 가능성도 높아지기 때문에, 개인의 정보를 개인이 관리하고 통제할 수 있는 적극적인 권리로서의 프라이버시가 중요해진다.[25]

이를 보장하기 위해서는 프라이버시 침해에 대한 기술적 대책과 법적 규제가 있어야 한다. 오이시디(OECD) 지침에서도 나오지만 프라이버시를 보호하기 위한 기술적, 법적 대책은 개인의 동의 하에서만 개인의 정보를 수집하는 것을 용인하고, 무분별한 정보 수집을 제한하며, 수집된 정보에 대해서 개인의 접근권과 수정권을 강화하는 것이다. 인터넷과 같은 정보기술은 개인의 정보를 유출시킬 수도 있지만 자신에 대한 정보 수집을 통제하고 수집된 정보에 대한 접근권을 강화하는 목적으로도 사용될 수 있다. 특히 경찰이나 관공서와 같은 공공기관과 권력이 시민의 세금을 가지고 수집한 시민에 대한 정보는 시민들의 요구에 따라 공개되어야 마땅하고 모든 사회구성원에게 자유롭게 사용이 허락되어야 한다. 프라이버시 보호와 정보공개권 혹은 정보접근권은 동전의 양면이며, 이 둘이 결합해서 정보와 지식에 대한 보편적 접근과 활용에서의 평등을 실현하는 '정보정의' 혹은 '정보인권' 의 토대가 된다.[26]

2) 인터넷이 처음에 등장했을 때, 사이버 이론가들은 '이제 모든 사람이 자신의 인쇄기(printing press)를 가지게 되었다' 고 했다. 인터넷의 시대에 블로그나 홈페이지를 만들거나 비비에스(BBS)에서의 토론을 통해서 개인의 생각을 전 세계 네티즌들을 대상으로 알리는 것이 현실화되었다. 또 인터넷 토론의 과정에서 공론이 형성되기도 하고, 이것이 바로 현실 세계의 집회로 이어지기도 한다. 우리나라에서는 미

25) 홍성욱, 『파놉티콘』; Gus Hosein, "Privacy as Freedom," in Jørgensen ed., *Human Rights in the Global Information Society*, pp. 121-147.

26) 이상훈, 『정보화 시대의 인권과 보편 윤리』(정보통신정책연구원, 2004).

군의 장갑차에 치어서 숨진 여학생들에 대한 추모집회와 촛불시위처럼 인터넷을 통해 유포된 이슈들이 사회 공론으로 큰 기능을 했던 사례들이 많이 있다. 그렇지만 황우석 사태에서 황우석 박사의 지지자들이 보였던 행보처럼, 인터넷을 통해서 왜곡된 정보가 유포되고 그 결과 현실 사회의 민주적 공론에 저해되는 행위들이 나타나기도 한다.

인터넷에서 표현의 자유를 논의할 때 빠지기 쉬운 함정은 인터넷이라는 환경이나 표현의 자유를 절대적인 것으로 생각하는 것이다. 예를 들어 인터넷이 처음 등장했을 때 이를 예찬한 '사이버스페이스 독립선언'에서는, 사이버스페이스는 물질로 구성된 현실 세계와는 완전히 다른 세상이기 때문에 이에 대한 개입과 규제는 가능하지 않으며 또 원천적으로 부당하다는 주장을 폈다.[27] 그렇지만 이러한 주장은 사이버스페이스에서도 법과 기술적인 규제와 통제가 얼마든지 가능하다는 것을 간과한 주장이다. 또 올바른 공론 형성을 위해서 인터넷에서 이루어지는 언론과 표현에 절대적 자유를 주어야 한다는 주장이 있는데, 이러한 주장은 표현의 자유가 비록 가장 중요한 시민적, 정치적 인권이지만 현실 세계에서도 명예훼손과 같이 법적인 제약을 가진다는 것을 간과한 주장이다. 이와 연결되어 있는 문제가 인터넷 공간의 익명성이다. 인터넷을 사용하는 사람들 중에는 이 공간에서 익명성을 보장받기 때문에 언론의 자유가 지켜진다고 생각하는 사람들이 있지만, 실제로는 회원가입이나 아이피(IP) 주소의 추적 등을 통하면 인터넷에서도 완전한 익명성을 보장받기 힘들다.

그렇지만 인터넷에서의 욕설과 명예훼손 문제 때문에 모든 인터넷 사용을 실명화하자는 식의 접근은 표현의 자유를 심각하게 침해할 소지가 있으므로 신중한 검토가 필요하다. 인터넷에서는 어느 정도의 익명성을 보장받을 수 있기 때문에 실명으로는 하기 힘든 내부자 고발이 가능하다. 대학원생들이 주로 이용하는 생물연구정보센터(BRIC)

27) http://homes.eff.org/~barlow/Declaration-Final.html

나 젊은 연구자들의 모임인 '사이엔지(Scieng)' 같은 인터넷 사이트가 황우석 사태 때 진실을 밝히는 데 중요한 역할을 했음은 잘 알려져 있다. 따라서 이러한 익명성은 보장해주는 것이 중요한데, 모든 인터넷 사용을 실명제로 하려는 정책은 인터넷에서만 가능한 공론의 형성을 막을 가능성이 있다. 특히 사회적 약자의 목소리를 발현하고 이를 모을 수 있는 인터넷 사이트는 익명 혹은 준익명으로 유지해야 한다. 2006년 9월에 의원입법된 「정보통신망 이용자 실명확인 등에 대한 입법안」과 같은 법안은 포털, 언론사, 방송사, 정당, 공공기관 홈페이지 게시판에 글을 쓰거나 기사 등에 댓글을 달 때에 반드시 실명확인을 거치도록 하고 있으며 이를 어길 경우에 5,000만 원 이하의 과태료를 부과하는 등 형사처벌 조항을 두고 있는데, 이 경우 시민적, 정치적 권리인 표현의 자유가 심각하게 위축될 수도 있다.[28] 이후 개정된 선거법은 선거운동 기간 동안에 포털 사이트와 언론 사이트에 글을 쓸 때 실명과 주민등록번호를 제시하는 것을 의무화했으며(82조 6항), 이는 17대 대선 기간 중에 인터넷 상에서의 정치적 의사소통을 크게 위축시켰다. 인터넷 상에서 난무하는 비방이나 욕설을 법률적인 제도를 통해서만 해결하려는 태도보다는 인터넷 윤리에 대한 폭넓은 교육과 홍보를 통해서 해결하려는 노력을 병행해야 하며, 이러한 균형 잡힌 제도와 교육에 힘입어서 인터넷에서의 표현의 자유는 인권의 침해를 최소화하면서 인권의 성장을 도모할 수 있을 것이다.

3) 표현의 자유의 기초는 자신이 원하는 정보와 지식에 접근하는 것이다. 1999년 '세계과학회의'에서 제정된 「과학과 과학 지식의 이용에 관한 선언」의 서문에는 '정보와 커뮤니케이션 혁명이 과학 지식을 교환하고 교육과 연구를 촉진하는 새롭고 더욱 효율적인 수단을 제공해준다'는 항목이 있고, 이것이 인터넷과 같은 정보통신기술의 효용

28) 《디지털 타임즈》(2006. 9. 7.).

이기도 하다. 그렇지만 컴퓨터나 무선통신망 같은 정보통신기술을 이용해서 정보에 접근하는 방식은 계층, 성별, 지역, 연령별로 다르다. 인터넷 초기에는 컴퓨터와 인터넷에 쉽게 접근하는 사람들을 '정보부자'로, 그렇지 않은 사람들을 '정보빈자'로 분류하고 이 두 계층 사이의 간격이 좁아지는가 혹은 반대로 넓어지는가라는 문제에 관심을 두었다. 정보화 시대에 '정보=경제력'이라는 공식이 옳다면, 인터넷에 더 많이 접속하는 계층과 그렇지 않은 계층 사이의 정보 격차는 더 벌어져서 이러한 정보 불평등이 사회적 불평등으로 이어질 수 있기 때문이었다.[29)]

우리나라의 경우 인터넷 보급 초기에는 남녀 사이의 디지털 격차가 심각했다. 그렇지만 시간이 가면서 이 격차는 급속하게 줄어들었고, 계층별 격차와 연령별 격차가 벌어졌다. 이중 특히 계층별 격차는 사회적·경제적 불평등으로 이어질 가능성이 컸기 때문에 정부는 장애인, 기초생활수급층(극빈층), 농어민 등을 인터넷 취약 계층으로 파악하고 이들의 컴퓨터, 인터넷 보급률을 높이는 데 주력했다. 그 결과 '2005 정보격차 실태조사'에서 장애인의 인터넷 이용률은 41퍼센트, 기초생활수급층은 44퍼센트, 농어민은 23퍼센트 증가했음이 드러났다. 이는 전년 대비 각각 6.2%p, 5.8%p, 6.1%p 증가율을 보인 것인데, 전체 국민의 이용률 증가폭에 비해 각각 2.4배, 2.2배, 2.3배 높은 것이었다. 가구별 컴퓨터 보유율 역시 장애인 66퍼센트, 기초생활수급층 53퍼센트, 농어민 43퍼센트로 증가했고, 이 증가율은 전체 가구의 증가폭에 비해 각 3-7배 높은 것이었다. 이 같은 결과는 취약계층 대상의 정보화 사업과 중고 피시(PC) 보급 사업이 성과를 거두면서 정보격차를 줄이고 있음을 보여준다. 그렇지만 일상 생활에서 인터넷 사용 정도를 측정하는 인터넷 일상화율은 취약계층이 일반 국민의 65퍼센

29) 강홍렬 외, 『정보 격차에 대한 사회경제적 함의』(정보통신정책연구원, 2002).

트 정도에 불과한 것으로 나타났으며(2008년), 이 부분에서 정보 격차의 해소가 시급한 것으로 드러났다. 이러한 노력과 함께 정보의 적절한 활용과 생산에서의 격차를 줄여나가는 것이 필요하다.[30)]

4) 인터넷은 모든 지식, 문화 컨텐츠를 디지털화해서 컴퓨터를 통해 쉽게 접근하고 쉽게 소유할 수 있게 한다. 예전 같으면 필름을 사용해서 인화지에 현상했을 사진도 이제는 디지털 사진으로 보고, 음악이나 영화도 엠피스리(mp3)와 같은 디지털 파일로 인터넷을 통해 전송하고 컴퓨터를 사용해서 감상할 수 있게 됐다. 이는 정보의 취득, 공유, 전달을 획기적으로 용이하게 했지만, 이렇게 되면서 지적재산권 혹은 저작권과 관련된 새로운 문제가 나타났다. 문제를 더 복잡하게 만드는 것은 인터넷에서 지적재산권의 문제가 정보접근권, 표현의 자유와 같은 기본권과 밀접하게 연결되어 있다는 사실이다. 지적재산권의 보호가 지식과 정보의 독점을 낳고 이것이 지식과 정보의 불평등으로 이어질 경우에는 지적재산권의 보호가 다른 사람의 인권에 대한 침해로 작용할 가능성이 매우 크다. 지적재산권은 정보의 활용을 저해하는 등 심각한 영향을 미칠 수 있기 때문에 정보 활용과 접근권이라는 새로운 권리의 확장을 위해 정보 사회의 요구에 맞게 이를 가다듬는 것이 필요하다.

이 문제는 정보접근권을 강조하면서 지적재산권을 무시하는 태도 역시 바람직하지 못하다는 데에서 출발해야 한다. 무엇보다 지적재산권과 과학 지식의 확산은 상호모순적인 관계가 아니라 상호보완적인 관계에 있기 때문이다. 자신이 만든 저작에 대한 권리가 보장되어야만, 과학 활동이나 문화 활동이 더 활발히 일어난다. 「세계인권선언」에도 "모든 사람은 자신이 창조한 모든 과학적·문학적·예술적 창작물에서 생기는 정신적·물질적 이익을 보호받을 권리를 가진다."는 항

30) 「정보소외계층 '격차' 줄어든다」, 《전자신문》(2008. 3. 26.).

목이 있다. 1966년 12월 '유엔총회'에서 채택된 「경제적, 사회적, 문화적 권리에 관한 국제규약」에서도 규약 당사국의 시민은 '자기가 저작한 모든 과학적·문학적 또는 예술적 창작품으로부터 생기는 정신적·물질적 이익의 보호로부터 이익을 받을 권리'를 가진다고 명시했다. 이후 「베른협약」과 같은 지적재산권에 대한 국제협약은 인권에 대한 이런 기본적인 합의에 의거한 것이었다. 다른 사람이 만들어놓은 결과물을 무단 사용해서 원저자에게 손해를 입히거나 이로부터 이득을 취하는 행위는 명백한 불법행위이며, 이는 인터넷에서의 활발한 정보 교환을 위해서도 금지되어야 할 행위이다. 지적재산권의 보호는 유용한 정보를 더 많이 생산하고 이를 활발히 유통시키기 위해서도 중요하다.[31)]

그렇지만 지적재산권이 다른 기본권을 희생하면서까지 반드시 지켜져야 할 권리는 아니다. 서점에서 구입한 책의 지적재산권(저작권)은 저자에게 있지만, 내게도 이 책을 친구에게 빌려줄 수 있는 권리가 있다. 이러한 권리는 사용자의 정당한 사용권이라고 볼 수 있으며, 이는 표현과 언론의 자유를 구성하는 데 중요한 요소가 된다. 따라서 저자의 지적재산권은 사용자의 권리와 충돌하며, 이 충돌이 지적재산권의 내적 한계를 설정한다고 보는 것이 타당하다. 그렇지만 1994년 세계무역기구(WTO) 체제의 출범과 「세계무역기구의 무역관련 지적재산권(WTO/TRIPs) 협정」의 성립은 소비자의 정당한 사용권을 축소하고 지적재산권을 강화하는 방향으로 정책 기조를 잡았으며, 이는 지식이 경제의 동력이 되는 현대 사회에서 지적재산권의 보호를 더욱 강화하려는 신자유주의적 경제체제의 내적 논리에서 비롯된다. 예를 들어 컴퓨터 프로그램의 복제 방지를 강화하는 정책은 공정한 사용권의 근

---

31) 지적재산권의 인권적 측면을 비롯한 지적재산권에 대한 좋은 논의로는 박성호, 「지적재산권과 인권」, 유네스코한국위원회 엮음, 『과학기술과 인권』(당대, 2001), 122–163쪽이 있다.

거를 약화시켜서 표현의 자유를 위축시킬 수 있으며, 지적재산권의 확장을 통한 데이터베이스의 보호도 공공 정보에 대한 정보접근권의 침해를 야기할 수 있다. 따라서 이러한 조치는 '정보 공유지(information commons)'를 보호하고, 개인이 복사할 권리를 보장하며, 창의성을 고무하고, 지적재산권에 대한 개발도상국가의 주권을 인정하며, 정보접근권이나 정보공개청구권과 같은 표현의 자유를 위축시키지 않고, 오픈소스 소프트웨어 같은 대안을 발전시킨다는 원칙을 지키면서 이루어져야 한다.[32)]

4. 과학기술이 바꾸는 자연환경: 에너지 기술과 인권

과학은 인간이 사는 자연환경을 획기적으로 바꾸고 있다. 특히 20세기 후반에 들어서 급속한 산업 발전이 야기한 환경 문제와 에너지 문제는 인간이 쾌적하게 살 권리를 침해하면서 과학기술과 인권에 대한 새로운 논점들을 야기했다. 지구의 인구는 1790년에 8억 명에서 200여 년이 지난 21세기에는 61억 명으로 증가했다. 반면 매년 100만 종 중 1,000종이 멸종하고 있는데, 이는 이전의 평균의 1,000배에 달하는 종수이다. 인간은 지구 상에 존재하는 1,000만 가지 종 중 하나에 불과한데, 이 인간이 땅에서 나는 동식물의 45퍼센트와 깨끗한 물의 50퍼센트를 사용한다.[33)] 과학과 인권에 대한 논의의 역사적 흐름에서 보았듯이 1948년에 공표된 「세계인권선언」은 환경에 대한 논의를 거의 포함하고 있지 않았다. 그렇지만 1960년대부터 환경 문제의 심각성이 부각되고, 환경의 오염이 인간의 건강한 삶을 해친다는 인식이 생기

32) Robin Gross, "Intellectual Property Rights and the Information Commons," in Jørgensen ed., *Human Rights in the Global Information Society*, pp. 107–120.

33) Peter H. Raven, "Science, Sustainability and the Human Prospect," *Science* 297(9 August, 2002), pp. 954–958.

면서 환경 문제는 인권과 결합되기 시작했다. 서구의 경우에 1980년대를 통해서 생태계보호 운동과 대안에너지 운동이 인권의 영역과 상호 연관을 갖게 되었으며, 우리나라의 경우에는 1987년 개정된 헌법에서 "모든 국민은 건강하고 쾌적한 환경에서 생활할 권리를 가지며, 국가와 국민은 환경 보전을 위하여 노력해야 한다."는 환경권의 내용이 명문화되었다. 국제적인 차원에서는 환경과 인권의 결합이 1992년 리우데자네이루에서 열린 '유엔환경개발회의'에서 채택된「환경과 개발에 관한 리우 선언」에서 강령으로 표현되었다. 특히 이「리우 선언」에서는 1980년대에 등장한 '지속가능한 개발'이라는 개념이 환경과 인간다운 삶을 함께 고려함에 있어서 핵심적인 개념으로 채용되었다.「리우 선언」은 "인간을 중심으로 지속가능한 개발이 논의되어야 하며, 인간은 자연과 조화를 이룬 건강하고 생산적인 삶을 향유하여야 한다."(원칙 1)는 원칙 하에, 환경보호가 지속가능한 개발 과정과 분리되어서는 안 되고, 모든 국가가 "지속가능한 개발의 필수요건인 빈곤의 퇴치라는 중차대한 과업을 위해 협력하여야 함"(원칙 5)을 분명히 하고 있다. 또 "각 국가는 지구생태계의 건강과 안전성을 보존, 보호 및 회복시키기 위하여 범세계적 동반자의 정신으로 협력"해야 하지만 "지구의 환경 악화에 대한 제각기 다른 책임을 고려하여, 공통된 그러나 차별적인 책임을 가진다."(원칙 7)는 점을 강조하면서, "환경문제는 적절한 수준의 모든 관계 시민들의 참여가 있을 때 가장 효과적으로 다루어"지기 때문에 "개인은 지역 사회에서의 유해물질과 처리에 관한 정보를 포함하여 공공기관이 가지고 있는 환경 정보에 적절히 접근하고 의사결정 과정에 참여할 수 있는 기회를 부여받아야 한다."(원칙 10)는 점을 명시하고 있다.[34)]

「리우 선언」 이후 지속가능한 개발을 위해서는 인권의 보호와 환경

34) http://www.unep.org/Documents.multilingual/Default.asp?DocumentID=78&ArticleID=1163

의 보호가 상호연관되어 있음을 이해하는 것이 중요하다는 인식이 확산되고 있다. 건강한 주거 환경, 깨끗하고 안전한 식수, 오염되지 않은 토양은 건강권, 생명권, 자기 결정권을 위해서 필수적이다. 또 빈곤의 퇴치는 사회적 평등과 정의의 확대라는 인권의 대의를 위해서 봉사하지만 동시에 인간과 자연이 조화를 이루는 지속가능한 발전에 필수요건이 된다. 개개인이 환경 문제에 대한 정보에 접근하고 의사결정에 참여해야 한다는 「리우 선언」의 원칙 10조는 정보접근권이나 정치적 참여에 대한 기본권이 보장되어 있어야 가능하기 때문에, 이를 위해 각국이 법률을 제정하거나 개정하는 활동이 인권 지수를 높이는 결과를 가져왔다. 실제로 「리우 선언」 이후 10년 동안의 각국의 상황을 모니터한 유엔인권고등판무관은 환경과 인권이 상호연관되어 있다는 인식이 환경 보호와 인권 신장 모두에 기여했다고 평가하고 있다.[35)]

환경 문제와 뗄 수 없는 것이 에너지 문제이다. 환경 문제와 마찬가지로 에너지 기술도 인간다운 삶이라는 관점에서 평가해볼 수 있다. 1960년대 기술사학자 멈포드는 기술을 독재적 기술과 민주적 기술로 나누고 서구 사회가 독재적 기술에 휘둘리고 있다고 경고했으며, 기술철학자 랭던 위너는 기술 중에는 권위적이고 중앙집중적인 사회에 더 잘 맞는 기술이 있고 분산적이고 민주적인 사회에 더 적합한 기술이 있다고 주장했다. 에너지 기술을 생각할 때에는 모든 기술이 가치중립적이라는 시각이 아니라 화석연료, 원자력, 재생 에너지 중 어떤 기술이 더 인간답고 민주적인 사회를 만드는 데 기여할 수 있는가라는 관점에서 출발해야 한다.[36)]

---

35) http://www.unhchr.ch/environment/index.html

36) Lewis Mumford, "Authoritarian and Democratic Technics," *Technology and Culture* 5(1964), pp. 1–8; Langdon Winner. "Do Artifacts Have Politics?" in *The Whale and the Reactor: A Search for Limits in an Age of High Technology*(Chicago: University of Chicago Press, 1986), pp. 19–39.

화석연료는 이를 채굴하고 처리하는 과정에서 심각한 환경 오염과 위험을 유발하며, 이러한 문제는 깨끗하다고 알려진 천연가스의 경우도 마찬가지로 나타난다. 원자력 에너지의 이용은 석유나 가스보다 더 복잡하고 위험한 과정을 요구한다. 수많은 안전 조치에도 불구하고 핵발전소는 크고작은 사고를 낳고 있으며, 대형 핵사고가 발생할 경우에는 심각한 생태계 파괴는 물론 커다란 인명 피해까지도 초래할 위험을 안고 있다. 과학자들 중에는 핵발전 시스템이 너무 복잡해서 인간이 완전히 이해하거나 통제하는 것이 현실적으로 불가능하다고 보는 사람도 있다. 핵발전소는 그곳에서 일하는 노동자들과 주민들의 건강을 위협하는데, 사용한 핵연료를 처리하는 핵폐기물처리장도 비슷한 문제를 안고 있다. 최근에 경주로 결정되었지만, 우리나라도 핵폐기물처리장 부지를 선정하는 데 20년에 가까운 시간과 엄청난 사회적 에너지를 소진해야 했다. 마지막으로 원자력발전소는 위험을 감수하는 주민들과 위험 부담 없이 발전의 결과를 향유하는 대도시 주민들 사이에 불균형을 야기하며, 그 중앙집중적 특성상 연구의 관료화와 비밀화를 낳고 있다.

반면에 태양력이나 풍력, 조력과 같은 재생 가능 에너지를 이용하는 기술은 상대적으로 적은 처리 단계를 거친다. 이러한 기술은 소규모로 운영되며, 중앙집중적인 거대한 발전 시설을 요구하지 않는다. 이러한 분산적 성격 때문에 재생 에너지 기술은 개인이나 공동체가 민주적인 방식으로 통제할 수 있다. 재생 에너지 자원은 고갈되지 않기 때문에, 이를 둘러싸고 국제적인 분쟁이 발생하지 않는다. 이러한 점을 고려해보면 재생 에너지 기술은 화석연료 기술이나 원자력 기술보다 깨끗한 환경을 보장하고 인간다운 삶을 누리는 민주주의 사회에 더 적합하다고 할 수 있으며, 인권 침해의 소지를 덜 가지고 있다.[37)]

37) 이필렬, 「에너지 기술과 인권」, 유네스코한국위원회 엮음, 『과학기술과 인권』(당대, 2001), 65-89쪽.

비록 지금 전 세계적으로 풍력이 매년 25퍼센트, 태양력이 20퍼센트씩 증가하고 있지만, 현재 재생 에너지 기술을 사용해서 공급할 수 있는 에너지의 양은 지금 우리 사회가 필요한 에너지의 양에 턱없이 부족하다. 이를 해결하기 위해서는 기존의 재생 에너지 기술의 효율을 높이고 새로운 친환경 에너지를 찾는 연구에 대한 국가적, 국제적 연구가 지속되어야 한다. 재생 에너지 연구에 투입되는 보조금은 원자력 연구에 투입되는 보조금의 10분의 1도 되지 않는다. 유네스코와 같은 국제기구는 재생 에너지 연구를 위한 국제연구소의 설립을 주도할 수도 있다. 또 에너지를 무한정 소비하는 현재의 에너지 소비 체제를 적정량으로 조절함으로써 지속가능한 발전을 추구해야 한다. 우리 세대의 인간적인 삶뿐만 아니라 후세대의 인간적인 삶까지를 고려하는 에너지 기술을 개발하는 일은 우리에게 세대 간 인권의 개념에 대해서 진지하게 성찰할 계기도 되어준다.[38)]

맺는말: 과학 커뮤니케이터의 역할

현대 과학의 발전은 인권과 관련된 새로운 문제를 제기하고 새로운 방향에서 인권 문제의 해답을 찾아낸다. 과학기술의 시대에 우리 사회가 인권을 지키고 이를 확산하기 위해서는 과학기술자와 같은 전문가, 대중, 그리고 과학기술자와 대중의 의사소통을 돕는 '과학 커뮤니케이터' 들의 각성과 협력이 필요하다.

우선 사회의 전문인으로서 과학기술자는 자기가 속한 사회의 이상과 원칙을 끊임없이 생각하고, 그에 입각하여 자신이 하는 연구의 과정이나 결과가 이것들과 어긋나지 않는지 성찰해야 한다. 과학자들은 여기서 더 나아가 자신의 생각을 다른 사람과 토론해보고, 그로부터

38) http://www.wrea2005.org/final_communique.php; Raven, "Science, Sustainability and the Human Prospect."

얻은 결론을 실천으로 옮길 수 있어야 한다. 과학기술자는 사회에 대한 수동적인 의무만을 지는 것을 넘어서서, 인권, 사회복지, 평화, 평등과 같은 우리 사회의 이상과 원칙을 실현시키는 과학과 기술을 연구하고 개발하는 능동적인 책무를 끌어안아야 한다. 이렇게 되어야만 과학기술자들은 자신들의 전문성에 부합하는 높은 윤리의식을 가지고 있다고 할 수 있다.[39)]

대중들은 과학기술의 문제가 전문적인 문제이기 때문에 이를 전문가들에게 맡겨둔다는 수동적인 태도에서 벗어나야 한다. 현대 과학연구의 결과는 시민들의 삶에 장기적인 영향을 미친다. 또 대부분의 과학연구가 국민의 세금에 의해서 지원되기 때문에, 과학 연구를 주시하고 이에 영향을 미치는 것은 납세자로서의 의무를 수행하는 일이 되기도 한다. 따라서 대중들은 적극적으로 과학 연구의 영향에 대한 정보를 얻고자 노력해야 하며, 다양한 방식으로 정책결정 과정이나 평가 과정에 참여해야 한다. 과학기술이 복잡하고 어려운 영역이라는 이유로 과학기술 활동을 모두 전문가들의 손에만 맡겨버리고 과학기술에 대한 사회적 견제를 방기한다면, 이는 결국 시민으로서의 권리와 의무를 스스로 포기하는 것에 다름 아니다.

마지막으로 과학 저술인, 과학 언론인, 그리고 과학과 사회를 연구하는 과학기술학(STS) 연구자와 같은 과학 커뮤니케이터들은 전문가와 대중을 다양한 방식으로 매개해야 한다. 이들은 과학기술자들이 자칫 빠지기 쉬운 함정인 과학주의나 전문가 지상주의의 맹점을 지적하고 상기시켜야 하며, 다양한 방식으로 대중의 과학 해독력(scientific literacy)을 높이는 작업을 수행해야 한다. 특히 과학 커뮤니케이터들은 과학기술이 야기하는 사회적 문제, 윤리적 문제, 인권 문제를 진지하게 토론할 수 있는 공론의 장을 만들고 이 공론의 장으로 전문가들과 시민들

---

39) 이장규, 「과학기술자의 인권과 사회적 책임」, 유네스코한국위원회 엮음, 『과학기술과 인권』(당대, 2001), 173-199쪽.

을 유도하는 데에 주력해야 한다. 1970년대 초반 미국 디엔에이(DNA) 재조합연구의 시민적 심의에서 도입되었던 시민배심원제, 1980년대 후반에 유럽에서 공공정책에 대한 시민참여 제도로 시작된 합의회의, 1980년대 이후 유럽에서 시험 중인 사이언스 숍(science shop) 등이 이러한 공론의 장이며, 이러한 목적을 위해서 과학 강연, 과학관, 과학박물관, 과학 텔레비전 프로그램 등을 다양한 방식으로 이용해야 한다.

과학기술 시대에 인권은 복잡한 방향으로 변하고 있다. 과학기술은 인간을 재정의하고 있으며, 자연과 사회 환경을 급격하게 변화시키고 있다. 이 과정에서 새로운 인권의 개념도 부상하고, 기존의 인권에서 더 소중한 가치로 부각되는 것도 있다. 정보접근권이나 환경권과 같은 권리는 1980년대 이후에 점점 더 중요하게 부각되는 권리이며, 시민들이 과학기술의 발전 방향을 정하는 기술정책결정 과정에 참여할 권리도 그렇다. 과학을 발전시키고, 그 이익을 공평하게 향유하며, 과학기술이 가져오는 잠재적 위험에서 자유로울 수 있는 권리도 계속 중요한 것으로 남아 있다. 과학기술 시대에 소중한 인간의 권리를 보존하고 확산하기 위해서는 연구를 담당하는 과학기술자들과 대중, 그리고 이 두 집단을 매개하는 과학 커뮤니케이터 모두가 과학과 인권의 상호관련성에 대해서 진지하게 성찰해보는 것부터 출발해야 할 것이다.[40)]

---

40) 이 장은 홍성욱, 「과학과 인권」, 《인권평론》 제1권 창간호(2006년 12월), 131-165쪽을 확장, 보완한 것이다.

제8장

과학과 과학(박물)관

박물관의 기원은 신전(神殿)이다. 박물관의 어원이 된 그리스어의 무제이온(museion)이라는 말은 문예, 미술, 음악, 철학 등의 학예를 관장하는 아홉 뮤즈 여신들에 봉헌된 신전을 나타내는 말로, 이후 뮤지엄(museum: 영어), 뮤제(musée: 프랑스어)의 어원이 되었다. 그러나 신전으로서의 박물관의 의미는 단시 그 어원의 유래에 머물지 않는다. 그것은 박물관이 통상적으로 역사를 '신화화' 하고 재구성하여, 성공의 역사, 승자의 역사, 영웅의 역사를 전시한다는 데에서 뚜렷이 부각된다. 전통적으로 박물관이 펼쳐 보이던 역사는 위대한 승리의 역사였다.[1)]

박물관에는 다양한 종류가 있는데, 그중 하나가 과학박물관(science museum)이다. 과학박물관은 과학기술 유물의 수집, 보존, 연구, 전시를 통해 관람객을 교육하는 박물관의 기능을 통합적으로 수행함으로써 과학과 그것의 사회적, 문화적 배경에 대한 다양하고 깊이 있는 시각을 제공한다. 반면에 1960년대 이후에 발전한 과학관 혹은 사이언

---

1) Duncan F. Cameron, "The Museum, a Temple or the Forum," *Curator* 14(1971), pp. 11–24.

스 센터(science center)는 관람객으로 하여금 직접 조작과 실험을 해보도록 함으로써 과학에 흥미를 유발시키고 동시에 과학의 원리를 교육한다.[2)]

사이언스 센터와 과학박물관은 문화로서의 과학이 시민과 만나는 가장 대표적인 공간이다. 그런데 기구나 발명품을 전시하는 과학박물관이 '잘 전시된 물건은 바로 과학의 원리를 보여준다'는 19세기 '오브제 인식론(object-based epistemology)'에 그 철학적 근거를 두고 있었다면, 사이언스 센터는 사람들이 조작을 가하는(hands-on) 과정에서 과학의 원리를 이해하게 될 것이라는 과학에 대한 또 다른 생각에 근거한 것이다. 과학이 사회와 실타래처럼 얽혀 있는 21세기를 적극적으로 살아갈 시민들은 과학과 정치, 과학과 경제, 과학과 문화, 과학과 예술, 과학과 위험, 과학과 환경의 시시각각 변하는 관계를 이해하는 안목이 필요한데, 이러한 안목은 옛날 발명품과 과학기기가 즐비한 과학박물관은 물론, 버튼을 누르면 초중고등학교의 '교과서 과학'을 반짝 보여주는 사이언스 센터에서도 배우기 힘들다.[3)]

이 장에서는 우선 과학(박물)관의 역사와 그 기능을 간단히 소개한 뒤에, 최근 국내외에서 볼 수 있는 새롭고 실험적인 모색의 예를 소개

2) 과학관은 일본이나 한국과 같은 동아시아권에서 사용하는 용어이며, 일제 시대부터 우리나라에서도 사용되었다. 한국에서는 보통 과학관을 과학박물관과 사이언스 센터를 포괄하는 용어로 사용하지만, 구미에서는 과학박물관(science museum)과 사이언스 센터(science center)가 구별되며 '과학관'이라는 단어는 존재하지 않는다. 이 논문에서는 과학박물관과 사이언스 센터를 통칭해서 부를 때에 '과학(박물)관'이라는 표현을 사용했다. 서지영, 「과학의 대중화와 과학관」, 《과학기술정책》 제13권 제5호(2003), 109-118쪽; 조숙경, 「과학관의 새로운 패러다임: 필즈 온(Feels-on) 사이언스」, '과학기술정책연구원 포럼' 발표 논문(2005. 10. 18.).

3) Sharon MacDonald, "Exhibitions and the Public Understanding of Science Paradox,"(paper read at the workshop on Exhibitions as a Tool for Transmitting Knowledge, 2002, Berlin, at http://www2.hu-berlin.de/hzk/files/MacDonald.pdf).

하려 한다. 이후 과학(박물)관의 바람직한 방향을 '광장'으로 규정한 다음에, 그 성격과 기능을 최근 '대중의 과학 이해(PUS, public understanding of science)'에 대한 논의와 비교하면서 살펴볼 것이다. 마지막으로 현재 운영 중인 한국의 국립중앙과학관의 역사와 현황을 분석하면서, 결론에서는 본론에서의 논의에 비추어서 과천 국립과학관처럼 우리나라의 사이언스 센터와 과학박물관이 가진 문제점을 지적하고 우리가 안고 있는 문제를 극복할 수 있는 실천적인 방향들을 제시할 것이다.

1. 과학박물관과 사이언스 센터의 기원과 발달

우리가 지금 과학박물관이라 부르는 박물관의 기원은 후기 르네상스 시기에 나타난 '호기심의 방(cabinets of curiosities or Wunderkammer)'이라고 할 수 있다. 호기심의 방에는 기묘하게 생긴 동식물, 희귀한 광물 등을 비롯하여 사람들이 신비로운 우주와 지구를 구성한다고 여겼던 전시품들이 바닥부터 천장까지 벽을 가득 채웠다('제3장 과학과 건축' 참조). 이렇게 귀족이나 부자들이 취미 삼아 만든 호기심의 방이 점차 대중에게 공개되는 과정에서 인공물에 대한 사람들의 관심이 높아지면서 18세기 말엽부터 '과학박물관'이라고 할 수 있는 공간들이 나타나기 시작했다. 프랑스 최초의 과학박물관은 1794년에 설립된 국립기술보존관인데, 여기에는 당시 유명했던 자동인형 제작자인 보캉송의 기계와 지구의 자전을 눈으로 보게 해준 푸코의 진자가 전시되기도 했다. 반면에 영국은 1851년 수정궁박람회에서 전시된 상품과 발명품들을 보존·전시하기 위해 사우스켄싱턴 산업박물관을 만들었고, 이것이 1893년에 런던 사이언스 뮤지엄으로 이어져서 1928년 이래 지금의 자리에 정착했다. 미국에서는 1876년의 필라델피아 박람회에 전시된 전시물이 이후 스미소니언의 역사기술박물관으로 이어졌으며, 이것이 지금의 스미소니언 국립미국사박물관의 전신이 되었다. 독일은 1873년 빈 전시회와 1881년 파리 전기전시회에 발명품들을 다수 출품했는데, 이후 여기에 전시된 상품과 발명품을 중심으로 1903년 뮌헨에 독일과학기술박물관이 설립되었다.[4)]

이렇게 설립된 과학박물관은 과학기술과 산업의 '신전' 역할을 담당했다. 다른 말로 해서, 초기 과학박물관은 인류의 역사를 통해 나타난 위대한 과학적, 기술적, 산업적 발전과 진보의 역사를 발명품과 기기를 통해 전시했던 것이다. 독일박물관 개관식에서 '이 박물관은 새로운 종교와 새로운 문명을 위한 신전이며 (…) 과학과 기계의 새 시대의 신에게 봉헌된 웅대한 신전'이라고 강조했던 컬럼비아 대학교의 학장 랜덜의 연설은 이를 웅변하고 있다.[5)] 또한 당시 박물관의 '신전'으로서의 특권적 지위는 '박물관적(museological) 방법' 이라고도 부를 수 있는, 세상을 이해하는 독특한 과학적 방법과도 연관이 있었다. 19세기 과학자 중 일부는 세상을 구성하는 복합체를 원소로 분해해서 이를 자연종(natural kinds)에 따라 잘 분류하면 세상에 대한 이해를 자동적으로 얻을 수 있다고 생각했는데, 특히 이들에게 사물에 대한 분류를 제공하던 박물관은 연구를 위해서 없어서는 안 될 존재였으며, 대학에 박물관을 설립했던 이유도 박물관의 연구 기능에 있었다. 일례로 하버드 대학교의 진화생물학자 아가시즈의 비교동물학박물관은 그의 분류 체계를 정당화하는 연구를 위해 설립되었다. 박물관의 전시는 세계의 '소우주' 였으며, 이는 19세기에 지배적인 세계관이었던

---

4) Carla Yanni, *Nature's Museums: Victorian Science and the Architecture of Display*(Baltimore: Johns Hopkins University Press, 1999), pp. 16-19; Bernard S. Finn, "The Museum of Science and Technology," in Michael S. Shapiro ed., *The Museum: A Reference Guide*(New York: Greenwood Press, 1990), pp. 59-83.

5) Robert Budd, "Science, Meaning and Myth in the Museum," *Public Understanding of Science* 4(1995), pp. 1-16, on p. 1에서 재인용.

'전시로서의 세계(world-as-exhibition)' 라는 이념을 구현하고 이를 정당화한 것이었다.[6)]

19세기 과학박물관은 사회적 질서를 유지하는 기능을 담당하기도 했다. 19세기 후반 진화론에 힘입어 새로운 개혁을 추구하던 세력과 기존 질서를 유지하려는 세력이 팽팽하게 맞서고 있을 때, 박물관의 전시는 부르주아 중산층의 계도 하에 노동자 계급이 새로운 사회적 질서 속으로 편입되는 바람직한 방향을 제시한다고 해석되었다. 오스트레일리아 박물관의 광물학·지질학 분과에서 1885년에 낸 보고서는 광부들이 과학적 분류에 의해서 전시된 광물들을 보면서 이전에는 과학자들이나 이해했던 광물학의 원리를 이해하게 될 것이라고 예상하고 있다. 영국 고고학의 아버지 피트리버스는 노동자들이 읽을 수 있는 방식으로 그의 소장품을 진열했다고 강조하면서, 노동자들은 실제 작업에 훈련을 많이 받았기 때문에 지식인들보다도 기계에 대해서 더 빨리 이해할 수 있고 바로 이러한 이유 때문에 박물관의 오브제 학습(object lessons)이 중요하다고 강조했다. 과학박물관을 포함한 19세기의 박물관은 분명한 분류 체계, 합리적인 공간 배치, 명확한 분류 표시와 설명을 제공했는데, 많은 경우에 이는 노동자들을 새로운 사회 질서 속으로 편입시키기 위한 교육과 규율을 위한 것이었다.[7)]

한편 1960년대 이후에 직접 만져서 작동시키는 기기들을 통해 과학을 체험하게 하는 사이언스 센터가 등장했다. 1969년에 개관한 토론

---

6) 아가시즈의 박물관에 대해서는 Mary P. Winsor, *Reading the Shape of Nature: Comparative Zoology at the Agassiz Museum*(Chicago: University of Chicago Press, 1991) 참조. Sharon MacDonald, "Exhibitions of Power and Powers of Exhibition: An Introduction to the Politics of Display," in Sharon MacDonald ed., *The Politics of Display: Museums, Science, Culture*(London and New York: Routledge, 1998), pp. 1-24.

7) Tony Bennett, "Speaking to the Eyes: Museums, Legibility and the Social Order," in MacDonald ed., *The Politics of Display*, pp. 25-35; Tony Bennett, *The Birth of the Museum: History, Theory, Politics*(London and New York: Routledge, 1995), Ch. 7 참조.

토의 온타리오 사이언스 센터와 샌프란시스코의 익스플로러토리움(Exploratorium) 등이 그 시조였다(그림 1). 특히 익스플로러토리움은 맨해튼 프로젝트를 주도한 핵물리학자 로버트 오펜하이머의 동생 프랭크 오펜하이머의 독특한 철학을 기반으로 1969년에 설립되었다. 그는 과학적 법칙이 초월적이며 과학의 과정은 예술과 다를 바 없다고 믿었기 때문에, 익스플로러토리움의 부제를 '과학, 예술, 인간의 지각에 대한 박물관(Museum of Science, Art and Human Perception)' 이라고 붙였다. 이 새로운 과학관은 긍정적이고 정치적으로 안전한 과학의 이미지를 제공했지만, 과학과 시민의 관계에 대해서 당시로서는 민주적이고 급진적인 메시지 또한 담고 있었다. 그것은 대중이 과학관의 대상들과 상호 작용을 통해 과학의 원리를 알게 되면서 과학자가 실험실에서 가지는 힘을 부여받는다는 것이었다. 오펜하이머는 '사람들이 자연을 이해하는 것을 포기하면 사회와 정치를 이해하는 것도 포기하는 것' 이라고 생각했고, 따라서 '익스플로러토리움의 핵심은 사람들로 하여금 자신들이 세계를 이해할 수 있다고 믿게 하는 것' 이라고 강조했다. 이렇게 조작을 가해서 관람객과 쌍방향으로 상호 작용하는 기기를 전시하는 것이 사이언스 센터가 과거의 과학박물관과 가장 달랐던 부분이었다.[8)]

사이언스 센터는 1980년대에 유럽에 수입되었다. 런던 과학박물관은 1986년에 사이언스 센터의 개념을 도입한 론치패드 갤러리(Launch Pad Gallery)를 개관했고, 파리에도 과학과산업도시(Cité des Sciences et de l' Industrie)가 문을 열었으며, 프랭크 오펜하이머의 익스플로러토리움의 자문을 맡았던 지각심리학자 그레고리는 영국 브리스톨에 익스

---

8) Andrew Barry, "On Interactivity: Consumers, Citizens and Culture," in MacDonald ed., *The Politics of Display: Museum, Science, Culture*(London and New York: Routledge, 1998), pp. 98-117; Hilde Hein ed., *The Exploratorium: The Museum as Laboratory*(Washington, DC: Smithsonian Institution Press, 1990), p. xv.

그림 1 프랭크 오펜하이머의 익스플로러토리움. 새로운 개념의 사이언스 센터가 20세기 초반에 건축된 신전 건물을 수리해서 사용한 것이 이채롭다.

플로러토리(Exploratory)라는 과학관을 설립했다. 사이언스 센터의 특징은 전시보다는 교육을 강조하고, 주입식 교육보다는 상호 작용을 통한 창의적 교육을 선호하며, 레저·관광 산업 등 지역 공동체와의 유대를 맺고 이를 강화하며, 어린 아이들의 참여를 유도하고, 편안하고 개방적인 공간을 제공한다는 것이다. 또 사이언스 센터는 과학과 예술과의 결합을 시도하고 과학 강연 등을 통해서 과학자와 대중과의 만남을 도모하는 등 기존의 과학박물관이 하기 힘들었던 경계 넘기와 비정규 대중 교육의 역할도 수행했다.[9)]

9) 1980년대 이후에 사이언스 센터는 매년 30퍼센트의 빠른 속도로 증가해서 지금은 수많은 도시의 레저 산업과 관광 산업의 중심이 되었는데, 2000년을 기준으로 전 세계적으로 대략 450개의 사이언스 센터가 매년 2억 명 가까운 관람객을 유치하고 있다. John G. Beetlestone, Colin H. Johnson, Melanie Quin and Harry White, "The Science Center Movement: Contexts, Practice, Next Challenges,"

컬렉션에 의존하는 과학박물관과 그렇지 않은 사이언스 센터의 질적인 차이를 강조할 수도 있지만, 또 다른 측면에서 볼 때 사이언스 센터는 박물관의 '학교' 로서의 기능을 극대화한 것으로도 볼 수 있다.[10] 일반적으로 박물관은 유물의 수집·보전, 연구, 교육이라는 세 가지 기능을 가지는 것으로 파악되는데, 20세기 이후에는 그중 박물관의 '교육' 기능이 강조되었다. 특히 박물관의 역할이 노동자들에게 사회의 질서를 심어주는 것에서 학생과 가족에게 적절한 교양 교육을 시키는 것으로 서서히 바뀜에 따라서, 학교의 정규 교육과 대비하여 박물관이 가장 이상적인 비정규 교육 기관으로 부상했다. 예를 들어 20세기 박물관 종사자들은 박물관을 '만인의 대학' 이자 '위대한 교과서' 라고 부르기 시작했고, 교육학자들은 박물관이 쉽게 이해가 되는 흥미로운 매체와 구성을 가지고 있으며 학교와는 달리 스스로 자유롭게 선택해서 관람할 수 있도록 구성되어 있기 때문에 교육적인 가치가 높다는 것을 강조했다. 이러한 기능을 고려해볼 때 사이언스 센터는 오브제를 만짐으로써 더욱 깊이 있는 학습이 가능하도록 한 과학박물관의 변형 혹은 연장으로도 볼 수 있다.[11]

그러나 신전으로서의 박물관과 학교로서의 박물관의 기능은 결코 별개의 것이 아니다. 신화화된 과학의 역사와 그로부터 선택된 과학 지식이 박물관을 통해 대중을 교육하기 위해서 전달되었듯이, 사이언

Public Understanding of Science 7(1998), pp. 5–26.

10) Victor J. Danilov, *Science and Technology Centers*(Cambridge, Mass.: MIT Press, 1981); Marcel C. La Follette, Lisa M. Buchholz and John Zilber, "Science and Technology Museums as Policy Tools: An Overview of the Issues," *Science, Technology and Human Values* 8(1983), pp. 41–46.

11) Robert H. Morey, "Education in Science Museums; Or the Ten Parts of the Functional Exhibit," *Science* 99(1944), pp. 535–536; L. J. Rennie and T. P. McClafferty, "Science Centres and Science Learning," *Studies in Science Education* 27(1996), pp. 53–98.

스 센터는 버튼과 핸들을 조작해서 교과서에 나오는 과학의 원리를 신비한 마술에 가까운 체험의 형태로 재현하기 때문이다. 1990년대 이후에는 사이언스 센터에 내재한 문제들에 대한 지적이 등장했는데, 이는 크게 사이언스 센터의 기구들이 과학이 이루어지는 과정보다는 원리와 현상에만 초점을 맞추고 있다는 것과 사이언스 센터의 전시가 과학을 사회, 문화, 정치로부터 탈맥락화해서 보여준다는 것으로 나눠 볼 수 있다. 과학의 순수 법칙만을 다루어야 한다는 철학 때문에 오펜하이머가 그의 익스플로러토리움에서 환경 관련 전시를 배제했다는 사실은 이러한 탈맥락화의 시작이었다. 사이언스 센터는 과학을 마술의 형태로 체험시키면서 동시에 그 원리가 상식적임을 강조하는데, 이는 과학과 사회가 실타래처럼 복잡하게 얽혀 있고 과학이 점점 상식적으로 이해하기 힘든 것이 되는 21세기 과학의 교양(scientific literacy)을 위해서는 결코 충분하지 않다.[12)]

2. 과학박물관과 사이언스 센터의 최근 변화 동향

38년간 스웨덴의 기술박물관 관장을 지낸 알틴은 오래전에 "하나의 오브제가 천 마디의 말보다 낫다."고 했다. 전시품에 대한 숭배에 가까운 이러한 평가는 20세기 초엽 산업박물관의 경우에는 옳은 얘기일 수 있지만, 지금의 과학박물관이 풀어야 할 숙제는 아니다. 과학박물관에 종사하는 사람들은 오브제가 아니라 아이디어, 특히 과학 연구에서 볼 수 있는 미적이며 정신적인 창의성과 이것이 수반하는 즐거움을 어떻게 전시할 것인가를 놓고 고민하고 있기 때문이다. 여기

12) 사이언스 센터의 문제점을 지적한 글로는 James M. Bradburne, "Dinosaurs and White Elephants: The Science Center in the Twenty-first Century," *Public Understanding of Science* 7(1998), pp. 237-253; Sharon MacDonald, "Exhibitions and the Public Understanding of Science Paradox." 참조.

에 덧붙여서 과학박물관의 스태프와 큐레이터는 단순한 발명과 발견이 아닌 점점 더 복잡한 이야기를 전시로 구현하는 방법을 시험 중이다. 또 국가적이고 민족적인 업적의 홍보보다는 전지구적인 과학기술의 도전과 이에 대한 대응을 소재로 채택하고 있다.[13)]

과학박물관이 구체적으로 추구하는 변화의 방향에는 다음과 같은 몇 가지가 있다. 우선 많은 과학박물관이 일상생활에서 접하는 과학기술을 통해 과학-기술-사회의 관계를 탐구하는 방식을 시험하고 있다. 런던 과학박물관에서 전시한 〈생각을 위한 음식전(Food for Thought)〉이 대표적이다.[14)] 또 전시를 통해 관람객의 이해를 정교하게 계도하려는 시도를 포기하고, 과학과 예술을 혼합하는 것처럼 열린 기법을 통해서 과학기술에 대한 더 많은 자극과 반응을 끌어내려는 시도도 그중 하나이다. 예술박물관이나 인류학박물관에서 해왔듯이, 최근의 과학박물관은 대중적인 논쟁을 고무하고 유발하는 전시를 시도하기도 한다.[15)] 또 과학기술의 진보라는 전통적인 주제만이 아니라 진화, 위험, 생식기술, 생명과 죽음, 인공장기 시대의 자아의 경계, 생명공학의 가능성과 위험과 같은 과학기술의 '의미'를 오브제를 통해 전시하는 것도 새로운 시도라고 할 수 있다.[16)]

---

13) 알틴은 Svante Lindqvist, "Introduction: Einstein's Pipe," in Svante Lindqvist ed., *Museums of Modern Science*(Science History Publication, 2000), pp. vii-xiii 중 p. x에서 인용. MacDonald, "Exhibitions and the Public Understanding of Science Paradox."도 참조.

14) Sharon MacDonald, "Supermarket Science? Consumers and the Public Understanding of Science," in MacDonald ed., *The Politics of Display*, pp. 118-138.

15) Tracy Lang Teslow, "Reifying Race: Science and Art in 'Races of Mankind' at the Field Museum of Natural History," in MacDonald ed., *The Politics of Display*, pp. 53-76; Sharon MacDonald and Roger Silverstone, "Science on Display: The Representation of Scientific Controversy in Museum Exhibitions," *Public Understanding of Science* 1(1992), pp. 69-87.

이러한 모든 변화는 과학박물관이 수동적인 지식의 전파만이 아니라 (마치 사이언스 센터처럼) 지식의 형성에 적극적 역할을 수행해야 한다는 것을 자각했음을 보여주는데, 사실 비슷한 변화가 사이언스 센터에서도 감지된다. 최근에 사이언스 센터는 놀라운 현상을 보여주는 장소에서 점점 더 컨텍스트 속에서의 과학을 보여주는 곳으로 그 역할을 바꾸고 있다. 온타리오 사이언스 센터에서 전시한 〈음식전(Food)〉(1992년)을 필두로, 필라델피아의 프랭클린 인스티튜트의 〈지진전〉(1996년), 런던 과학박물관의 〈스포츠의 과학전〉(1998년), 캔버라의 퀘스타콘의 〈과학 수사전(Forensic Science)〉(1999)과 같은 전시는 1970년대의 사이언스 센터에서는 보기 힘들었던 전시들이다. 또 사이언스 센터는 강연, 논쟁, 인터넷 자료의 활용, 여름 캠프, 영상 제작 등을 통해서 과학과 대중과의 만남의 장을 넓히고 있는 것이 사실이다.[17] 사이언스 센터의 인터랙티브 기술들이 사람들 사이의 상호 작용을 촉진하지 못한다는 비판이 있지만, 세계적으로 유명한 사이언스 센터의 경우 초기에 어색하던 기술적 결함을 많이 극복하고 지금은 이러한 기술을 인간-기계의 상호 작용만이 아니라 사람과 사람의 만남과 토론을 가능케 하는 방향으로 변형시켜 사용하고 있다.[18]

---

16) 펠함머는 독일박물관에 전시된 조각가 베르크만의 〈오펜하이머〉와 〈에놀라 게이〉 조각이 원폭 시대의 과학과 과학자의 이미지에 대한 다중적 해석을 가능케 했다는 점을 지적한다. Wolf Peter Fehlhammer, "Communication of Science in the Deutsches Museum," in Lindqvist ed., *Museums of Modern Science*, pp. 17–27.

17) Ken Arnold, "Presenting Science as Product or as Process: Museums and the Making of Science," in Susan Pearce ed., *Exploring Science in Museums*(London: Athlone, 1996), pp. 57–78; Per-Edvin Persson, "Science Centers Are Thriving and Going Strong!" *Public Understanding of Science* 9(2000), pp. 449–460.

18) Andrew Barry, "On Interactivity: Consumers, Citizens, and Culture," in Sharon MacDonald ed., *The Politics of Display: Museums, Science, Culture*(London and New York: Routledge, 1998), pp. 98–117.

미국 뉴저지의 리버티 사이언스 센터의 대표 코스터는 사이언스 센터의 최근의 경향과 역할로, 현재와 미래에 초점을 맞춘 과학-기술-사회의 접점에서 생기는 문제를 공론화하고, 관람객의 범위를 확대하며, 통합된 컨텍스트를 제공하고, 멀티미디어를 이용하며, 논쟁이 되는 주제들에 대한 중립적인 포럼을 제공하여 서로 다른 이해관계를 가진 시민들에게 공통의 정보를 제공함으로써 이들의 협력을 이끌어 내는 일을 꼽았다. 핀란드의 사이언스 센터 유레카의 소장 퍼손은 미래의 사이언스 센터의 변화 방향으로 더 많은 과학적 정보를 컨텍스트 속에서 보여주고, 최근의 과학 동향에 대해서 더 깊이 알게 해주며, 새로운 비공식 교육(informal learning) 환경을 만들고, 기존의 쌍방향성을 뛰어넘는 방법을 모색하며, 더 유연해지고, 새로운 연구 주제를 발굴하며, 대중과 과학자들이 만날 수 있는 실질적인 포럼을 제공하고, 방문객에게 질적인 만족을 제공하며, 국제협력을 강화하는 것을 들었다.[19] 이중 과학을 컨텍스트 속에서 보여주는 것은 전통적인 과학박물관이 수행하던 내용이며, 특정 주제에 대한 포럼과 공론의 장을 제공하는 것은 일반 박물관에서 시도해왔던 내용인 것이다. 사이언스 센터는 이 두 가지 내용을 모두 수용하면서 비권위적이고 유동적인 사이언스 센터의 장점을 토대로 새로운 변화를 모색하는 중이다. 이러한 내용을 종합해보면 1990년대 이후 과학박물관은 사이언스 센터의 도전 하에 그 외양과 기능을 바꾸고 있으며, 사이언스 센터도 과학박물관의 장점을 도입해서 스스로를 변화시키고 있다고 볼 수 있는 것이다.

---

19) Emyln H. Koster, "In Search of Relevance: Science Center as Innovators in the Evolution of Museums," *Daedalus* 128(1999), pp. 277–285; Per-Edvin Persson, "Science Centers Are Thriving."

3. 제3세대 과학(박물)관과 사이언스 센터의 사례들

코스터는 과학박물관을 역사적으로 3세대로 분류한다.[20] 그 첫 세대는 컬렉션에 기초한 과학박물관인데, 여기서 방문객의 역할은 눈으로 보고 읽고 이해하는 정도의 수동적인 차원에 한정되었다. 두 번째 세대는 참여, 운동, 조작하는 장난감, 상호 작용에 기초한 사이언스 센터라는 것이다. 그리고 그는 과학박물관의 세 번째 세대가 21세기에 도래할 것이라고 예측한다. 21세기의 제3세대 사이언스 센터는 과학자와 시민들이 환경과 기술의 과학-사회의 문제를 다루기 위해 만나고 토론할 때 그 중심에 존재하는 기관이라는 것이 그의 생각이다. 이러한 과학(박물)관은 흥미에서 벗어나서 과학에 대한 대중 문화를 주도하는 기관이어야 하며, 어린이를 대상으로 하는 오락관에서 복잡하고 중층적인 성인들의 과학문화를 형성하고 이에 기여하는 기관이어야 하는데, 이러한 제3세대 과학(박물)관을 향한 움직임은 전통적인 과학박물관과 사이언스 센터 각각에서 이미 시작되었다고 볼 수 있다.

이러한 움직임을 잘 구현하고 있는 전시가 과학과 예술의 만남을 주제로 한 것들이다. 과학기술학(STS) 학자 브루노 라투르가 큐레이터로 참여해서 국제적 관심을 불러 모았던 전시 '아이코노클래시(Iconoclash)' 는 전시 자체의 급진성은 물론이거니와 과학, 예술, 종교라는 서로 다른 세 분야를 아우르고 있었다는 점에서도 시사하는 바가 크다. 독일 칼스루에(Karlsruhe)의 예술 미디어 센터에서 2002년 5월부터 3개월 동안 열렸던 이 전시에서 기획자들은 상이한 분야에서의 신선하고 위력적인 이미지들을 의도적으로 충돌시킴으로써 '이미지 전쟁' 의 실체를 확인하고 이를 극복할 방향을 모색해서 논란을 일으켰다. 이 전시회는 제1세대 과학박물관이 경계 넘기 및 다른 분야와의

20) Jim Bennett, "Beyond Understanding," in Svante Lindqvist ed., *Museums of Modern Science*(Science History Publication, 2000), pp. 55-60, on p. 58에서 인용.

협력이라는 새로운 시도를 감행한 경우를 잘 보여주는 국제적인 예라고 할 수 있다.[21)]

국내에서는 자연사 박물관과 한 개인 예술가와의 협력이 이루어졌다. 2005년 10월 17일부터 9일간 열렸던 제주도 민속자연사 박물관의 〈제5회 강술생 개인전 — 무당벌레 꽃이 되다〉는 미술을 통한 생태교육으로 예술과 자연의 만남을 시도했던 전시 중의 하나였다. 이 전시는 한국문화예술진흥원, 아시아태평양곤충학 학술대회, 제주참여환경연대, 제주 기독교청년회(YMCA) 생태와이의 후원으로 강술생이라는 한 화가가 수십 명의 어린이들, 부모들과 함께 약 500여 평의 대지에 무당벌레 모양으로 땅을 일궈 꽃을 피움으로써 자연이 치유되는 과정을 체험했던 수개월 간의 과정들을 비디오, 사진, 그림, 엽서, 기록물 등을 통해 보여주었다.[22)] 다양한 단체들의 후원을 받은 한 예술가의 신선한 발상이 박물관 공간에 전시됨으로써 더 많은 대중들이 자연과 예술이 만난 현장의 느낌을 공유할 수 있는 기회를 가졌던 것은 의미가 있었다. 그러나 이러한 전시회가 생태주의적 자연관과 예술의 의미 있는 결합을 잘 보여주고 있음에도 불구하고, 박물관의 참여가 처음부터 있었던 것이 아니었다는 점은 아직 한국 박물관이 일반인들의 참여를 조직하는 역할의 중요성을 충분히 인식하고 있지 못하다는 현실을 보여주고 있다.[23)]

두 번째 움직임은 과학을 사회적 컨텍스트와 일상이라는 컨텍스트 속에 위치시키는 전시이다. 즉 복잡한 현대 과학의 현실을 보여주는

21) 이 전시의 주제였던 '이미지 전쟁'에 대한 논평들은 Bruno Latour and Peter Weibel eds., *Iconoclash: Beyond the Image Wars in Science, Religion and Art* (Cambridge, Mass.: MIT Press, 2002) 참조.

22) 강술생, 『무당벌레 꽃이 되다』(제주: 원디자인, 2005).

23) 이 소절의 내용은 제주도 민속자연사 박물관에서 개최된 〈무당벌레 꽃이 되다〉 전에 대한 필자의 관람(2005년 10월 24일)과 강술생과의 전자메일(2005년 11월 25일)에도 근거하고 있다.

전시 하나가 관람객들과 이해 당사자들의 적극적인 반응을 유도함으로써 소통의 계기를 마련해주는 것이다. 1994년부터 전시되었던 스미소니언 역사박물관의 〈미국인의 삶 속에서의 과학전(Science in American Life)〉이 이러한 대표적인 전시 중의 하나이다. 이 전시는 미국화학자협회의 대대적인 후원 속에서 사회역사학자, 과학기술사학자를 포함한 12명의 전문가들에 의해 3년에 걸쳐 기획되었다. 이 전시에서 전통적인 사이언스 센터 형식의 핸즈온 갤러리를 제외한 나머지 부분은 다섯 개의 소주제로 이루어져 있는데, 이 다섯 주제들은 발견의 연대기적 나열이 아니라 125년간 과학과 미국 사회의 상호연관성을 드러내는 데 중점을 두고 있었다. 전시의 도입부에서는 '실험과학 미국에 오다' 라는 제목으로 19세기 말 미국의 두 화학자(아이라 렘슨과 콘스탄틴 팔베르크)의 실험실을 재현하고 사카린 발견을 둘러싼 이들의 논쟁도 재현했다. '진보를 위한 과학' 에서는 1939-1940년 뉴욕 세계박람회의 전시품 및 영상을, '전쟁에 동원된 과학' 부분에서는 맨해튼 프로젝트와 원자폭탄, 행동주의 심리학, 페니실린의 대량생산 등 전쟁관련 전시물이 주류를 이루었다. 다음 코너인 '자연보다 더 나은' 전시관은 1950년대 미국 일상에서 사용되었던 합성물질, 피임약, 레이첼 칼슨과 디디티(DDT)를, '대중이 보는 과학' 은 오존파괴, 유전공학, 의회에 의해서 취소된 초전도입자가속기(SSC) 등의 최신과학을 소개했다. 여기서 보듯이 다섯 주제에 따른 이 전시는 과학의 발달을 역사성과 사회성을 기반으로 해석한 것들이었다. 실제로 이 전시는 스미소니언 박물관에서 '과학과 사회' 를 주제로 열렸던 첫 번째 대규모 전시였다.[24)]

이러한 새로운 개념의 전시에 대해서는 비판도 없지 않았다. 미국물리학자협회의 로버트 파크는 여기에 전시된 사카린의 마케팅에 대

24) Arthur P. Molella, "Exhibiting Science in Historical Context: The Case of 'Science in American Life'," *Museum Anthropology* 26(1993), pp. 37-49.

한 녹음테이프가 과학자를 허영과 탐욕에 쉽게 흔들리는 나약한 존재로 비춰지게 하고, 원자폭탄을 살상도구로만 표현하고 있으며, 항생제의 효과도 긍정적인 것보다는 부정적인 것 위주로 전시되었다고 비판했다. 그는 이 전시가 관객을 반과학주의자로 개종시킬 것이라고 비난했으며, 전시를 후원했던 미국화학회는 전시물과 설명의 수정을 요구했다. 반면 뉴욕 박물관의 앨런 프리드먼은 이 전시가 과학자를 사회적 존재로 바라볼 수 있게 한 의미 있는 전시물이라고 긍정적인 평가를 내렸다.[25] 과학자-큐레이터 사이의 논쟁은 미디어의 주목을 받으며 오래 지속되었는데, 〈미국인의 삶 속에서의 과학전〉은 이에 큰 영향을 받지 않고 수정되지 않은 채로 예정대로 폐막되었다.[26] 21세기의 과학(박물)관은 논쟁을 유발하는 것을 회피하면 안 되는데, 날로 복잡해지는 과학기술은 그만큼 복잡한 성장과 쇠퇴의 스토리를 가지고 있으며, 그것을 도외시하고 과학원리나 체험 장치만을 통해 대중과 소통하고자 한다면 과학관은 대중의 과학에 대한 경험을 사실상 제한하는 셈이 되기 때문이다.

박물관이 위와 같은 변화를 꾀하고 있다면 암스테르담의 사이언스 센터인 '뉴메트로폴리스(NewMetropolis)'는 변화하는 환경에 맞추어

---

25) Arthur P. Molella and Carlene Stephens, "Science and its Stakeholders: The Making of 'Science in American Life'," in Susan Pearce ed., *Exploring Science in Museums*(London: Athlone, 1996), pp. 95-106; J. Gregory and S. Miller, *Science in Public: Communication, Culture and Credibility*(New York and London: Plenum, 1998), pp. 214-219.

26) 이에 반해서 1995년부터 시작된 스미소니언의 항공우주 박물관의 〈마지막 장: 원자탄과 2차 세계대전의 막〉 전시는 원래 기획했던 전시가 반미국적이라는 참전군인들의 항의를 받아 그 제목과 내용이 모두 바뀌었다. 보통 에놀라 게이 전시라고 알려진 이 사건에 대해서는 Richard H. Kohn, "History and the Culture Wars: The Case of the Smithsonian Institution's Enola Gay Exhibit," *Journal of American History* 82(1996), pp. 1036-1063과 1998년 *Technology and Culture* 39(3)호 특집 "Last Act" 참조.

빠르게 변신할 수 있도록 설립된 새로운 개념의 사이언스 센터의 모습을 잘 보여준다.[27] 이곳은 크게 네 가지 면에서 기존의 과학박물관이나 사이언스 센터와도 차별화된다. 첫째, 이곳은 새로운 사회적 공간으로 자리매김을 추구한다. 뉴메트로폴리스는 사람들에게 '학습에 대한 학습'을 경험하게 하는 것을 목표로, 어린 아이들만이 아니라 노인, 장애인, 사회적 약자, 빈자와 같은 주변적 사회 구성원들의 접근성을 높였다. 이곳을 찾는 시민들은 관광객이나 관람객으로서가 아니라, 도서관에 책을 보러 오듯이 뉴메트로폴리스를 '이용'하는 사람들이다. 이런 식으로 뉴메트로폴리스는 암스테르담 시민 생활의 중심에 위치하는 사회적 공간이 되는 것을 지향하고 있다. 둘째, 뉴메트로폴리스는 사이언스 센터임에도 불구하고 과학기술만을 위한 공간이 아님을 자처한다. 이곳은 과학기술 지식을 전수하는 목적을 우선시하지도 않는다. 대신 시민들은 여기에서 추상화, 실험, 협동, 체계적 사고 등, 과학을 통해 습득할 수 있으며 동시에 복잡한 현대 사회를 살아나가는 데 필수적인 사고방식을 배운다(그림 2). 셋째, 뉴메트로폴리스는 과거가 아니라 현재 속에 존재한다. 전시의 텍스트는 필요한 경우에 3일 내로 수정되거나 대체될 수 있도록 고안되어, 비용을 최소화하면서도 상황에 따라 변할 수 있는 정보들을 그때그때 전달한다. 이곳에 소속되어 있는 배우들이 선보이는 연극도 필요할 때마다 그 내용을 바꾸도록 되어 있으며, 온라인 정보 시스템은 매일매일 큐레이터에 의해 업그레이드된다. 이는 한번 설치해놓으면 길게는 몇 년에 걸쳐 유지되는 박물관이나 사이언스 센터의 경우와 매우 대조적이다. 마지막으로, 뉴메트로폴리스의 차별성은 상호 작용을 통한 학습에 대한 연구에 많은 노력을 쏟는 것에서 가장 잘 드러난다. 뉴메트로폴리스는 연구활동을 통하여 늘 새로운 이해관계를 가지고 있는 잠재적 이용객을

---

27) Bradburne, "Dinosaurs and White Elephants."

그림 2 암스테르담의 새로운 개념의 사이언스 센터 뉴메트로폴리스

위한 프로그램과 전시를 기획함으로써 더 많은 대중을 포용해 나가며, 이를 위해 실제로 이러한 연구활동에만 전체 예산의 30퍼센트를 사용하고 있다. 결론적으로 뉴메트로폴리스는 열린 사회적 공간을 제공하고, 과학기술이 불러일으킨 급변하는 상황에 더 잘 대처하도록 시민들을 교육하며, 빨리 변하는 외적 환경에 적극적으로 대응하고, 연구를 중시하는 것을 목표로 한 신개념의 사이언스 센터인 것이다.

서구의 과학박물관과 사이언스 센터가 1990년대 이후에 변화를 모색한 데에는 두 가지 서로 다른 방향에서의 압력이 있었다. 그중 하나는 관람객과의 관계를 고려할 때 (일반) 박물관의 기능이 크게 변했다는 것이다. 박물관은 컬렉션의 전시를 통해 관람객을 교육시키는 공간에서 공공 서비스 기관, 만남의 장소, 공공 논쟁의 장소, 대화의 기관 등으로 변모했으며, 과학박물관도 박물관의 이와 같은 일반적인 변화에서 유리되어 있을 수 없었다. 게다가 앞에서 보았듯이 과학박물관은 자신들의 주요 관람객이었던 어린이와 가족 관람객을 빼앗아 가버린 사이언스 센터로부터의 압력에도 직면했다. 그렇지만 사이언스 센터도 1990년대 이후 인터넷 혁명의 변화에서 자유로울 수 없었다. 아이들이 훨씬 더 흥미로워하는 인터넷 게임, CD-롬, 텔레비전 프로그램 등이 범람하면서 아이들을 주 고객으로 했던 사이언스 센터에도 새로운 문제가 발생했던 것이다.[28] 건물을 짓고 새로운 전시나 기기를 만드는 데 큰 예산이 소요되는 사이언스 센터는 여러 번 방문해도 질리지 않는 장소, 어린이만이 아닌 어른의 과학문화를 위한 장소, 전통적인 과학박물관의 역할을 부분적으로 수행하는 장소로 다변화를 꾀하기 시작했다.[29]

이러한 변화의 방향을 모두 합쳐서 하나로 모아보면, 변화의 큰 줄기는 미래의 과학(박물)관이 '광장'이 되어야 함을 가리키고 있다(그림 3).[30] 광장으로서의 과학(박물)관은 과학기술이 불러일으키는 사회의 중요한 문제를 토론할 수 있는 공간, 즉 과학-기술-사회의 복합체의 다양한 문제에 대해서 시민과 과학자가 모여서 토론할 수 있는 토론장을 의미한다. 이를 위해서 광장으로서의 과학(박물)관은 다 만들어진 과학이 아니라 만들어지고 있는 과학을 들여다볼 수 있는 창이 되어야 하며, 사회·역사·문화 속에서 볼 수 있는 과학기술의 다중적 의미를 하나의 정형화된 이미지로 환원시키려는 시도를 거부하는 매체가 되

28) Neil Cossons, "Museums in the New Millennium," in Svante Lindqvist ed., *Museums of Modern Science*(Science History Publication, 2000), pp. 3-15.

29) 컬턴은 현란한 멀티미디어에 노출되어 있는 어린이들이 오히려 전통적인 스타일을 더 좋아하는 경향을 보임을 지적하고 있다. Tim Caulton, *Hands-on Exhibitions: Managing Interactive Museums and Science Centres*(London and New York: Routledge, 1998), p. 139.

30) Duncan F. Cameron, "The Museum, a Temple or the Forum," *Curator* 14(1971), pp. 11-24; Dawn Casey, "Museums as Agents for Social and Political Changes," *Curator* 44(2001), pp. 230-236.

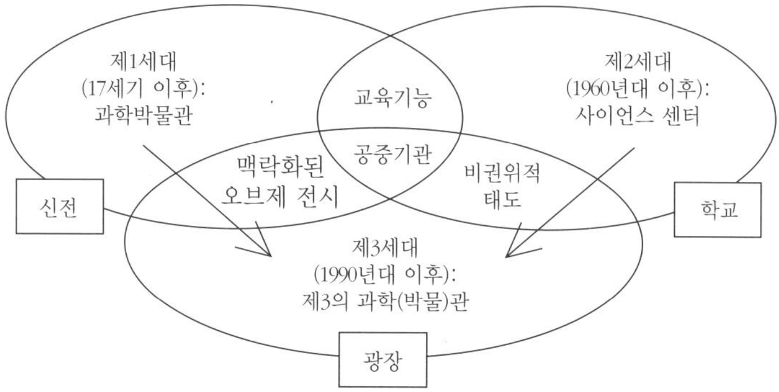

그림 3 전통적인 과학박물관에서 사이언스 센터, 그리고 제3의 과학(박물)관으로의 변화

어야 한다. 또 광장으로서의 과학관은 과학을 쉽게 교육하는 준교육기관으로서의 역할을 넘어서, 오브제의 중층적 의미를 살리는 창의적 전시, 과학과 예술의 만남, 강연, 사이언스 숍(science shop: 과학과 관련된 시민들의 문제를 해결해주는 과학상점) 등이 한 자리에서 만나는 복합문화공간을 추구해야 한다.[31)]

광장으로서의 과학(박물)관은 지금 다양한 형태로 실험 중이다. 영국의 대표적인 과학박물관인 런던 사이언스 뮤지엄은 2003년에 다국적 제약회사가 개발해서 독점하고 있는 암치료제의 윤리성을 주제로 한 기획전과 토론회를 개최했고, 신설한 웰컴윙의 1층에서는 〈토킹포인트(Talking Points)〉라는 현대과학이 우리의 일상생활에 미치는 영향에 대한 논쟁적인 전시를 상설하고 있다. 이것만이 아니라 지구온난화나 대체 에너지에 대한 전시는 에너지 관련 전시에서 가장 중요한

31) S. E. Weil, *Making Museums Matter*(Washington and London: Smithsonian Institution Press, 2002), pp. 102–107; Leem So Yeon, "Reconceptualizing Environmental Exhibits: Postmodern Critique of Exhibits in American Natural History Museum."(Texas Tech University Master's Thesis, 2004).

항목이 되었다. 과학자와 일반 대중이 직접 만나서 현대 과학의 논쟁적인 주제에 대해 토론을 할 수 있게 하기 위해서 사이언스 뮤지엄은 데이터 센터(data center)라는 독립적인 공간을 운영 중이다. 불과 20년 전까지만 해도 과학기술의 '신전' 역할을 가장 모범적으로 수행하던 과학박물관은 논쟁적인 과학이라는 주제를 가지고 과학자와 대중을 만나게 하는 실험적인 장소로 탈바꿈하고 있는 중이다.[32)]

4. 한국 과학관의 기원과 현황

21세기의 바람직한 과학(박물)관의 구체적인 모습을 모색하기 전에 한국 과학(박물)관의 과거와 현재에 대해서 간략히 짚어보자. 한국의 박물관의 기원은 1915년 경복궁에서 개최된 시정오년기념조선물산공진회(始政五年記念朝鮮物産共進會)에서 찾을 수 있는데, 그 이유는 여기에 전시된 상품과 발명품들이 같은 해 12월 1일 개관한 조선총독부박물관에 영구 전시되었기 때문이다. 이후 본격적인 '과학' 박물관은 1927년 '은사기념과학관(恩賜記念科學館)'이 일본 천황의 하사금으로 개관함으로써 출범했다. 그렇지만 식민치하의 이 과학관은 일본인의 우수성을 강조하는 인종우생학, 일제의 개발선전, 과학동원과 같은 주제를 선전함으로써 일제의 사회 지배체제를 강화하는 도구로 사용되었다. 1945년에 해방이 되면서 은사기념과학관은 국립과학박물관으로 개명되었다. 그러나 한국전쟁 중이던 1950년 9월 27일 과학박물관이 전소된 이후 완전히 복구되기까지는 무려 20여 년의 세월이 걸려야 했다.[33)]

---

32) http://www.sciencemuseum.org.uk/; http://www.danacentre.org.uk/ 참조.

33) 전쟁 이후 1960년 8월 12일 서울시 종로구 현 국립서울과학관 부지가 확정되었으나 4.19 혁명 등의 정치적 사건으로 인해 예산 삭감과 건립 부지 선정에 대한 회의론 등이 부상하면서 과학관 재건은 다시 불투명해졌다. 그러다가 5.16 쿠데

그림 4 현 국립서울과학관(전 국립과학관) 입구에 있는 박정희 전 대통령의 '전국민의 과학화' 휘호

한국전쟁 이후 국립과학박물관 재건 및 확장의 역사는 박정희 정권의 과학기술에 대한 관심과 밀접한 관계를 맺고 발전해 나갔다. 1972년 9월 8일 공식개관을 맞은 국립과학관(현 국립서울과학관)은 1973년 1월 박정희 대통령에 의해 '전국민의 과학화' 운동이 선포되면서 그 활동에 박차를 가하게 되었다(그림 4). 국립과학관은 12개 분야(전기전자, 우주항공, 물성, 에너지, 기계, 화학, 기상, 지질광업, 동물, 곤충, 인체, 해양)로 나누어 모형과 표본을 전시하였으며 1979년에 추후 개관한 산업기술관은 1972년부터 추진했던 중화학공업화 정책을 선전하는 전시물로 채워졌다. 또한 과학기술 보급 프로그램으로서 공개과학교실, 전국과학

타 이후 1961년 10월부터 제1차 증축공사를 시작하여 8차례의 공사를 거쳐 1970년 9월 본관건물이 완성되었고, 1972년 9월 8일에 정식으로 개관을 하게 되었다. 정인경, 「한국 근현대 과학기술문화의 식민지성—국립과학관사를 중심으로」(고려대학교 박사학위논문, 2004).

전람회, 전국학생과학발명품 경진대회, 과학영화 상영, 일일 과학교실, 과학강연회, 컴퓨터 교실, 과학 동산 등이 운영되었다. 그러나 1970년대 박정희 정권이 산업기술과 기초과학에 대한 지식을 국립과학관을 통해서 일반인에게 보급하려는 의도를 가지고 있었음에도 불구하고, 당시 과학관은 전 국민을 위한 과학기술 보급기관으로서 한계를 가지고 있었다. 그 일례로서, 과학전람회와 강연회를 제외한 다른 모든 프로그램은 학생을 대상으로 한 활동이었음을 들 수 있다. 이와 같은 문제점에 대한 정부의 인식은 1979년 제2차 전 국민의 과학화 운동과 함께 새로운 종합과학관의 건설을 위한 움직임으로 이어졌다.[34)]

1980년대 기획 단계를 거쳐 1990년 대전의 대덕연구단지 내에 개관한 국립중앙과학관은 이전의 국립과학관에 비해 훨씬 다변화된 모습을 보였다. 첫째, '한국과학기술사' 와 '우리나라의 자연'이라는 분야가 추가됨으로써 전통과학기술과 한반도의 자연을 강조했고 동시에 '국립' 으로서의 정체성을 보다 분명히 했다. 둘째, 학생뿐만 아니라 성인들까지도 유인할 수 있는 프로그램을 대폭 강화하고, 이를 위해서 다양한 프로그램을 신설하여 운영하였다. 특히 일반인을 대상으로 하여 큰 호응을 얻었던 전통과학대학, 주부 컴퓨터 교실, 생활과학교실 등의 프로그램은 전 국민의 과학화를 위한 이전 과학관의 노력이 1990년대에도 지속되었음을 여실히 보여주었다. 끝으로, 주목할 만한 변화로서 1994년부터 운영된 '탐구관' 에 있던 체험형 전시를 들 수 있다. 익스플로러토리움 같은 외국 사이언스 센터의 개념을 도입한 이곳에서 관람객들은 전시물을 직접 조작함으로써 과학원리를 이해할 수 있었는데, 이러한 전시기법은 이전 국립과학관에 비해 볼 때 참신한 시도였다.[35)]

---

34) 김화선, 「국립중앙과학관의 건립과 운영」(전북대학교 석사학위논문, 2005).

35) 김화선, 위의 글.

이렇듯 한국의 과학박물관의 역사는 서양 과학박물관의 역사와 사뭇 다른 양상을 보여주고 있다. 1966년 문교부에 의해 시작된 '국립과학관 개발을 위한 초기 계획협회' 에서는 과학관의 역할을 한국의 자연과 문화 유산 및 자료를 수집, 보존, 연구하며 기초과학과 응용과학을 연구, 전시하는 '박물관' 의 성격이 강한 것으로 규정했음에 비해, 1969년 국립과학관의 소속이 문교부에서 과학기술처로 이관되고 박정희 대통령의 전 국민의 과학화 운동이 시작되면서 국립과학관은 과학기술에 대한 지식과 정책 사항을 보급, 선전하며 교육의 의미가 강조된 사이언스 센터로서의 성격이 강화되었다. 사이언스 센터로서의 기능은 이것이 1980년대에 국립중앙과학관으로 확충되는 과정에서 한층 더 강조되었다. 결과적으로 20세기 한국의 국립과학관은 서구식 분류법대로 표현하자면 제1세대인 과학박물관과 제2세대인 사이언스 센터가 시간적으로 중첩되면서 절충된 것이었다고 할 수 있다.[36)]

그러나 과학박물관과 사이언스 센터 두 마리의 토끼를 잡으려는 당초 국립과학관의 시도는 새로운 세기를 맞은 지금 다시 평가되어야 할 필요가 있다.[37)] 일단 이 과학관의 큰 문제는 전체적으로 전시 외관 자체가 시대에 뒤떨어진 느낌을 준다는 것이다. 오래된 디오라마(diorama: 모형으로 만든 풍경)나 박제된 동물 전시, 지루한 다큐멘터리 형식의 시청각 보조물의 효과는 상당히 의심스럽다. 또 다른 문제점은 한국의 과학기술을 소개한 부분에서 찾아볼 수 있다. 2층의 기초과학 코너에서 볼 수 있는 재미있는 작동모형 및 체험 위주의 전시 방법

---

36) 국립과학관은 컬렉션을 중심으로 하는 전통적인 박물관으로서의 기능도 지속해 왔다. 단적으로 전시품의 숫자만 살펴본다면, 1979년 281점이었던 국립(서울)과학관의 전시품이 1990년 국립중앙과학관에서는 5,708점으로 20배 이상 증가하였다. 김화선, 위의 글.

37) 이 문단은 필자의 국립중앙과학관 관람(2005년 11월 17일)에 근거하고 있음. 황우석 섹션은 황우석 사태 이후에 철거되었다.

과는 달리 주로 패널과 오브제 나열을 위주로 한 전통 과학기술의 전시는 전통과학의 이미지를 고루한 것으로 고착시키는 결과만을 낳을 위험이 있다. 게다가 금속 활자 기술이나 천문학 등 세계적으로도 가치 있는 우리 과학에 대한 설명이 부족하고, 전통과학의 사회문화적 맥락에 대한 설명이 결여되어 한국과학사에 대한 총체적인 이해를 이끌어 내지 못한다. 끝으로 1층에서 전시된 생명공학(BT) 섹션은 이를 황우석 한 개인의 업적만을 중심으로 소개하고 있으며, 수많은 과학기술 분야 중에서도 생명공학(BT), 나노공학(NT) 등 정부의 지원을 받는 분야만을 집중적으로 소개하고 있다. 생명공학과 나노공학에 대해서는 세간에서 이에 대한 비판적인 시각이 분명히 존재함에도 불구하고 전시의 내용은 과학기술이 열어주는 희망찬 미래를 예견하는 찬양 일색의 내용이었다. 국립중앙과학관의 현대과학 전시는 사실상 국가 '과학정책 홍보관', 그것도 한쪽으로 치우친 홍보관의 역할을 담당하고 있다고 해도 과언이 아니다. 한마디로 국립중앙과학관은 유물과 정보의 탈맥락화된 나열과 21세기 최첨단 기술의 수혜자인 관람객의 흥미를 더 이상 끌지 못하는 전시기법을 통해서 1970년대식의 '전 국민의 과학화' 메시지를 전하던 것과 흡사한 일에 여전히 매몰되어 있다고 하겠다.

현재 한국의 과학문화 프로젝트의 대부분은 과학자가 과학의 내용을 쉽고 재미있는 형태로 만들어 대중들에게 전달하는 작업을 관건으로 삼는다. 여기에서 '대중의 과학 이해'는 과학자가 생각하는 단일한 형태로 대중이 과학을 이해하는 것을 의미한다. 과학자가 주도해서 과학을 대중적 버전으로 만들었을 때에 이것은 '적절한 단순화'로 간주되지만, 언론이나 비과학자에 의한 대중화는 '과학의 왜곡'으로 간주된다. 이러한 '표준적 관점'에 따르면 과학을 잘못 이해하고 있는 대중은 계몽될 대상으로, 유일하게 과학의 참된 지식을 알고 있는 과학자는 계몽의 주체로 간주된다. 표준적 관점에 의하면 서로 다른 사회의 구성원들이 과학의 상이한 측면들, 예를 들어 과학의 정치적, 교육적, 제도적, 사회적, 미적, 예술적, 상업적, 문화적 측면 등을 특정한 각도에서 나름대로 파악하고, 그 결과 다양한 담론과 이미지가 서로 얽혀서 다층적이고 맥락적인 방식으로 과학을 이해하고 있다는 점이 무시된다.[38] 게다가 이렇게 일방적인 공공의 이해에는 공공의 참여를 지향하는 기능이 빠져 있다. 공공의 참여는 대중이 실험을 한 번 해봄으로써가 아니라, 과학관과 같은 공간을 매개로 과학이 일으키는 복잡한 사회적 문제에 대한 논쟁에 의해 자극을 받고 이에 다양한 형태로 참여해보는 것에서 발전된다. 과학의 공공 이해가 단순히 과학 내용을 대중들에게 이해시키는 것을 의미하지는 않듯이, 과학(박물)관이 단순히 과학 지식을 체험하게 해줌으로써 그 소임을 다하는 것은 아닌 것이다.

21세기 과학관은 우리가 지향하는 바람직한 과학 문화를 반영하는 거울이 되어야 한다. 대중의 과학 이해와 과학자에 의한 과학적 지식의 생산이 연속적인 스펙트럼으로 이해되고, 대중의 참여가 연구의 주제와 어젠더를 결정하는 데까지 확장되는 추세와 발을 맞추어서, 과학관의 역할도 신화화된 과학의 전시나 과학 교과서에 있는 지식의 체험에서 벗어나서 과학의 다중성, 역사성, 사회성, 불확실성, 위험 등을 보여주고 이를 통해 복잡한 과학기술 사회에 대한 대중의 이해와 참여를 독려하는 쪽으로 바뀌어야 한다.[39] 이는 오브제를 통해서도,[40]

---

38) Stephen Hilgartner, "The Dominant View of Popularization: Conceptual Problems, Political Uses," *Social Studies of Science* 20(1990), pp. 519–539; 김동광, 「과학과 대중의 관계 변화」, 《과학기술학연구》 제2권 제2호(2002), 1–23쪽; 박희제, 「공중의 과학이해 연구의 두 흐름: 조사연구와 구성주의 PUS의 상보적 발전을 향하여」, 《과학기술학연구》 제2권 제2호(2002), 25–54쪽.

39) 외국의 경험적 연구 사례에 따르면 시민들은 현존하는 과학박물관을 방문하면서 여기에서 과학기술이 야기하는 사회적 문제에 대한 해답을 찾을 수 있다고 기대하고 있지 않음을 보여주는데, 이는 21세기 과학박물관이 극복해야 하는 매

기획전을 통해서도, 인터랙티브 테크놀로지를 통해서도, 예술을 통해서도, 강연을 통해서도, 과학축전을 통해서도 이루어질 수 있다. 과학을 사회·문화·정치의 맥락 속에서 이해하기 위해서는 오브제와 설명, 멀티미디어, 핸즈온 기술, 예술 작품, 방문객들 사이의 쌍방향 상호 작용 등의 방법을 종합적으로 결합해서 사용해야 그 목적을 달성하는 경우가 많다.[41] 과학박물관과 사이언스 센터는 배타적인 방식으로가 아니라 상보적으로 융합하는 방식으로 21세기 과학(박물)관의 모습을 만들어가야 하는 것이다.

맺는말: 바람직한 과학 대중화 공간으로서의 과학(박물)관

2005년 6월, 과천에 건설될 국립과학관이 언론에 그 청사진을 드러냈다. 과천 국립과학관은 2008년에 완공에 맞춰서 과천시 서울대공원 앞 7만 4,000여 평의 부지에 연건평 1만 5,000평 규모로, 총 3,800억 원의 예산을 들여 건설한 첨단 과학관이다. 과천 국립과학관은 전시본관, 천체관 등의 실내 전시관과 우주항공 등 6개 테마의 야외전시장, 과학행사나 문화행사를 담당하는 과학광장, 곤충관, 생태체험 학습장, 식물생태원, 과학캠프장 등으로 구성되어 있다. 과학관 전시의 기본 개념은 '느끼는 과학(feels-on science)'에 체험을 통한 평생 교육을 결합한 것인데, 이를 위해 전시본관에는 전통 과학기술을 현대과학으로

우 중요한 과제다. Ellen K. Henriksen and Merethe Frøyland, "The Contribution of Museums to Scientific Literacy: Views from Audience and Museum Professionals," *Public Understanding of Science* 9(2000), pp. 393–415 참조.

40) Simon Schaffer, "Object Lessons," in Lindqvist ed., *Museums of Modern Science*(Science History Publication, 2000), pp. 61–76.

41) Alan J. Friedman, "Museums, Communities and Contemporary Science," in Lindqvist ed., *Museums of Modern Science*(Science History Publication, 2000), pp. 43–51.

알기 쉽게 해석하는 '전통과학 분야', 우주와 지구에 대한 '자연과학 분야', '기초과학 분야', '첨단과학 분야', '어린이 체험 분야' 등이 배치될 예정이다. 과천의 국립과학관이 완성되면 대전 과학관은 전시물의 보전 및 유지를 담당하고, 서울 과학관은 어린이 전용의 사이언스 센터로 탈바꿈하며, 과천 국립과학관이 교육, 전시, 놀이, 문화가 어우러진 체험의 장이 된다는 것이다.[42]

우리가 21세기에 가지게 될 새로운 국립과학관이, 서구의 과학박물관과 사이언스 센터의 장점을 선별해서 취하고 여기에 시민의 '광장'으로서의 철학을 융합한다면 이것은 150년의 역사와 전통을 가진 서구의 과학박물관을 압축적으로 뛰어넘을 수 있는 가능성을 가진다.[43] 그렇지만 지금까지의 논의에 비추어볼 때 과천과 다른 대도시에 건설되는 과학관은 서구의 사이언스 센터가 1990년대에 보여주었던 문제들을 그대로 답습할 경향이 높다. 탈맥락화한 과학을 경이적 체험의 형태로만 보여주고, 과학과 사회와의 연관에 눈을 감은 채로 과학의 원리만을 교육하며, 어른을 위한 과학문화를 배제한 채로 어린이들을 주 고객으로 유지하고, 과학이 불러일으키는 복잡한 문제들을 이해하고 이를 능동적으로 대처할 수 있는 역량을 키워주지 못한 채 과학에 대한 감탄에 그치고 말지도 모른다. 현재 우리가 계획하는 모습이 (그 요란한 구호에도 불구하고) 첨단 사이언스 센터 이상이 못 되는 것으로 보이기 때문이다.

21세기 우리가 가지게 되는 국립과학관은 오브제를 통해서 과학과 사회의 관계를 설명하고 체험하게 할 수 있는 과학박물관의 장점과 재미있고 열린 공간으로서의 과학관의 장점을 종합한 뒤에, 여기에 가족과 시민들이 적극적으로 참여할 수 있는 광장으로서의 철학을 수

---

42) 이정내, 「국립과학관, 어떻게 만들어지나」, 《연합뉴스》(2005. 7. 17.).

43) 국립과학관의 발전 방향에 대한 또 다른 논의로는 송성수, 「우리나라 과학관의 현주소」, 《과학기술정책》 제15권 제2호(2005), 86-97쪽을 참조할 것.

혈해서 디자인되어야 한다. 그렇지만 우리의 현실적인 문제는 이를 담당하는 관료나 학자들이 1990년대 이후 과학(박물)관과 '대중의 과학 이해'가 공유하는 문제의식에 대한 이해의 정도가 떨어진다는 것이다. 또 다른 시각에서 볼 때 이는 훈련받은 전문 인력이 과학(박물)관에 대한 정책이나 실제적인 전시를 담당하지 않고 있다는 얘기도 된다. 외국의 과학박물관과 사이언스 센터가 과학기술사나 과학기술학(STS)에서 훈련받은 전문가들을 고용해서 과학을 맥락 속에서 읽어내는 기획전을 시도하는 것과 비교할 때, 우리의 과학(박물)관은 아직도 '유물' 작업을 전문으로 하는 사람들에 의해서 기획되고 있는 실정이다. 오브제에 나타난 과학의 다양한 측면을 이해하고 '읽을' 줄 알며, 흥미를 유발하는 전시를 통해서 과학의 이러한 다면성을 표현할 줄 아는 박물관 스태프나 큐레이터가 거의 전무한 것이다. 이 문제를 해결하기 위해서는 과학기술사나 과학기술학(STS)을 전공한 사람들이 기존에 과학관을 담당하는 스태프와 큐레이터와 협력해야 하며, 정부의 과학문화정책은 이들 전공자들을 과학(박물)관으로 유도할 수 있는 제도적인 통로를 마련해야 한다. 이러한 협력은 우리의 21세기 과학(박물)관을 과학자와 대중을 이어주는 의미 있는 징검다리로 만들어줄 것이다.[44]

44) 이 장은 필자가 임소연 선생과 함께 쓴 「과학(박물)관의 새로운 변화와 우리의 과제 — PUS와의 관련성을 중심으로」, 《과학기술학연구》 제5권 제2호(2005년 겨울), 97-127쪽을 수정, 보완한 것이다. 이렇게 공동으로 저술된 논문을 수정해서 이 책의 한 챕터로 싣는 것을 흔쾌히 허락해준 임소연 선생께 감사드린다.

제9장

과학의 경계

상식적으로 과학이 무엇인가에 대한 생각을 가지고 있는 우리에게 과학의 경계를 설정하는 작업은 일견 어렵지 않아 보인다. 과학은 전문교육을 받은 과학자들이 하는 작업이며, 과학연구의 내용은 전문 학회를 통해 발표되고 학술지에 출판된다. 학회에서 논문을 발표하기 위해서는 박사학위를 받거나 그 과정에 있어야 하며, 좋은 학술지에 논문을 싣기 위해서는 길고 힘든 연구를 수행해야 한다. 게다가 우리는 '과학적인 방법'이 과학을 특징짓는 것으로 생각하고 있다. 과학적인 방법은 보통 가설의 실험적 검증, 새로운 현상의 예측, 탄탄한 이론 체계, 엄밀한 논쟁, 실험 결과의 재연(replication)과 같은 것이다. 과학철학자들은 이러한 과학적 방법을 정교하게 발전시켜서 과학과 과학이 아닌 것 사이의 경계를 설정하는 작업을 수행해왔다.

그렇지만 상식적인 차원을 넘어서 과학의 경계를 더 분명하게 그리려고 할 때에는 예상치 않았던 난점들이 등장한다. 우선 과학의 경계가 역사적으로 변했다는 문제가 있다. 17세기에는 연금술이, 18세기에는 골상학(phrenology)이, 19세기 말엽에서 20세기 중엽까지는 우생학이 번듯한 과학으로 간주되었지만(그림 1), 지금은 그렇지 않다. 이

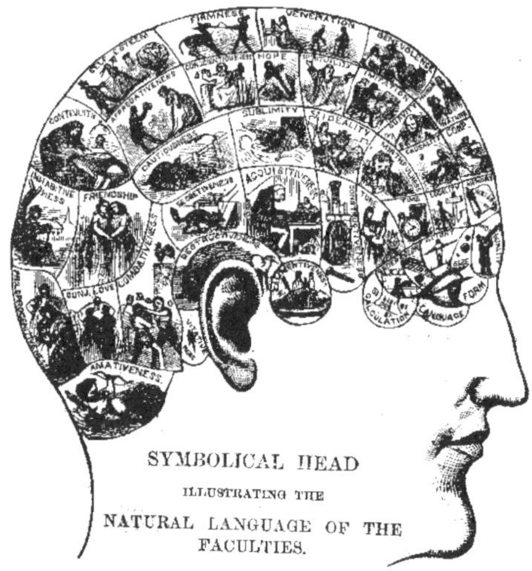

그림 1 18세기 골상학자들이 생각한 뇌의 구조와 기능. 이들은 두개골의 형태를 연구함으로써 인간의 성격 등을 알 수 있다고 생각했다.

러한 변화를 생각해보면 지금 과학에 포함되는 분야가 가까운 미래에는 과학이 아니라고 평가될 가능성도 있다. 또 현재에 초점을 맞추어도 무엇이 과학에 포함되는 학문분야인가에 대해서 다양한 이견이 존재한다. 어떤 분야들은 과학의 특성과 그렇지 않은 특성들이 혼재되어 있기 때문이다. 경제학이나 사회학과 같은 분야는 과학이라고 단정하기에도, 그렇지 않다고 하기에도 적절하지 않다. 유에프오(UFO: 미확인비행물체)를 연구하는 것은 과학이 아니라고 쉽게 결론지을 수 있지만, 나사(NASA)의 지원을 받아서 외계 메시지의 존재를 입증하려고 노력했던 외계지적생명체탐사계획(SETI, search for extra-terrestrial intelligence) 프로그램이 과학인가 아닌가는 쉽게 답하기 힘들다. 또 우리가 자주 이용하는 한의학이 과학인가 아닌가에 대해서도 이견이 존재한다. 여기에 과학과 기술의 복잡한 관계도 과학의 경계를 그리는 데 어려움을 더한다. 고대부터 과학혁명기에 이르기까지는 과학과 기술의 경계가 비교적 뚜렷했지만, 과학혁명기 이후에는 과학이 기술로부터 도움을 받고 역으로 기술이 과학의 도움을 받는 일이 빈번하게 일어나기 시작해서, 지금은 '기술과학(technoscience)'이라는 말이 사용될 정도로 그 경계는 모호해졌다.

과학을 과학자 사회에 속한 전문가들의 활동으로 규정하는 것도 쉽지 않다. 과학자라는 전문가의 경계가 분명한 것만은 아니기 때문이다. 특히 과학자는 의사나 변호사 같은 전문가 집단과 달리 전문 자격증을 부여하지 않는다. 따라서 원칙적으로는 박사학위를 받은 사람이나 대학교수가 아니어도 요건만 갖추어지면 학회의 회원이 될 수 있으며, 학회에 소속되어 있지 않아도 학술지에 논문을 투고할 수 있다. 물론 20세기 이후에 대부분의 과학분야에서 전문가와 아마추어 사이에는 넘기 힘든 벽이 만들어진 것도 사실이지만, 지금도 아마추어 과학자와 프로페셔널 과학자가 역할을 분담해서 과학활동을 하는 분야가 없지 않다. 특히 천문학과 같은 분야에서 아마추어 관측가들은 새로운 혜성을 발견하고, 소행성의 개수와 크기를 관찰하며, 새 은하를 발견해서 은하 지도를 갱신하고, 초신성 폭발을 관측하는 일을 지금도 계속 하고 있다. 이 중 어떤 발견은 전문교육을 받은 천문학자들에게 연구 주제를 제공하기도 한다. 조류나 개구리를 관찰하거나, 해안이나 연안 수중의 생태를 살피는 작업, 고래와 돌고래를 보호하는 활동에는 아마추어 과학자들의 네트워크가 광범위하게 동원된다. 이 외에도 에이즈(AIDS) 환자들이 에이즈 치료와 관련된 새로운 프로토콜을 만드는 데에 중요한 역할을 했다는 사실을 잘 보여줌으로써 보통 사람들이 가진 독특한 전문성의 존재를 드러낸 연구나, 자연사 박물관에서 전문가들과 아마추어 과학자들 사이에 협력관계가 지식의 공동형성을 낳았던 과정에 대한 연구도 있다. 이러한 아마추어 과학자

들의 활동에 대해서 이것은 과학이 아니라고 간단히 결론짓기가 쉽지 않다.[1)]

방법론을 가지고 과학과 과학이 아닌 것을 나누는 작업도 쉽지가 않다. 우선 우리의 상식과는 달리 가설을 검증하는 것이 과학의 핵심적인 방법이라는 생각은 오래전에 그 문제점이 제기되어 거의 폐기되었다고 보아도 좋다. 과학철학자 칼 포퍼는 이 문제를 해결하기 위해서 과학적 방법론의 핵심이 검증에 있는 것이 아니라 반증(falsification)에 있다고 주장했고, 이러한 반증가능성은 이후 과학을 특징짓는 방법론으로 오랫동안 영향력을 발휘했다. 그렇지만 과학의 역사에 대한 실증적인 연구와 이로부터 도출된 토머스 쿤의 패러다임 이론은 과학에서 효과적인 반증이 일어나는 예가 많지 않음을 보여주면서, 포퍼의 과학철학에 문제가 있음을 드러냈다. 이후 일부 과학철학자들은 설명과 예측의 영역에서 장기적으로 성공적인 연구 프로그램의 존재가 과학과 그렇지 않은 것 사이의 경계를 가를 수 있다고 주장했다.[2)]

---

1) J. Lankford, "Amateurs and Astrophysics: A Neglected Aspect in the Development of a Scientific Specialty," *Social Studies of Science* 11(1981), pp. 275–303; Martin Redfern, "Meet the Citizen Scientists," *BBC News* 24(10 September, 2006) available at http://news.bbc.co.uk/1/hi/sci/tech/5328762.stm; Steven Epstein, "The Construction of Lay Expertise: AIDS Activism and the Forging of Credibility in the Reform of Clinical Trials," *Science, Technology & Human Values* 20(1995), pp. 408–437; Morgan Meyers, "Partially Connected to Science—On Weak Ties, Strong Ties and Everything In-between," at paper presented at EASST 2006(Lausanne, 23–26 August, 2006).

2) 과학철학에서 과학과 비과학의 경계를 구별하는 문제는 구역 문제(demarcation problem)라고 알려져 있다. 이 문제를 포함한 20세기 과학철학의 개관은 앨런 차머스, 신중섭·이상원 옮김, 『과학이란 무엇인가』(서광사, 2003) 참조. 최근 창조과학의 과학성에 대한 과학철학자의 평가에 대해서는 George A. Reisch, "Pluralism, Logical Empiricism and the Problem of Pseudoscience," in *Philosophy of Science* 65(1998), pp. 333–348 참조.

반면에 일련의 과학기술학자들은 과학이 통일성이 없는 수많은 분과 분야로 구성되어 있다고 하면서 과학에서 한 가지 방법론을 찾아서 과학과 비과학을 구분 지으려는 시도가 무용한 것이라고 주장했다. 물론 아직도 과학의 방법론은 과학철학자들에게 중요한 연구주제이지만, 모든 과학을 관통하거나 특징짓는 통일된 방법론을 찾으려는 시도는 이전처럼 설득력을 지니지 못한다.[3)]

이 장은 이러한 인식을 바탕으로 과학의 경계를 탐색해볼 것이다. 여기에서는 세 가지 주제를 다룰 것인데, 우선 그 경계가 점차 흐려지는 과학과 기술과의 관계를 살펴보면서 현대 과학의 경계를 재조명하고, 두 번째로는 상식적으로는 엄격하게 구별된다고 알려진 과학과 대중미디어 속의 과학 사이의 경계를 살펴보면서 과학과 대중 과학의 경계가 견고한 벽으로 나뉜 것이 아니라 구멍이 난 것임을 보일 것이다. 그런데 이러한 예로부터 과학의 경계라는 것은 아예 존재하지 않고 따라서 자연과 사회에 대한 모든 주장이 과학에 다름 아니라는 결론을 도출하는 것은 문제가 있다. 과학과 다른 분야 사이의 경계를 분명하게 그리기 힘든 경우는 과학과 그 분야가 과거에는 물론 현재에도 상호 작용을 계속해서, 서로의 개념, 방법론, 가치 체계, 도구(instruments)와 같은 물질적 요소들, 공간, 사람들을 서로 교환하거나 공유함으로써 생긴 경우이다. 그런데 문제가 되는 경우는 이러한 실질적인 상호 작용 없이 다른 분야가 과학으로부터 과학의 '권위'를 빌려갈 때 나타난다. 자연과학의 용어나 수식, 방법론을 빌려 가서 자신의 분야가 과학임을 강조하는 경우가 종종 발생하는데, 특히 과학의 전유

3) 대표적인 연구로는 Thomas F. Gieryn, "Boundary-Work and the Demarcation of Science from Non-Science: Strains and Interests in Professional Ideologies of Scientists," *American Sociological Review* 48(1983), pp. 781–795; Trevor J. Pinch, "Normal Explanations of the Paranormal: The Demarcation Problem and Fraud in Parapsychology," *Social Studies of Science* 9(1979), pp. 329–348 등이 있다.

(appropriation)를 통한 실질적인 침투와 융합의 과정이 뒤따르지 않고 단지 이념적인 차원에서 과학의 권위에 호소할 경우에는 문제가 된다. 따라서 이 절에서 다루는 마지막 예는 현대 과학과 동양 사상을 접목해서 '신과학'을 창시했다고 알려진 프리초프 카프라의 저작 『현대 물리학과 동양사상(*The Tao of Physics*)』(1975년)을 살펴보면서, 이러한 접목의 문제와 한계를 짚어볼 것이다.

1. 과학과 기술

과학과 기술 사이의 관계는 과학사, 기술사에서 열띤 논쟁을 불러일으켜 온 주제이며, 이 문제에 대해서 아직 학자들 사이에 완전한 합의가 이루어지지 않고 있다. 이러한 논쟁 속에서 두 가지의 극단적인 입장이 명확히 표명되었다. 첫 번째 입장은 과학과 기술이 오랫동안 밀접한 관련을 맺어왔고 오늘날에는 거의 하나로 합쳐진 상태로 존재하게 되었으므로 둘 사이의 구분이 이제 무의미하다는 것이다. 이러한 입장을 가진 이들은 심지어 과학과 기술이라고 분리되어 사용되는 용어가 이제 '기술과학(technoscience)'이라는 하나의 용어로 대체되어야 한다고 주장한다. 이와는 대조적으로 두 번째 입장에서는 과학과 기술이 각각의 고유한 규칙과 방법 및 공동체를 가지고 있으면서 서로 명확히 구별되는 활동이었으며 아직까지도 대체로 그러하다고 파악한다. 이들 두 가지 극단적인 주장 사이에는 무수히 많은 서로 다른 의견들이 넓은 스펙트럼을 형성하면서 존재하고 있다.[4)]

각각의 입장은 동일한 역사적 사건의 서로 다른 측면을 강조한다. 과학에 무지했던 토머스 에디슨의 발명들, 특히 그의 전기 조명 시스

4) 이 절의 일부는 Sungook Hong, "Historiographical Layers in the Relationship between Science and Technology," in *History and Technology*(1999), pp. 289-311의 몇 문단을 번역하고 수정한 것이다.

템은 기술이 과학에 무관하게 발전한다는 사실을 보여주는 것으로 강조되어 왔다. 반면에 이러한 생각에 불만을 가진 사람들은 전기 조명 시스템의 발전에 있어서 에디슨이 고용한 물리학자 업턴의 기여를 강조했다. 근대적 엔지니어링의 선구자 중 하나인 랭카인의 엔지니어링 방법은 과학이 공학에 응용된 예를 보여주는 증거로 해석되기도 했고, 과학과 구별되는 엔지니어링이라는 새로운 분야의 형성을 보여주는 증거로 해석되기도 했다. 레이저의 발명은 과학(양자물리학)과 마이크로파 공학 사이의 유익한 상호 작용을 보여주는 것으로 간주되기도 했으며, 유도방출(stimulated emission)에 대한 과학적 아이디어(1910년대에 제안됨)와 그 아이디어가 레이저에 응용되는 것(1950년대에 이루어짐) 사이의 큰 간극을 보여주는 것으로 간주되기도 했다. 1831년에 이루어진 패러데이의 전자기유도 현상 발견은 그것이 전기 모터와 발전기를 가능하게 해주었다는 이유로 기술에 대한 과학의 기여를 보여주는 결정적인 증거의 하나로 해석되어왔다. 그러나 이러한 함의에 반대하고자 하는 사람들은, 패러데이의 발견 후 30년이 지난 1860년대 말에야 발명된 상업적 발전기에 중요한 기여를 한 것은 패러데이가 아니라 이름 없는 기술자들이었다고 강조했다.[5)]

여기에서는 이러한 어려움을 피해가기 위해서 과학과 기술 사이의 경계를 흐리게 하고 둘 사이의 상호 작용을 촉진했던 1) 도구, 2) 공간적 경계물로서의 새로운 조직과 실험실, 그리고 3) 잡종적 인간으로서 과학과 기술 사이를 중개했던 경계인이라는 세 종류의 '경계물(boundary objects)'의 역사적인 형성을 추적하려 한다. 과학과 기술의 관계에 대한 역사는 이들 사이의 상호 작용을 가로막던 장벽에 점차 빈틈이 생겨나고 또 그 장벽이 부분적으로 허물어지는 오랜 과정을 보여주고 있다.[6)] 이러한 과정을 촉발시킨 첫 번째 계기는 기술자들의

---

5) Hong, "Historiographical Layers," p. 295.

6) 경계물(boundary object)은 Susan Leigh Star and James R. Griesemer, "Institutional

사회적 지위가 현저히 상승하였던 르네상스 시대에 마련되었다. 건물과 배, 운하를 건설하면서 부를 획득하고 사회적인 명성을 확립한 르네상스 엔지니어들은 스스로 공부하여 학식을 쌓았고 대학의 학자들과 접촉했다. 이러한 접촉을 통해 대학의 학자들이 공학기술의 문제에 관심을 가지게 되어서, 스테빈과 갈릴레오는 지레, 부력, 투사체의 문제와 같은 역학적 문제를 연구했고, 블레즈 파스칼과 토리첼리는 수력학과 물 펌프의 현상들을 설명하고자 시도했다.

과학자와 엔지니어가 접촉하면서 촉발된 또 다른 변화는 과학에 실험적 방법이 도입된 것이다. 프랜시스 베이컨, 갈릴레오, 로버트 보일 등에 의해서 일단 실험이 과학에 도입되고 또 그것이 과학탐구의 적합한 방법으로 받아들여지자, 기술은 도구의 형태를 띠고서 과학 속으로 물밀듯이 밀려들어왔다. 과학자들은 과학 연구를 위해 경사면, 펌프, 도르래, 지레, 렌즈, 프리즘, 시계 등 각종 도구를 만들고 사용했다. 망원경과 현미경은 인간의 감각을 엄청나게 확장시키는 한편 그것들에 의해 만들어진 상(image)의 신빙성에 대한 일련의 인식론적 논쟁을 유발시켰다. 로버트 보일의 공기 펌프는 자연에는 일반적으로 존재하지 않았던 진공을 만들어냈다. 자연철학자들이 관심을 가지는 자연 세계는 더 이상 '있는 그대로의' 자연이 아니라 도구가 만들어냈거나 도구에 의해 감지될 수 있는 일종의 인공적 세계 또는 '넓은 의미에서의 자연'이었다. 이러한 과정을 통해 도구는 과학과 기술 사

Ecology, 'Translations' and Boundary Objects: Amateurs and Professionals in Berkeley's Museum of Vertebrate Zoology," *Social Studies of Science* 19(1989), pp. 387-420에서 빌려 온 개념임. 경계 공간의 매개자로서의 역할에 대해서는 Peter Galison, *Image and Logic: A Material Culture of Microphysics*(Chicago: University of Chicago Press, 1997), pp. 781-844 참조. 경계인에 대해서는 E. Kranakis, "Hybrid Careers and the Interaction of Science and Technology," in P. Kroes and M. Bakker eds., *Technological Development and Science in the Industrial Age*(Norwell, Mass.: Kluwer Academic, 1992), pp. 177-204 참조.

이의 인식론적인 간극을 좁혀주었다.[7)]

현미경, 망원경, 공기 펌프 등의 도구나 진자시계와 같은 기술, 그리고 뉴턴 천문학의 천체 모형은 자연철학자, 도구제작자, 기술자 사이의 첫 번째 매개물, 즉 과학과 기술 양쪽 모두에 겹쳐진 상태로 존재하는 첫 번째 경계물이 되었다. 도구와 모형은 네 가지 측면에서 과학과 기술 사이의 상호 작용을 중재하는 역할을 수행하였다. 첫째, 도구는 기술이 과학에 유입되는 가장 중요한 통로가 되었다. 둘째, 새로운 인공물들이 만들어낸 새롭고 기묘한 효과는 과학자의 관심을 끌어서 그에 대한 과학적인 설명을 제공하게 유도했다. 전등은 한쪽 유리면이 검게 그을리는 '에디슨 효과'를 나타냈으며, 이 에디슨 효과는 나중에 2극 진공관으로 변환되었다. 또 몇몇 크리스털이 가진 이상한 전기적인 성질은 초기 무선전신에서 크리스털 정류기(crystal rectifier, the cat's whisker)로 이용되었고, 20세기 전반의 몇몇 이론물리학자와 실험물리학자들의 연구를 거쳐 마침내 1947년 접촉 반도체의 탄생으로까지 이어졌다. 셋째, 전기 실험도구에 관한 맥스웰의 전자기 이론이 나중에 대형 교류 발전기에 사용된 것처럼, 실험도구를 위해 고안된 과학이론은 이후에 (수정을 거쳐) 기계류에 응용될 수 있었다. 마지막으로, 특정한 측정 도구들은 관련된 과학적 원리들을 그 자체에 포함하면서, 기술의 전파와 개량에 결정적인 역할을 하기도 했다.[8)]

---

7) F. Rapp, "Technology and Natural Science: A Methodological Investigation," in F. Rapp ed., *Contributions to a Philosophy of Technology*(Dordrecht: Reidel, 1974), pp. 93-114.

8) 과학 도구와 기기의 역할에 대한 좋은 논의로는 D. De Solla Price, "Of Sealing Wax and String: A Philosophy of the Experimenter's. Craft and its Role in the Genesis of High Technology," in *Little Science, Big Science and Beyond*(New York: Columbia, 1986), pp. 237-253 참조. 과학과 산업기술의 매개체로서의 과학기기의 역할은 Nathan Rosenberg, "Scientific Instrumentation and University Research," *Research Policy* 21(1992), pp. 381-390.

도구가 등장하고 그 뒤에 나타난 두 번째 경계물은 과학자와 엔지니어들이 서로 만나고 공통의 관심사를 토론할 수 있었던 사회적인 공간이다. 17세기 후반 이래로 런던의 커피하우스, 살롱, 선술집들은 데자귈리에와 같은 뉴턴주의 자연철학자들과 제임스 브리지스와 같은 실업가들이 만나서 뉴턴 철학, 항해술, 상업, 보험, 새로 발명된 증기기관 등에 대해서 토론하는 장소로 발전해왔다. 18세기의 마지막 25년 동안에는 '철학과 문학회(philosophical and literary society)' 들이 버밍엄, 맨체스터, 리드, 리버풀, 뉴캐슬, 셰필드, 더비 등의 많은 산업 도시들에서 설립되었다. 이러한 협회에는 해당 도시의 유명한 과학자, 엔지니어, 실업가 및 산업자본가들이 회원으로 속해 있었다. 그중 가장 유명했던 버밍엄의 루나 협회(Lunar Society)에는 제임스 와트, 조시아 웨지우드, 조지프 프리스틀리, 에라스무스 다윈, 그리고 그 지역의 산업자본가들과 엔지니어들이 속해 있었다. 과학적 지식이 기술적, 산업적 진보를 가져다줄 것이라고 믿었던 그들은 연소에 대한 플로지스톤(phlogiston — 연소와 하소를 담당한다고 여겨진 무게가 없는 가상적 입자) 이론, 열역학, 증기기관 등 다양한 과학적, 기술적 문제들에 대해 토론했다.[9)]

'철학과 문학회' 같은 새로운 사회적 공간에서 공통 관심사인 과학과 기술에 대해서 토론을 했던 과학자, 엔지니어, 산업자본가들의 교류는 이후 18세기 말엽부터 버밍엄의 오웬스 칼리지, 맨체스터의 메이슨 칼리지 등 산업자본가와 엔지니어를 전문적으로 교육시키는 지방대학들의 설립을 위한 지적인 원동력이 되었다. 대학에 근거하고 있는 과학자와 자영업적인 발명가 및 자문을 맡는 엔지니어들 사이의 사회적인 간극은 이러한 새로운 대학들에서는 거의 무의미해졌다. 1840년에 글래스고 대학에 처음으로 엔지니어링 교수직이 만들어졌

---

9) A. E. Musson and E. Robinson, *Science and Technology in the Industrial Revolution* (Manchester: Manchester University Press, 1969).

고 이후 속속 설립된 공과대학은 과학자와 엔지니어 사이의 상호 작용을 가속화시켰다. 과학과 기술이 서로 이익을 얻을 수 있다는 믿음이 널리 퍼지고 또 학계와 산업계 사이의 접촉이 점점 더 일상적으로 되어가면서 또 하나의 중요한 경계 공간인 산업체 연구소가 설립되었다. 화학염료산업 분야에서는 대학에서 교육받은 화학자들이 직접 성공적으로 회사를 설립했는데, 영국에서 활동하던 독일 출신의 화학자 빌헬름 호프만의 제자인 윌리엄 퍼킨은 1856년에 최초의 화학염료인 보라색 아닐린을 합성한 후 성공적인 사업가로 활동하였다. 독일 회사 바이에르(Bayer)는 1880년대에 오직 연구만을 수행할 몇 명의 박사급 화학자를 고용하였다. 이렇게 시작한 바이에르의 연구부서는 곧 새로운 색깔의 합성연료를 만들어냈고, 이 개가는 연구부서를 연구소로 확장시키는 결과를 가져왔다. 이러한 화학연구소는 전기산업의 본보기가 되어, 1900년에 제네럴 일렉트릭(General Electric Company)은 휘트니의 지휘 아래 전기 산업분야 최초의 연구소를 설립하고, 장기적인 연구를 위해 물리학자와 화학자들을 고용했다. 이들 과학자들은 근본적으로 '인공물에 대한 자연과학적 연구'와 '기술에 대한 이론' 같은 잡종적인(hybrid) 연구를 수행했다. 장거리 전화의 심각한 기술적인 문제들을 해결하기 위해 설립된 벨 전화 연구소는 또 하나의 매우 성공적인 기업체 연구소가 되었다.[10)]

마지막으로, 경계 공간의 확산과 더불어 과학과 기술 양쪽 모두에 관심을 가지고 공헌을 한 잡종적인 사람들의 부류가 형성되었다. 에너지 보존 원리의 발견자 중 하나인 제임스 줄이 바로 그러한 부류의 초기 모델에 해당한다. 줄은 전지와 증기기관에 대한 공학적 연구로부터 '효율'이나 '일' 등 엔지니어들의 언어를 채택하게 되었고, 이러

10) Michael A. Dennis, "Accounting for Research: New Histories of Corporate Laboratories and the Social History of American Science," *Social Studies of Science* 17(1987), pp. 479–518.

한 언어의 사용은 그가 열의 일당량을 발견하는 데에 중요한 기반이 되었다. 1840년대 이래로 잡종적인 성격의 사람들이 더욱 빈번하게 나타났다. (후에 켈빈 경이 된) 윌리엄 톰슨은 이론과 실제를 하나로 결합시키면서 전자기 이론과 해저 전신 양쪽에 대해 연구했다. 전신 신호 전송에 대한 톰슨의 수학적 이론은 과학적 전기 공학의 원형이 되었다. 랭카인은 토목·도시공학 분야에서 이론과 실제를 통합시켰다. 1880년대의 전화 공학 분야에서는 비틀림 없는 신호 전송을 위한 수학적 조건을 발견한 올리버 헤비사이드가 톰슨이 30년 전에 닦아놓은 길을 따라서 새로운 수학적 기법과 실제 세계의 기술을 결합시켰다. 교류 전력공학 분야에서는 존 홉킨슨, 존 암브로스 플레밍, 윌리엄 에이턴이 새로운 학문 분야를 정립시켰다. 이들 선구자들은 과학이론과 현장의 실용적 지식 사이를 오가면서 공학적 지식의 핵심을 만들어냈다.

과학과 기술이 도구, 경계 공간, 경계인을 매개로 점증하는 상호 작용을 하면서 서로 섞여왔다면 지금 과학과 기술의 경계를 명확히게 가르는 일은 사실 거의 의미가 없다. 브루노 라투르 같은 과학기술학자는 근대 이후 과학과 기술 모두가 '비인간(nonhuman)을 인간에게 의미 있는 것으로 만드는 작업'을 담당했다고 하면서 과학과 기술을 구분하는 것이 의미가 없음을 주장했다.[11] 이러한 급진적인 주장에 동의하지 않아도 지금까지의 논의만을 보면 과학에는 기술적인 요소가 녹아들어 있고, 기술에는 과학의 태도, 방법, 이론이 이미 융합되어 있음을 알 수 있다. 만약에 과학과 기술을 순수연구를 하는 자연과학과 응용연구를 하는 공학으로 분리한다면, 바이오기술(biotechnology, BT)이나 나노기술(nanotechnology, NT)과 같은 '기술(technology)'은 과학에 포함시키기 힘들어진다. 이럴 경우에는 '나노 기술은 극히 작은

---

11) Bruno Latour, "Mixing Humans and Nonhumans Together: The Sociology of a Door Closer," *Social Problems* 35(1988), pp. 298–310; "Morality and Technology: The End of the Means," *Theory, Culture & Society* 19(2002), pp. 247–260.

(10^{-9}m, 나노스케일) 대상에 대한 과학이다'라는 영국왕립협회의 해설이나, 바이오기술은 '새로운 지식을 발견하거나, 문제를 해결하고, 새로운 모델이나 상품을 만들기 위해서 유기체, 조직, 세포, 생명분자의 성질을 이용하거나 이를 조작하는 기술의 총체'이며 여기에는 디엔에이/알엔에이(DNA/RNA) 연구, 펩타이드와 단백질 연구, 관련 화학과 화학생물학 연구, 세포와 조직 공학과 같은 연구 분야가 포함된다는 캘리포니아 주립대학의 정의는 혼란스럽기만 하다.[12] 21세기에 순수한 과학을 기술로부터 분리할 수 있고, 또 분리해야 한다는 담론은 대부분 정치적이거나 이데올로기적인 이유로 만들어지는 경우가 많다. 담론의 외피가 아닌 그 속을 들여다보면 과학과 기술은 오래전부터 내용, 방법론, 도구, 훈련 과정, 연구 결과의 사용에서 서로 섞여서 이를 구분하는 것이 의미가 없을 정도로 어려운 때가 태반인 것이다.

2. 과학과 언론에 나타난 대중 과학

이상적인 과학은 자연 현상의 진실을 드러내고 역시 이상적인 언론은 사회의 사실을 보도한다. 진실(truth)과 사실(fact)은 과학철학자들도 구분하기 힘들 정도로 그 의미가 흡사하다. 그렇지만 실제 과학에서 과학적 진리는 발견되는 것이 아니라 이론적 모델과 실험 데이터의 해석을 사용해서 구성되며, 이 과정은 과학자의 세계관, 이론적 편향, 실험기기를 통한 데이터의 생성, 실험기기의 캘리브레이션(calibration), 실험 시스템의 비예측성, 데이터의 전산·통계처리 방법 등에 의해서 영향을 받는다. 게다가 동료들에 의한 평가도 객관성을 보장하기는 힘든데, 그 이유는 논문의 평가에 항상 주관적인 잣대가 개입하고, 실험의 재연(replication)은 현실적인 이유 때문에 쉽게 이루어지지 않기

12) http://royalsociety.org/page.asp?id=1211; http://www.csuchico.edu/csuperb/BiotechDef.htm

때문이다. 실제 언론의 경우에도 기자들은 시간에 쫓기면서, 다른 신문사와의 경쟁에 시달리며 기사를 작성하며, 이 과정에서 사실에 대한 검증은 충분한 여유를 가지고 이루어지지 못한다. 게다가 기자는 기사의 논조와 서사를 결정하는 프레임(frame)을 정하고, 대개는 이에 맞추어 기사를 작성한다.[13] 편집 책임자에게 넘겨진 기사는 대개는 언론사의 논조와 편집 방침을 충실히 따르는 편집 책임자의 손에 의해서 손질된다. 과학에 대한 이상적으로 합리적인 준거만을 가지고는 현대 과학의 복잡한 특성을 제대로 이해할 수 없듯이, 언론에 대한 이상적인 관념만을 가지고 언론의 특성을 제대로 이해할 수는 없다.

과학과 미디어의 관계에 대해서는 단순하고 과장된 이해가 대부분이다. 과학과 언론의 관계에 대한 한 가지 주장은 과학자가 언론을 멀리해야 한다는 것인데, 우리나라 과학자들이 일반적으로 가지고 있던 이러한 태도는 황우석 사태를 겪으며 더 뚜렷해졌다. 그렇지만 이는 현대 사회에서 매스미디어가 과학 연구를 시민과 정책결정자들에게 알림으로써 과학과 사회를 이어주는 중요한 채널이 되었다는 점을 간과한 생각이다. 20세기 이전의 과학자들은 자신의 연구를 논문으로 출판해서 과학자 사회 내에서 명성을 쌓고 이 명성을 바탕으로 작은 연구비나 실험공간을 얻어서 연구를 할 수 있었다. 그렇지만 20세기 중엽 이후에 연구비의 규모가 개인이 부담할 수 없을 정도로 커지고 기초과학 연구에 필요한 대부분의 연구비가 정부 예산, 즉 국민의 세금에서 나오는 지금, 과학자는 자신의 연구가 가치 있다는 것을 동료 과학자들 이외에도 정책결정자와 시민에게 납득시켜야 할 필요성이 커졌다. 이것 외에도 과학자들은 언론을 통해서 시민들과 학생들에게 과학에 대한 흥미를 일깨워주며 후세대 과학자들을 유인하고, 현재와 미래에 중요한 과학 분야를 소개하며, 연구개발정책의 문제점을 지적

13) 프레임에 대해서는 주 21) 참조.

할 수 있다.[14)]

과학자들은 언론이 과학적 사실을 왜곡해서 보도하고, 과학 기자가 과학을 충분히 이해할 자질을 갖추지 못했다고 비판한다. 과학자들은 종종 이것이 언론의 보편적 특성이라고까지 한다. 그렇지만 이러한 비판이 과학 언론의 모든 경우에 적용될 수 있는가는 조금 더 따져보아야 한다. 외국의 경우에도 이러한 비판은 무척 흔한데, 영국의 텔레비전과 신문의 '동성애 유전자(gay gene)' 에 대한 보도를 분석한 밀러는 동성애 유전자라는 센세이셔널리즘이 과학 보도기자들의 창작품이 아니라 세간의 주목을 원하는 몇몇 과학자들의 주장과 이를 증폭시킨 과학 학술지에서 비롯되었음을 보여주고 있다.[15)] 그의 분석에 따르면, 게이 활동가들의 압력을 받는 매스미디어의 경우에는 오히려 이러한 센세이셔널리즘에 대한 비판과 동성애의 차별에 대한 경고성 기사가 주를 이루었던 반면에, 오히려 과학전문 저널은 유전자가 동성애를 '결정한다' 는 식의 과장 섞인 보도를 내어놓았다는 것이다.[16)] 황우석 사태에서도 집중 포화를 맞은 언론의 보도는 기자의 창작품이 아니라 대부분 황우석 팀으로부터 나온 정보에 근거한 것들이었다.

---

14) Peter Weingart, "Science and the Media," *Research Policy* 27(1998), pp. 869–879.

15) David Miller, "Introducing the 'Gay Gene': Media and Scientific Representation," *Public Understanding of Science* 4(1995), pp. 264–284.

16) 위험 보도에 대한 던우디와 피터스의 연구도 과학자나 정책결정자들이 얘기하듯이 언론의 보도가 센세이셔널한 것만은 아님을 보여주며 보도에서 나타난 오류의 대부분도 공식적인 정부의 보고서에서 연유했음을 보여준다. 또 보먼의 분석은 잡지와 같은 미디어 과학 보도의 정확도가 전반적으로 우수한 정도임을 보여주고 있다. Sharon Dunwoody and Hans Peter Peters, "Mass Media Coverage of Technological and Environmental Risks: A Survey of Research in the United States and Germany," *Public Understanding of Science* 1(1992), pp. 199–230; Susan Cray Borman, "Communication Accuracy in Magazine Science Reporting," *Journalism Quarterly* 51(1978), pp. 345–346.

미디어가 과학을 왜곡 보도한다는 생각은 과학과 미디어의 관계에 대한 '전통적 관점'에 근거하고 있다. 이 관점에 의하면 과학자에 의해서 만들어진 참된 과학 정보는 미디어를 통해서 대중에게로 전파되는데, 이러한 경우 미디어의 역할은 최선의 경우에 과학을 단순화하는 것이 되고 최악의 경우에는 그것을 오염시키는 것이다. 그렇지만 최근에 이러한 관점을 비판하면서 등장한 '뉴스 밸류 이론(news value theory)'은 과학과 미디어의 관계를 과학 지식의 구성주의와 독일 사회학자 루만의 시스템 이론에 기초해서 다시 해석한다. 이에 따르면 과학과 미디어는 서로 다른 가치 체계를 가진 채로 상호 작용하는 시스템이다. 과학이라는 시스템에서는 '과학적 명성'을 만들고 유지하는 것이 가장 중요한 특징이 되고, 미디어라는 시스템은 '자기 지시성(self-referentiality)'을 특징으로 갖는다. 여기서 자기 지시성이란 미디어의 보도가 다른 미디어의 대상이 된다는 의미이다. 다른 말로 해서, 미디어가 어떤 뉴스를 보도하는가는 다른 미디어에서 그 뉴스를 얼마나 보도하는가라는 뉴스 밸류에 의해서 결정된다는 것이다. 이러한 관점을 종합해보면 과학에서 중요한 발견이 자동적으로 미디어의 보도 대상이 되는 것이 아님이 자명해지는데, 미디어는 과학적 중요성이라는 기준을 포함한 자체적인 여러 기준을 통해서 판단한 뉴스 밸류에 따라 과학의 성과를 보도하기 때문이다. 과학과 미디어의 관계는 상위에서 하위로 정보가 흐르는 관계가 아니라, 서로 다른 가치 체계를 가진 독자적인 시스템 사이의 상호 작용이 되며, 이럴 때 다른 시스템들 사이의 갈등은 필연적으로 발생할 수밖에 없다.[17]

과학과 미디어의 관계를 정보의 위계적 전달이라는 관점에서 보는

---

17) Peter Weingart and P. Pansegrau, "Reputation in Science and Prominence in the Media: The Goldhagen Debate," *Public Understanding of Science* 8(1999), pp. 1–16; Sharon Dunwoody and Hans Peter Peters, "Mass Media Coverage of Technological and Environmental Risks."

것에서 벗어나면, 언론에 보도된 과학 기사를 분석하고 평가할 때에도 여기에 과학적 사실의 객관적 보도라는 기준만을 적용하는 것을 피할 수 있다.[18] 이러한 관점을 적용한 과학 커뮤니케이션 연구의 최근 동향은 미디어가 갖는 다중성(multivalent characteristic)과 독자의 적극적인 역할을 드러내고 있다. 시민들은 신문 이외에도 텔레비전, 인터넷, 잡지, 라디오 등의 매체를 통해서 과학 정보를 얻으며, 심지어 친구들로부터 얻는 정보도 상당하다. 이렇게 다중적인 미디어를 통해 정보를 받아들인 시민은 이를 자신이 이미 알고 있는 사실과 결합하거나 혹은 이중 특정한 정보를 버림으로써 주어진 정보를 적극적으로 해석한다. 그 결과 매스미디어에서 보도한 내용과 시민들의 견해가 일치하지 않는 결과가 종종 발생하기도 한다. 1992년에서 2001년 사이에 《뉴욕타임스》 지와 《워싱턴포스트》 지에 보도된 생명공학 기사와 2003년에 이루어진 생명공학에 대한 미국 시민들의 의식조사를 비교한 텐 에이크의 연구는 같은 보도를 놓고도 시민들이 정부나 기업의 의견보다 과학자들의 의견을 더 신뢰하며, 유전적으로 조작된 식품의 위험을 세포치료와 같은 의료행위의 위해보다 더 높게 평가한다는 점에서 뉴스를 받아들이는 독자의 적극적 해석 행위가 일어난다는 점을 보여주고 있다.[19]

과학 보도에서 정보의 원천, 즉 취재원은 중요한 연구를 수행한 과학자나 그가 속한 연구소인 경우가 많다. 8개 영국 일간지가 복제를

18) 과학적 사실의 객관적 보도만을 기준으로 미디어의 과학 기사를 평가하는 것을 윌킨스는 계몽주의적인 객관성에 뿌리를 두고 있는 것으로 비판하고 있다. Lee Wilkins, "Between Facts and Values: Print Media Coverage of the Greenhouse Effect, 1987–1990," *Public Understanding of Science* 2(1993), pp. 71–84.

19) Toby A. Ten Eyck, "The Media and Public Opinion on Genetics and Biotechnology: Mirrors, Windows, or Walls?" *Public Understanding of Science* 14(2005), pp. 305–316.

보도한 내용을 분석한 홀리먼의 연구는 복제 연구를 수행하는 과학자나 로슬린 연구소(Roslin Institute), 피피엘 제약회사(PPL Therapeutics)와 같은 연구 기관이 그들의 실험 결과를 널리 알리기 위해 미디어에게 적극적으로 홍보를 했고, 그 결과 이들이 뉴스의 주요 원천이 되었음을 보이고 있다. 그렇지만 이 경우에도 과학 기자들의 기사 작성은 정보 제공자의 전략을 일방적으로 반영한 것은 아니었다. 기자들은 정보를 선별적으로 받아들였고, 취재원으로부터는 얻을 수 없었던 복제의 사회적·종교적 문제를 다루기도 했다. 한편 이를 읽은 독자는 사이언스 픽션에서 읽었던 내용들처럼 이미 알고 있는 이야기와 기사를 혼합해서 해석함으로써 복제 기사를 인간 복제와 관련이 있는 것으로 받아들였다. 대중의 이러한 해석은 공공 영역에서 복제에 대한 전면적인 논쟁을 불러일으키는 원인이 되었으며, 이는 다시 뉴스의 생성에 영향을 미쳤다.[20]

언론을 접하는 대중이 적극적인 해석자의 역할을 하지만, 이것에 너무 큰 자율성을 부여하는 것도 문제가 있다. 언론은 대중의 관심이 되는 어젠더를 형성하고 문제를 바라보는 프레임을 만드는 식으로 장기적이고 미묘하게 여론을 조성한다. 언론의 기사를 분석할 때 '프레임'이라는 개념 틀을 사용한 것은 오래되었는데,[21] 최근에는 과학 언

20) Richard Holliman, "Media Coverage of Cloning: A Study of Media Content, Production and Reception," *Public Understanding of Science* 13(2004), pp. 107-130; David Miller, "Risk, Science and Policy: Definitional Struggles, Information Management, the Media and BSE," *Social Science and Medicine* 49(1999), pp. 1239-1255.

21) 프레임은 선별된 보도에 대한 심층적 분석과 다량의 보도에 대한 정량적 분석의 장점을 취합해서 기사 보도 내용을 질적으로 분류하는 개념인데, 허버트 갠스는 기사 작성자의 문화적 가치 체계인 프레임이 기사의 선택뿐만 아니라 독자나 시청자를 위해서 이 기사의 '골격을 어떻게 정할 것인가(framed)'를 결정한다고 지적했다. 그가 지적한 6가지의 프레임은 자민족중심주의(ethnocentrism),

론에 대한 분석에서도 이러한 프레임 개념을 채용하고 있다. 독일과 아일랜드의 인간게놈연구에 대한 신문 보도를 분석한 오마호니와 셰이퍼의 연구는 프레임 분석에 담론을 통한 사회적 집합체 형성 과정을 의미하는 담론 연합(discourse coalition)이라는 개념을 복합적으로 사용하고 있다.[22] 이들은 인간게놈연구에 대해서 미디어에 보도된 프레임의 내용을 진보 프레임, 경제 프레임, 초월 프레임, (불)평등 프레임, 사유재산 프레임, 규제 프레임이라는 6개의 프레임으로 분류하고, 담론 연합을 경제적 합리성 연합, 과학적 진보 연합, 대항 과학 연합, 근본적 비판 연합이라는 4개의 연합으로 구분한다. 이들은 이러한 분석을 통해서 독일의 경우에는 네 가지 담론 연합이 모두 나타나지만 아일랜드의 경우에는 경제적 합리성 연합이 나타나지 않았으며, 대항 과학 연합도 독일의 경우보다 아일랜드에서 취약했음을 보였다. 이러한 차이가 나타난 이유는 우생학을 경험했고 그 결과 규제와 사적 소유의 제한을 강조한 독일과 생명공학을 통해 자국의 경제 발전을 도모하려는 아일랜드의 역사적, 문화적 차이로 설명되었다.

우리가 겪었던 황우석 사태에도 비슷한 분석을 적용해볼 수 있다. 난자 의혹이 불거진 2005년 11월 이전까지 황우석 교수의 연구에 대한 중앙 일간지와 방송사들의 과학 보도들은 과학의 진보, 경제적 효

이타적 민주주의(altruistic democracy), 책임 있는 자본주의(responsible capitalism), 소도시 전원주의(small-town pastoralism), 개인주의(individualism), 온건주의(moderatism) 등이다. Herbert Gans, *Popular Culture and High Culture*(New York: Basic Books, 1974); *Deciding What's News*(New York: Random House, 1979), pp. 41–52.

22) 담론 연합이란 문화적으로 구조화된 소통의 네트워크이며, 행위자인 개인은 자신의 사회적 지위를 이탈해서 담론의 연맹이라는 집합체에 결집된다. 이 담론 연맹은 비슷한 주장을 하는 행위자들의 클러스터를 통계적으로 구분함으로써 드러낼 수 있다. Patrick O'Mahony and Mike Steffen Schafer, "The 'Book of Life' in the Press: Comparing German and Irish Media Discourse on Human Genome Research," *Social Studies of Science* 35(2005), pp. 99–130.

과, 난치병 치료, 한국인의 민족적 긍지, 노벨상이라는 프레임을 엮은 것들이었다. 이러한 주류 담론을 견제하고 비판할 수 있는 대안 담론은 과학의 무제한적인 발전에 대한 견제, 경제 발전에 대한 비판적 대안, 성체줄기세포를 비롯한 대안적 난치병 치료 방법 개발, 탈민족주의, 그리고 과학 저변의 확대 등의 테마를 엮어서 만든 것이어야 했다. 그렇지만 황우석 교수와 그의 연구에 대해서 비판적이었던 사람들은 효과적인 연대를 달성하지 못했다. 과학자들 중에 연구비 몰아주기와 노벨상 신화에 대해서 부정적인 시각을 가진 사람들도 과학의 진보, 경제적 효과, 난치병 치료에 대해서는 호의적이었고 민족적 긍지에 대해서도 적극적이었다. 과학의 진보와 민족주의에 대해서 비판적이었던 비평가들은 과학의 내용과 관련된 영역에 대해서는 침묵했다. 성체줄기세포 연구를 대안으로 제시한 연구자들은 배아 연구의 윤리적 문제를 지적하곤 했지만, 과학의 발전, 경제적 효과, 민족 자긍심 고취와 같은 다른 부분에 대해서는 지지하거나 중립적인 입장을 보냈다. 결국 이렇게 상이한 목표를 지닌 비판자들 사이에서는 연대라고 할 만한 것이 형성될 수 없었다.[23)]

과학자들의 전문화된 과학과 언론에 의해서 보도된 대중 과학의 경계를 분명하게 그리기가 힘든 이유는 이 두 영역 사이의 정보의 흐름이 전자에서 후자로만 진행되는 것이 아니라 역방향의 피드백이 생겨서 대중 과학이 순수 과학에 영향을 주는 경우가 있기 때문이다. 혁신적인 과학 연구와 과학 사기의 경계에 위치했던 저온핵융합(cold fusion) 현상에 대한 논쟁은 특히 미디어의 역할이 두드러졌던 경우이다. 저온핵융합의 발견자였던 폰즈와 플라이쉬만은 기자회견을 통해서 자신들의 발견을 발표했고, 이후 언론의 경쟁적인 보도는 이와 관련된 논쟁을 유발하고 이를 종식시키는 데 중요한 역할을 했기 때문

23) 홍성욱, 「과학기술학은 '황우석 사태'를 어떻게 읽어야 하는가?」, 《역사비평》 통권 74호(2006년 봄), 55-81쪽.

이다. 부키는 기자회견이 기존의 과학 패러다임에 잘 들어맞지 않는 저온핵융합 같은 연구들을 공표하는 데 종종 사용된다고 하면서, 이런 경우에는 그 내용이 패러다임을 바꾸는 혁명적인 과학인지 아니면 일탈한 과학인지를 판별하기가 쉽지 않다는 점을 지적했다. 그는 과학자가 이렇게 언론을 통해서 공공 영역에 존재하는 기존의 지식을 구성하거나 재구성하는 활동을 '공공 과학(public science)'이라고 정의했다.24)

이에 반해서 과학기술학자 르원슈타인은 미디어의 역할이 과학 논쟁에 대한 합의를 가져오는 데 결정적 역할을 함으로써 매스미디어가 전문 과학 지식의 구성에 영향을 미치는 사례를 제시했다. 그는 저온핵융합에 대한 논쟁이 진행되면서 소통의 복잡성이 증가한 것이 정보의 안정화와 논쟁의 종결을 가져오는 데 긍정적인 역할을 했다는 사실로부터 이러한 결론을 이끌어냈다. 물론 정보가 갑자기 늘어날 경우에 과학적 합의로 이르는 과정에 혼란과 지연을 초래하는 것이 일상적이며, 저온핵융합의 경우에도 매스미디어와 새로운 종류의 소통(전자메일, 팩스, 인터넷 게시판 등)을 통한 정보량의 증가는 저온핵융합에 대한 논쟁을 지속시키는 역할을 했다. 그렇지만 르원슈타인은 이렇게 늘어난 정보라는 새로운 컨텍스트는 다시 불확실성을 해명하는 기회를 제공함으로써 신속하게 지식의 안정화를 가져왔다고 보았다. 즉 르원슈타인은 논쟁적인 과학의 경우 미디어의 역할이 정보의 흐름을 촉진함으로써 논쟁에 대한 합의를 이끄는 것이라고 보았던 것이다.25)

왜 미디어를 통해 알려진 새로운 정보가 지식의 안정화에 기여하는

---

24) Joske Bunders and Richard Whitley, "Popularization Within the Sciences: The Purposes and Consequences of Inter-Specialist Communication," in Terry Shinn and Richard Whitley eds., *Expository Science: Forms and Functions of Popularization, Vol IX, Sociology of the Sciences Yearbook*(Dordrecht: D. Reidel, 1985), pp. 61–78; Massimiano Bucchi, *Science and the Media: Alternative Routes in Science Communication*(London: Routledge, 1998).

가? 이에 대해서 과학사회학자 바트 사이먼은 구성주의 과학사회학에서 제시된 '실험자의 회귀(experimenter's regress)' 개념을 사용해서 미디어의 역할을 재조명했다. 실험자의 회귀란, 기존의 과학체계와 잘 맞지 않는 새로운 실험결과가 나와서 과학자들이 이 실험을 재연하는 경우에 어떤 실험이 원래 실험에 대한 합당한 재연인가에 대해서 일종의 '사회적' 합의가 이루어진다는 것을 의미한다. 사이먼은 과학자 사회가 폰즈와 플라이쉬만이 행한 저온핵융합 실험의 정당한 재연 실험이 무엇인가에 대한 합의를 하는 과정에서 초기에 미디어의 보도가 결정적인 역할을 했음을 보여주고 있다. 그 이유는 역설적으로 미디어에 보도된 실험이 간략했고 세부적 내용이 빠져 있었기 때문이었다. 그렇기 때문에 이를 접한 과학자들은 자신들이 이미 알고 있는 지식과 상상력을 사용해서 이를 채워야 했으며, 이 과정에서 실험을 재연하는 과학자들 사이에 무엇이 정당한 재연인가에 대한 합의가 빠르게 결정되었다는 것이다. 언론 보도라는 불완전한 텍스트를 채우는 과정이 합당한 재연 실험을 결정하는 과학적인 과정이었다는 것이다.[26]

지금까지의 논의를 종합해보면 다음과 같다. 과학 언론을 통한 커뮤니케이션은, 과학적 사실을 단순화시키거나 왜곡시켜서 대중에게 일방적으로 보도하고, 이 보도가 대중에 의해서 수동적으로 받아들여지는 과정이 아니다. 우선 기자는 취재원으로부터 얻은 정보를 다른 정보와 혼합하거나 자신이 이미 가지고 있던 프레임에 맞추어서 기사

25) Bruce Lewenstein, "From Fax to Facts: Communication in the Cold Fusion Saga," *Social Studies of Science* 25(1995), pp. 403–436; "Cold Fusion and Hot History," *Osiris* 7(1992), pp. 135–163.

26) Bart Simon, "Public Science: Media Configuration and Closure in the Cold Fusion Controversy," *Public Understanding of Science* 10(2001), pp. 383–402; "Undead Science: Making Sense of Cold Fusion after the (Arti)fact," *Social Studies of Science* 29(1999), pp. 61–85.

를 작성한다. 이렇게 작성된 기사는 독자들의 적극적인 해석 행위를 거치면서 기사의 내용과는 다른 형태의 의미를 주는 것으로 해석될 수도 있으며, 이 과정을 통해 형성된 여론은 다시 연구비 지원 정책에 대한 압력을 형성함으로써 과학 연구의 방향에 영향을 미친다. 또 과학자가 미디어를 통해 대중에게 직접 자신의 연구결과를 발표하는 경우에는 미디어가 과학이 발견한 사실의 구성에 다양한 역할을 하기도 한다. 대중, 기자, 과학자라는 서로 다른 행위자들은 과학 기사의 내용, 생성, 수용에 모두 영향을 미치는 복잡한 피드백 루프를 만들고 있다. 과학과 미디어를 통해 드러난 대중 과학은 공고한 벽 속에 고립되어 있는 것이 아니라 이러한 피드백 네트워크를 통해 연결되어 있다.[27)]

3. 과학과 신과학—과학과 '사이비과학'의 경계

프리초프 카프라는 『현대 물리학과 동양 사상』에서 전통 동양 사상과 현대 물리학 사이의 유사성을 드러냄으로써 다음의 세 가지를 주장했다. 첫 번째는 현대 물리학이 밝혀낸 새로운 세계상이 동양의 신비주의에 의해서 이미 수백, 수천 년 전에 제시되었다는 것이다. 두 번째는, 그렇기 때문에 20세기 후반에 현대 물리학과 동양 사상은 융합되는 경향을 보인다는 것이다. 마지막으로 이러한 유사성을 현대 물리학과 동양 사상 모두에 깊이 몰입함으로써 '느낄' 수 있다는 것이다. 그는 이러한 유사성을 드러내는 자신의 목적이 "과학의 이미지를 개선하고, 현대 물리학이 마음을 담는 길이 될 수 있으며 영혼의 지식과 자기 실현의 도정이라는 것"에 있다고 강조했으며, 2판의 서문에서는 자신의 책이 과학자들을 폭탄과 군사무기를 위한 연구가 아

---

27) 이 절의 일부는 홍성욱, 「줄기세포 연구와 과학 저널리즘: 과학기자들의 인식, 비판, 대안」, 박은정 외, 『줄기세포 연구윤리의 어제와 오늘』(세창, 2007)을 수정한 것이다.

니라 부처님의 길, "가슴이 있는 길"로 인도할 수 있다고 설명했다.[28) 이 책이 특히 국내에서 인기를 끈 데에는 서양의 과학기술 문명을 뒤쫓아가느라고 허덕대던 우리에게, 서양 과학의 최첨단 이론이 그 동안 우리가 홀대했던 전통적인 동양 사상과 맞물려 있다는 점을 지적했고, 이것이 동양인인 우리에게 일종의 만족감을 제공했기 때문이다. 독자들은 이 책을 결정론적·기계론적 서양의 세계관이 낳은 정신적·물질적 문제를 동양적인 물심의 조화를 통해 해결할 방법을 제시한 책으로 간주했고, 현대 물리학과 동양 사상 사이의 유사성을 훨씬 뛰어넘어서 현대 물리학이 낳은 모든 성과가 이미 수천 년 전의 동양 철학에서 다 제시되었음을 보여준다고 생각하기도 했다.[29)

'유사(類似)' 라는 제목이 붙은[30) 책의 제3부는 책 전체를 통해 백미라고 할 수 있는 부분이다. 여기서 카프라는 현대 물리학과 동양 사상 사이에 존재하는 유사성을 하나씩 드러낸다. 우선 그가 주목한 것은 힌두교와 불교에서 강조하는 만물의 통일성이나 전일성과 같은 개념이, 관찰자와 관찰 대상이 연결되어 있고 상호 의존적이라는 양자물리학의 세계관과 유사하다는 것이다. '만물은 서로 의존하는 데에서 그 존재와 본성을 얻는 것이지, 그 자체로서는 아무것도 아니다' 는 불교 철학과, '세계는 그 안에서 복합적인 사건들이 서로 다른 종류의 연결들과 교체하고 겹쳐지고 종합되어서 전체의 구조를 결정하는 것으로 나타난다' 는 하이젠베르크의 설명이 놀랍도록 흡사하다는 것이

28) 프리초프 카프라, 김용정·이성범 옮김, 『현대 물리학과 동양 사상(*The Tao of Physics*)』(범양사, 2006). 이 책의 제1판은 1975년에 출판되었고, 2006년 한국어 판은 1983년에 출판된 이 책의 제2판을 번역한 것이다. 인용은 각각 1판과 2판의 저자 서문.

29) 프리초프 카프라, 위의 책, 제1판 「역자 서문」 참조.

30) 한국어 판에서는 제목이 '대비(對比)'라고 붙어 있다. 원제는 'Parallels'로서, 비슷한 특성을 들어 만든 유비 관계라는 뜻을 생각할 때 '대비'보다는 '유사'가 더 적절하다고 생각된다.

다. 그리고 그는 동양 사상에서 음/양, 여성적/남성적인 양태 사이의 대립을 넘어선 역동적인 균형을 모색하는 것이 중요했음을 지적하면서, 비슷한 경향이 힘/물질, 입자/파동, 운동/정지, 존재/비존재의 대립 개념을 초월한 현대 물리학에서 드러남을 지적한다. 전자의 위치가 시간에 따라 같지도 않지만 변하는 것이라고도 할 수 없고, 정지해 있다고도 할 수 없지만 운동을 한다고도 할 수 없다는 물리학자 로버트 오펜하이머의 언명은, "그것은 움직인다. 그것은 움직이지 않는다. / 그것은 멀다, 그리고 그것은 가깝다. /그것은 이 모든 것 속에 있으며 이 모든 것 밖에 있다."는 『우파니샤드』의 시구와 유사성이 있다는 것이다.[31)]

카프라는 또 시공간이 밀접하게 연관되어 있고 상호 관통하고 있다는 생각을 동양 사상과 현대 물리학이 공유하고 있다고 강조한다. 시공간의 관련성, 4차원 시공간, 절대적 시공간의 폐기는 20세기의 특수·일반상대성이론이 이룬 업적이다. 그는 이러한 개념들이 깊은 명상을 통해서 3차원 공간을 초월하며, 더 나아가서 '과거와 미래는 모두 이 휘황한 현대의 순간 속에 돌돌 감겨 있는' 영원한 현재를 경험하는 동양 사상과 흡사하다고 본다. 자연의 역동성이라는 개념도 현대 물리학과 동양 사상이 공유한 주제이다. 힌두교, 불교, 도교의 공통적인 사상이 세계는 끊임없이 운동, 유동, 변화하며 우주는 바로 이 역동적인 그물망에 다름 아니라는 것인데, 유사한 생각이 20세기 원자론과 빅뱅이론과 같은 천체물리학 이론에서 찾아지며, 물질과 에너지의 등가를 보인 상대성이론에 의해 더 강화되었다는 것이 카프라의 해석이다. 현대 물리학은 또 소립자들이 서로 그물망을 이루면서 생성·소멸되는 과정을 잘 보여주는데, 입자 물리학자 포드는 이를 두고 "양성자는 분명히 종종 생성과 소멸의 무도(舞蹈, dance)를 하며 진행

31) 프리초프 카프라, 위의 책, 제10장, 제11장.

한다."고 설명했다. 이러한 입자들의 무도는 동양 사상의 역동적 세계관, 특히 춤을 추면서 자연의 다양성을 창조하는 시바(Shiva)의 무도에 다름 아니라는 것이 카프라의 생각이다.[32)]

현대 물리학과 동양 사상과의 유사성은 여기에서 그치지 않는다. 물질이 중력장과 분리될 수 없고 중력장은 만곡된 공간과 분리될 수 없다는 아인슈타인의 일반상대성이론과, 물질이라는 것이 장이 극도로 강하게 집중된 공간의 영역들에 의하여 성립되는 것이라고 볼 수 있다는 양자장(quantum field) 이론도 동양 사상에서 그 짝을 찾을 수 있다는 것이다. 카프라는 이러한 이론이 공(空) 또는 허(虛)에 대한 동양의 철학과 비교될 수 있음을 주장한다. 동양 사상에서 공(空)은 일상적인 공허를 뜻하는 것이 아니라 무한한 창조적 가능성을 지닌 것으로, 현대 물리학의 양자장처럼 한없이 다양한 형상을 낳으며, 보존하면서 다시 거두어들이는 특성을 지니는 것이기 때문이다. 카프라는 이것이 다시 불경의 '색즉시공 공즉시색'과 통한다고 해석한다. "장은 언제나 존재한다. 그것은 결코 제거될 수 없다. 그것은 모든 물리적 현상의 수레다. 그것은 양성자가 그것으로부터 파이 중간자들을 생기게 하는 '허공'이다. 소립자들의 나타남과 사라짐은 단지 장의 운동 형태에 불과하다."는 물리학자 티링의 설명과, "태허(太虛)가 기(氣)로 가득 차 있다는 것을 알 때 무(無) 같은 것은 존재하지 않는다는 것을 깨닫게 된다."는 11세기 중국 사상가 장재(張載)의 설명도 놀랍게 비슷하다.[33)]

그렇지만 두 개의 서로 다른 대상에서 유사성(parallels)을 찾아내서 이를 비교하는 작업은 분명한 한계를 지니고 있다. 우선 카프라의 책에서 잘 드러나 있지 않은 것은, 20세기 현대 물리학이 수학에 많이

---

32) 프리초프 카프라, 위의 책, 제12장, 제13장.

33) 프리초프 카프라, 위의 책, 제14장.

의존하고 있다는 사실이다. 현대 물리학의 특성 중 하나는 수학으로 표현되는 내용이 통상의 언어로는 잘 표현되기 힘들다는 것이다. 상대론에서 4차원 시공간이라는 개념은, 아주 빠른 속도로 (예를 들어 빛의 속도에 근접해서) 움직이는 물체의 경우에는 시공간이 연결되어 있는 4차원의 좌표계에서 방정식을 사용해야 이 운동이 제대로 기술된다는 것을 의미하며, 전자가 정지해 있다고도 운동한다고도 할 수 없다는 오펜하이머의 설명은 전자에 대한 양자역학적인 이해를 보통의 언어로 옮길 때 겪게 되는 어려움을 잘 보여주고 있다. 반면에 신비주의 사상에서 시간과 공간이 얽혀 있다고 경험하는 것은, 우리가 일상적으로 세상을 경험하는 방식이 아니라 우리의 관심이 마치 시공간을 뛰어넘어 세계를 흡인하듯이 인식하는 경험을 가리키며, 궁극적 실재가 추론의 대상이 될 수 없으며 직관적 깨우침의 대상이 되어야 한다는 동양 신비주의 사상은 미시 세계에 대한 언어의 한계와는 아무런 연관이 없는 것이라고 할 수 있다. 신비적인 경험이 가능할까라는 문제를 차치하고라도, 현대 물리학에서 시공간과 미시 세계를 일상 언어를 통해 이해하는 것과 동양 사상에서 시공간을 직관적으로 이해하는 것은 적어도 같은 차원의 문제가 아니라는 것을 쉽게 알 수 있다.[34)]

카프라가 동양 사상과 유사하다고 강조한 자연의 역동성이라는 생각은 현대 물리학에만 국한된 생각이 아니다. 카프라도 지적하듯이 고대 그리스의 헤라클레이토스도 만물이 유전한다고 했고, 그가 비판하는 근대 자연철학자 데카르트도 세계의 모든 변화를 끊임없이 운동

---

34) Sal P. Restivo, "Parallels and Paradoxes in Modern Physics and Eastern Mysticism I," *Social Studies of Science* 8(1978), pp. 143-181. 과학철학자 중에는 인과관계가 아닌 유사성, 유비에 의존하는 것이 사이비과학의 대표적인 특성이라고 보는 사람들이 있다. Paul Thagard, "Resemblance, Correlation and Pseudoscience," in M. P. Hanen, Margaret J. Osler and R. G. Weyant eds., *Science, Pseudoscience and Society*(Waterloo: Wilfrid Laurier University Press, 1980), pp. 17-27 참조.

하는 물질이 이합집산하는 결과로 보았다. 카프라가 현대 과학에서 세상의 역동성을 가장 잘 보여준다고 생각한 이론이 빅뱅이론과 팽창우주론이다. 그는 인도 힌두교의 신화에서 빅뱅이론이나 팽창우주라는 우주 진화론과 흡사한 사상을 발견했는데, 이 신화는 우주의 역사를 일자(一者)가 다자(多者)가 되고 다자가 다시 일자가 되는 끊임없는 순환과 선회로 보고 있는 것이다. 그런데 많은 동양 사상가들은 서양의 우주론에서 가정하는 빅뱅이론이 명백하게 보여주는 직선적인 시간 개념과 동양 철학의 순환적인 시간 개념이 근본적으로 다른 것이며, 처음에는 한 점에서 시작한 우주가 계속 커지고 있다는 현대 우주론의 결론과 우주 그 자체를 유한하고 변하지 않는 것으로 생각하는 동양 사상의 우주론은 그 골격부터가 다르다고 본다. 양자장에서 소립자들의 생성과 소멸을 태허(太虛)의 기(氣)에 비교하는 것도, 전자는 특정한 소립자의 상호 작용을 기술하기 위한 것이고 후자는 자연에 존재하는 만물의 생성과 소멸의 원리를 설명한다는 점에서 차이가 있다.[35)]

그렇지만 이러한 모든 비판에도 불구하고 현대 물리학과 동양 사상 사이에 표면적인 유사성이 존재한다는 것은 부정할 수 없다. 카프라가 인용하는 구절들은 이런 유사성을 놀랄 정도로 잘 보여주고 있으며, 그의 책은 바로 이 점 때문에 많은 독자들을 매혹시켰던 것이다. 이에 대한 한 가지 설명은, 현대 과학의 특성에 대한 카프라의 서술이 양자물리학과 상대성이론의 철학적 함의에 대해서 조금은 과장되게 서술했던 물리학자들로부터 나온 것이 많다는 점에서 찾을 수 있다. 20세기 전반부에 양자물리학과 상대성이론을 만든 닐스 보어, 하이젠베르크, 아인슈타인과 같은 과학자들은 현대 물리학이 물리적 대상만이 아닌 생명과 우주 전체의 작동원리를 드러낼 수 있다고 강조했다.

---

35) Sal P. Restivo, Ibid.

닐스 보어는 그의 상보성원리가 동양의 기철학, 음양이론과 통한다고 강조했고, 하이젠베르크도 『물리학과 철학(*Physik und Philosohie*)』(1958년), 『물리학을 넘어(*Physics and Beyond*)』(1971년)와 같은 저술에서 현대 물리학의 전일적인(holistic) 특성을 강조하면서, 이것이 서양의 오래된 기계적 세계관을 극복할 수 있다고 강조했다. 카프라는 특히 하이젠베르크의 영향을 크게 받았는데, 카프라가 강조했던 현대 과학과 동양 사상의 유사성은 이미 현대 물리학의 선구자들에 의해서 어느 정도 제시가 되었던 것이라고도 볼 수 있다.[36)]

이러한 일차적인 이유 외에도 우리는 현대 물리학과 동양 사상 사이에 유사성이 존재하는 또 다른, 보다 더 심층적인 이유를 생각해볼 수 있다. 그것은 신비주의 철학의 오랜 수련을 거친 사람만이 할 수 있는 신비적인 경험(예를 들어 각오, 해탈, 득도, 영성 등)을 일상적인 말과 글로 표현할 때 나타나는 어려움과, 미시 세계를 기술하는 현대 물리학에서 물리학자들이 실험과 수학을 통해 이해한 것을 일상적인 말과 글로 표현할 때 겪는 어려움이 비슷한 종류라는 데에 있다. 즉 양쪽 모두의 경우에, 일상을 초월한 경험과 이해를 일상의 언어를 통해서 표현하려고 할 때 그 표현이 모호해지는 결과를 낳으며, 바로 이점 때문에 현대 물리학을 일상의 쉬운 언어로 설명해야 하는 대중서와 신비한 경험을 글로 표현한 신비주의 경전에 수사학적이고 메타포적인 유사성이 나타날 수 있는 것이다. 그렇지만 물리학에서 이런 문제는 수학을 사용한다든지 아니면 더 분명한 이론을 개발함으로써 일정 정도 극복될 수 있는 반면에, 신비주의자들의 어려움은 신비주의 자

---

36) Cathryn Carson, "Who Wants a Postmodern Physics?" *Science in Context* 8(1995), pp. 635–655; Gerald Holton, "The Roots of Complementarity," in Holton, *Thematic Origins of Scientific Thought: Kepler to Einstein*(Cambridge, Mass.: Harvard University Press, 1988), pp. 99–145; M. Beller, "The Sokal Hoax: At Whom Are We Laughing?" *Physics Today* 51(9)(1998), pp. 29–34.

체를 지탱하는 본질적인 특성이라는 점에서 차이가 있다.[37)]

이러한 논의를 통해서 현대 과학과 동양 사상의 관계에 대해서 어떠한 결론을 내릴 수 있을 것인가? 우선 우리가 경계해야 할 태도는 현대 물리학의 발전이 동양 사상에 영향을 받았다고 주장하는 태도이다. 이러한 주장은 근거가 아주 희박할 뿐만 아니라 카프라 자신도 하지 않고 있다. 그의 책의 이런저런 구절은 현대 물리학이 동양 사상의 지혜에 근접해가고 있다고 해석될 여지가 있지만, 이런 주장조차 강하고 뚜렷하게 제시되지는 않는다. 카프라는 동서양이 융합해서 인류의 새로운 지혜를 낳고 새로운 미래를 열 것이라는 주장을 펴지도 않는다. 앞서 얘기했지만, 그는 자신의 책의 의미를 동양 사상에 대한 이해가 현대 과학에 대해 새로운 이해를 (특히 과학자들에게) 줄 수 있다는 점에서 찾고 있다. 따라서 카프라의 논의를 결정론적·기계론적 서양의 세계관이 낳은 정신적·물질적 문제를 동양적인 물심의 조화를 통해 해결할 수 있다든가, 혹은 현대 물리학이 낳은 모든 성과가 이미 수천 년 전에 동양 철학에서 다 제시되었다는 식으로 받아들이는 것은 확대 해석이다. 특히 아직도 계속 (서양에서 이식된) 과학기술의 발전을 꾀해야 하며, 서양의 과학이 함의하는 세계관과 철학이 무엇인지 계속 탐구해야 하고, 위험하고 예측하기 힘든 기술사회를 살아가는 지혜도 찾아내야 하는 우리에게 위와 같은 태도는 크게 도움이 되지 못한다.

그렇다면 현대 과학과 동양 사상은 무관한 것인가? 이 둘의 경계는 과거의 베를린 장벽처럼 단단한 것인가? 우선 카프라의 책, 그리고 이후 출판된 주커브의 『춤추는 물리(*The Dancing Wu Li Masters*)』와 같은 책이 이 둘을 매개하려 했으며, 이에 동조하는 많은 독자를 얻었다는

37) Sal P. Restivo, "Parallels and Paradoxes in Modern Physics and Eastern Mysticism."

점에서 현대 과학과 동양 사상의 경계에는 접점이 만들어졌다고 볼 수 있다.[38] 문제는 이러한 접점이 얼마나 오래 지속되고, 또 양쪽 영역에서 얼마나 성공적인 '잡종' 들을 만들어내는가에 있다. 이러한 접점이 동양 사상가들이나 동양 신비주의 활동가들에게 실질적인 영향을 주고, 반대로 현대 물리학자들에게도 영향을 주어 물리학자들이 실험과 이론적 작업을 하는 데 실질적인 밑천(resource)으로 기능한다면 그 접점은 성공적으로 확산된 것이라고 할 수 있다. 이는 조금 시간을 두고 평가를 해보아야 하는 문제인데, 1970년대에 나온 카프라의 책이나 이와 비슷한 책들이 실질적인 도움을 주었다는 평가는 아직 나타난 것이 없다. 미래에도 이러한 상호 침투와 상호 작용이 나타나지 않는다면, 우리는 동양 사상과 현대 물리학이 카프라의 책에 의해서 하나의 접점이 만들어졌고 이것이 20세기 후반에 대중적인 문화 현상을 만들었지만, 과학자들이나 사상가들의 실천에 준 영향은 미미했다고 평가할 수밖에 없을 것이다. 물론 후대의 역사학자들은 왜 이러한 상호 침투가 미미했는가에 대해서 관심을 가질 수는 있겠지만.[39]

맺는말: 과학의 다양한 경계들

과학은 인간의 다른 활동, 다른 학문 분야, 다른 제도와의 상호 작용을 통해서 그 경계를 계속 새롭게 그려간다. 과학의 경계는 그 모습이 유동적일 뿐만 아니라, 어떤 때에는 견고했다가 또 다른 때에는 상대적으로 말랑말랑해지기도 한다. 이 장에서는 과학과 기술, 과학과 미디어(대중 과학), 과학과 신과학의 관계를 분석함으로써 과학의 경계

---

38) 게어리 주커브, 김영덕 옮김, 『춤추는 물리(*The Dancing Wu-Li Masters*)』(범양사, 1981).

39) 이 절은 홍성욱, 「프리초프 카프라와 신과학 운동: 『현대 물리학과 동양 사상』을 중심으로」, 《자연과학》 (2003년 겨울), pp. 138–147에 근거하고 있다.

에 대한 포괄적인 이해를 얻어보고자 시도했다. 이로부터 우리가 알 수 있는 것은 '과학의 경계'라는 말이 다중적인 의미를 지닌 채 사용된다는 것이다.

현대 과학과 기술의 경우 그 경계가 분명하지 않다고 할 수 있는 이유는 현대 과학의 여러 특성들이 오랜 역사를 통해 기술과 상호 작용하면서 형성되어 왔으며, 그 역도 역시 성립하기 때문이다. 목적지향적인 연구를 하지 않는 과학 활동의 경우도 기술과 무관하게 이루어지는 경우는 거의 없고, 응용과 개발 연구를 하는 기술자들도 다양한 방식으로 과학에 의존하고 과학을 이용한다. 과학자들의 일부는 극히 실용적인 연구를 하며, 역으로 엔지니어 중에 응용을 염두에 두지 않고 학문 그 자체를 위한 연구를 하는 사람도 있다. 이러한 모든 점을 고려해볼 때 현대 과학과 기술은 뚜렷하게 구분되기보다는, 개념, 이론, 기기, 도구, 방법론, 태도 등을 오랫동안 교환했고 그 결과 어느 부분에서는 (예를 들어 나노기술과 바이오기술에서는) 경계가 매우 흐려져서 그것이 과학인지 기술인지 판단하기가 힘들어졌다.

과학과 미디어의 경계가 분명하지 않다는 얘기는 다른 뜻을 지닌다. 신문 기자나 과학 프로그램 프로듀서 중에 자신이 과학을 한다고 생각하는 경우는 거의 없다. 그 역도 마찬가지로, 기자회견을 하는 과학자나 신문에 칼럼을 쓰는 과학자도 자신을 언론인으로 생각하지는 않는다. 그리고 과학과 언론은 과학과 기술처럼 개념이나 방법론, 도구를 공유하거나 교환하지도 않으며, 그런 역사가 있는 것도 아니다. 따라서 과학과 언론의 경계가 분명하지 않다는 의미는 다음과 같은 두 가지를 의미한다. 첫 번째로는 우리가 과학자들의 활동이라고 부르는 것이 전문 영역에서 대중 영역에 이르기까지 광범위한 스펙트럼을 이루고 존재한다는 것이다. 두 번째는 시민 사회의 영역에서 이루어진 과학의 홍보나 보도가 과학자들의 과학 활동에 영향을 미치며, 심지어 과학자 사회의 논쟁을 종결하고 합의를 얻어내는 데 일정 정도 역할을 하는 경우가 있다는 것이다. 이는 과학과 시민 사회가 미디어를 매개로 쌍방향의 상호 작용을 주고받는다는 것을 의미한다.

마지막으로 현대 과학과 동양 신비주의 사상과의 관계를 보자. 이러한 주제에 대해 접근할 때 우리가 경계해야 할 태도는 이 관계를 극단적으로 단순화하는 것이다. 동양의 신비주의 사상이나 종교가 현대 과학과 수렴되며 동서양의 지혜가 합쳐져서 새로운 문명을 만들 것이라는 태도는 이러한 극단적인 태도이다. 이것이 문제가 되는 이유는 신비주의 사상과 과학이 만날 수 없어서가 아니라, 실제로 과학자의 실행 속에서 이러한 만남이 거의 이루어지지 않기 때문이다. 1970-1980년대에 카프라와 주커브의 책이 (일부 과학자들을 포함한) 대중의 관심을 불러일으켰지만 그 이후에 동양 사상을 접목해서 과학을 함으로써 의미 있는 결과를 얻은 경우를 발견하기 힘들다. 그렇지만 반대로 과학은 합리적이고 분석적인 것이기 때문에 어떤 경우에도 신비주의 사상과는 만날 수 없다고 하는 것도 또 다른 극단적인 경우이다. 정보유전자의 개념을 제창한 양자물리학의 선구자 슈뢰딩거는 『우파니샤드』와 같은 인도의 신비주의 철학에 매료되었었고, 실제로 이 철학은 그가 정보로서의 유전자 개념을 제창하는 데 중요한 역할을 했다.[40] 너무도 당연한 말이지만, 과학의 경계는 사람들의 실질적인 실천과 실행에 의해서 구성되고 재구성되는 것이다.

40) 이에 대해서는 홍성욱, 「슈뢰딩거의 '유전자(gene)', 제몬의 '기억(mneme)'」, 《한국과학사학회지》 제29권 제2호(2007년 12월), 293-315쪽; Bruno Bertotti, "The Later Work of E. Schrödinger," *Studies in History and Philosophy of Science* 16(1985), pp. 83-100, on pp. 91-92 참조.

참고문헌

강술생, 『무당벌레 꽃이 되다』(제주: 원디자인, 2005).

강홍렬 외, 『정보 격차에 대한 사회경제적 함의』(정보통신정책연구원, 2002).

경서학인, 「문학에 뜻을 두는 이에게」, 《개벽》 제21호(1992. 3. 1.).

김동광, 「과학과 대중의 관계 변화」, 《과학기술학연구》 제2권 제2호(2002), 1-23쪽.

김화선, 「국립중앙과학관의 건립과 운영」(전북대학교 석사학위논문, 2005).

김흡영, 「통섭을 반대한다」, 전상인·정범모·김형국 엮음, 『배움과 한국인의 삶』(나남, 2008).

문중량, 「崔漢綺의 기론적 서양과학 읽기와 기륜설」, 《대동문화연구》 제43집(2003), 273-312쪽.

박성래, 「조선 유교사회의 중인기술교육」, 《대동문화연구》 17(1983), 267-290쪽.

박희제, 「공중의 과학이해 연구의 두 흐름: 조사연구와 구성주의 PUS의 상보적 발전을 향하여」, 《과학기술학연구》 제2권 제2호(2002), 25-54쪽.

서지영, 「과학의 대중화와 과학관」, 《과학기술정책》 제13권 제5호(2003), 109-118쪽.

송성수, 「우리나라 과학관의 현주소」, 《과학기술정책》 제15권 제2호(2005), 86-97쪽.

유네스코한국위원회 엮음, 『과학기술과 인권』(당대, 2001).

이상욱·홍성욱 외, 『뉴턴과 아인슈타인』(창작과비평사, 2004).

이상훈, 『정보화 시대의 인권과 보편 윤리』(정보통신정책연구원, 2004).

이정내, 「국립과학관, 어떻게 만들어지나」, 《연합뉴스》(2005. 7. 17.).

임종태, 「무한우주의 우화—홍대용의 과학과 문명론」, 《역사비평》(2005년 여름호), 261-285쪽.

_____, 「전근대시기 과학기술과 인문학의 관계 및 변화」, '제2회 과학문화 심포지엄—문/이과 구분의 문제점, 그 역사와 현주소'(2006년 9월 15일, 서울대학교).

장회익 외, 『세계과학회의 후속 조치를 위한 국내 과학기술활동의 점검』(과학기술정책연구원, 유네스코 한국위원회, 2001).

정인경, 「한국 근현대 과학기술문화의 식민지성—국립과학관사를 중심으로」(고려대학교 박사학위논문, 2004).

조숙경, 「과학관의 새로운 패러다임: 필즈 온(Feels-on) 사이언스」('과학기술정책연구원 포럼' 발표 논문, 2005. 10. 18.)

최병화, 「과수원에 있는 M군에게」, 《별건곤》 제14호(1928. 7. 1).

홍성욱 · 이상욱, 『과학기술 분야에서의 인문학 활용현황과 활성화 방안』(경제 · 인문사회연구회 인문정책연구총서, 2005-2007).

홍성욱, 「20세기 과학연구의 지형도: 미국의 대학과 기업을 중심으로」, 《한국과학사학회지》 제24권 제2호(2002년 12월), 200-237쪽.

_____, 「과학기술학은 '황우석 사태'를 어떻게 읽어야 하는가?」, 《역사비평》 통권 74호(2006년 봄), 55-81쪽.

_____, 「슈뢰딩거의 '유전자(gene)', 제몬의 '기억(mneme)'」, 《한국과학사학회지》 제29권 제2호(2007년 12월), 293-315쪽.

_____, 「완벽한 언어를 찾아서: 17세기 과학자들의 보편 언어 탐험기」, 《자연과학》(2004년 6월), 116-125쪽.

_____, 『과학은 얼마나』(서울대학교출판부, 2004).

_____, 『파놉티콘—정보사회 정보감옥』(책세상, 2002).

Alder, Ken. "A Social History of Untruth: Lie Detection and Trust in Twentieth Century America," *Representations* 80(2002), pp. 1-33.

Allen, Thomas J. *Managing the Flow of Technology*(Cambridge, Mass.: MIT Press, 1977).

Annas, George J. and Michael A. Grodin. "Medicine and Human Rights: Reflections on the Fiftieth Anniversary of the Doctors' Trial," *Health and Human Rights* 2(1996), pp. 6-21.

Antliff, Robert M. "Bergson and Cubism: A Reassessment," *Art Journal* 47(1988), pp. 341-349.

Arnold, Ken. "Presenting Science as Product or as Process: Museums and the Making of Science," in Susan Pearce ed., *Exploring Science in Museums*

(London: Athlone, 1996), pp. 57–78.

Atkinson, Dwight. "Language and Science," *Annual Review of Applied Linguistics* 19(1999), pp. 193–214.

Bacon, Francis. *The Advancement of Learning*(Oxford, 1891)[프랜시스 베이컨, 이종흡 옮김, 『학문의 진보』(아카넷, 2002)].

_____. *Novum Organum: Great Books of the Western World Vol. 28*(William Benton, 1952) [프랜시스 베이컨, 진석용 옮김, 『신기관』(한길사, 2001)].

Baigrie, Brian ed., *Picturing Knowledge: Historical and Philosophical Problems Concerning the Use of Art in Science*(Toronto, 1996).

Barnes, Douglas. *From Communication to Curriculum*(Harmondsworth: Penguin, 1976).

Barry, Andrew. "On Interactivity: Consumers, Citizens and Culture," in MacDonald ed., *The Politics of Display: Museum, Science, Culture*(London and New York: Routledge, 1998), pp. 98–117.

Beer, Gillian. "Translation or Transformation? The Relations of Literature and Science," *Notes and Records of the Royal Society in London* 44(1990), pp. 81–99.

Beetlestone, John G., Colin H. Johnson, Melanie Quin and Harry White. "The Science Center Movement: Contexts, Practice, Next Challenges," *Public Understanding of Science* 7(1998), pp. 5–26.

Beller, M. "The Sokal Hoax: At Whom Are We Laughing?" *Physics Today* 51(9)(1998), pp. 29–34.

Ben-David, Joseph. "On the Traditional Morality of Science," *Newsletter of the Program on Public Conceptions of Science* No. 13(1975), pp. 24–36.

Bennett, Tony. *The Birth of the Museum: History, Theory, Politics*(London and New York: Routledge, 1995).

_____. "Speaking to the Eyes: Museums, Legibility and the Social Order," in MacDonald ed., *The Politics of Display*, pp. 25–35.

Berlin, Isaiah. "The Divorce between the Sciences and the Humanities," in *The Proper Study of Mankind*(London: Chatto & Windus, 1997), pp. 326–358.

Bertotti, Bruno. "The Later Work of E. Schrödinger," *Studies in History and Philosophy of Science* 16(1985), pp. 83–100.

Bider, Robin. "Measure of Ideas, Rule of Language: Mathematics and Language in the 18th Century," in Tore Frangsmyr, John L. Heilbron and Robin E. Rider eds., *The Quantifying Spirit in the Eighteenth Century*(Berkeley: University of California Press, 1990), pp. 113–140.

Biology and Gender Study Group, "The Importance of Feminist Critique for Contemporary Cell Biology," in Keller and Longino eds., *Feminism and Science*, pp. 172–187.

Bono, James J. "Science, Discourse and Literature: The Role/Rule of Metaphor in Science," in Stuart Peterfreund ed., *Literature and Science: Theory and Practice*(Boston: Northeastern University Press, 1990), pp. 59–89.

Borges, Jorge Luis. "The Analytical Language of John Wilkins," in *Other Inquisitions 1937-1952*(Austin, 1964), pp. 101–105.

Borman, Susan Cray. "Communication Accuracy in Magazine Science Reporting," *Journalism Quarterly* 51(1978), pp. 345–346.

Boyd, Richard. "Metaphor and Theory Change: What is 'Metaphor' a Metaphor for?" in Andrew Ortony ed., *Metaphor and Thought*(Cambridge: Cambridge University Press, 1979), pp. 356–408.

Bradburne, James M. "Dinosaurs and White Elephants: The Science Center in the Twenty-first Century," *Public Understanding of Science* 7(1998), pp. 237–253.

Brown, Harold. "Objective Knowledge in Science and the Humanities," *Diogenes* 97(1977), pp. 85–102.

Bucchi, Massimiano. *Science and the Media: Alternative Routes in Science Communication*(London: Routledge, 1998).

Budd, Robert. "Science, Meaning and Myth in the Museum," *Public Understanding of Science* 4(1995), pp. 1–16.

Buderi, Robert. *The Invention that Changed the World: How a Small Group of Radar Pioneers Won the Second World War and Launched a Technological Revolution*(New York: Simon & Schuster, 1996).

Bunders, Joske and Richard Whitley. "Popularization Within the Sciences: The Purposes and Consequences of Inter-Specialist Communication," in Terry

Shinn and Richard Whitley eds., *Expository Science: Forms and Functions of Popularization, Vol IX, Sociology of the Sciences Yearbook*(Dordrecht: D. Reidel, 1985), pp. 61–78.

Burnett, D. Graham. "A View from the Bridge: The Two Cultures Debates, Its Legacy and the History of Science," *Daedalus* 128(1999), pp. 193–218.

Burney, Ian. "Testing Testimony: Toxicology and the Law of Evidence in Early 19th Century England," *Studies in History and Philosophy of Science* 33(2002), pp. 289–314.

Cameron, Duncan F. "The Museum, a Temple or the Forum," *Curator* 14(1971), pp. 11–24.

______. "The Museum, a Temple or the Forum," *Curator* 14(1971), pp. 11–24.

Cancian, Francesca M. "Feminist Science: Methodologies That Challenge Inequality," *Gender and Society* 6(1992), pp. 623–642.

Capra, Fritjof. *The Tao of Physics*(Shambhala Publications of Berkeley, 1975)[프리초프 카프라, 김용정·이성범 옮김, 『현대 물리학과 동양 사상』(범양사, 2006)].

Carson, Cathryn. "Who Wants a Postmodern Physics?" *Science in Context* 8(1995), pp. 635–655.

Casey, Dawn. "Museums as Agents for Social and Political Changes," *Curator* 44(2001), pp. 230–236.

Cat, Jordi. *Land, Lines, Colours, and Toys: Becoming James Clerk Maxwell*(Oxford: Oxford University Press, forthcoming).

Caulton, Tim. *Hands-on Exhibitions: Managing Interactive Museums and Science Centres*(London and New York: Routledge, 1998).

Chalmers, A. F. *What is this called science?*(University of Queensland Press, 1976) [앨런 차머스, 신중섭·이상원 옮김, 『과학이란 무엇인가』(서광사, 2003)].

Chandrasekhar, S. "Beauty and the Quest for Beauty in Science," *Physics Today*(July, 1979), pp. 25–30.

Chen, X. "Why Do Scientists Have Disagreements about Experiment?: Incommensurability in the Use of Goal-Derived Categories," *Perspectives on Science* 2(1994), pp. 275–301.

Clarke, Bruce and Linda Henderson. *From Energy to Information:*

Representation in Science and Technology, Art and Literature(Palo Alto, Calif.: Stanford University Press, 2002).

Claude, Richard Pierre and Bernardo W. Issel. "Health, Medicine and Science in the Universal Declaration of Human Rights," *Health and Human Rights* 3(1998), pp. 126–142.

Claude, Richard Pierre. *Science in the Service of Human Rights*(Philadelphia: University of Pennsylvania Press, 2002), pp. 21–22.

Clauss, Sidonie. "John Wilkins' Essay Toward a Real Character: Its Place in the Seventeenth Century Episteme," *Journal of the History of Ideas* 43(1982), pp. 531–553.

Cohen, I. Bernard. "Notes on Newton in the Art and Architecture of the Enlightenment," *Vistas in Astronomy* 22(1979), pp. 523–537.

______. *Interactions: Some Contacts between the Natural Sciences and the Social Sciences*(Cambridge, Mass.: MIT Press, 1994), pp. 7–8, pp. 48–60, pp. 108–114, pp. 124–135.

Cohen, Jon. "Designer Labs: Architecture Discovers Science," *Science* 287(2000), pp. 210–214.

Cohn, Carol. "Sex and Death in the Rational World of Defence Intellectuals," *Signs* 12(1987), pp. 687–718.

______. "Slick'ems, Glick'ems, Christmas Trees and Cookie Cutters: Nuclear Language and How We Learned to Pat the Bomb," *Bulletin of Atomic Scientists* 43(1987), pp. 17–24.

Collins, Randall. *The Sociology of Philosophies: A Global Theory of Intellectual Change*(Cambridge, Mass.: Harvard University Press, 1998).

Comfort, Nathaniel C. *The Tangled Field: Barbara McClintock's Search for the Patterns of Genetic Control*(Cambridge, Mass.: Harvard University Press, 2001).

Cossons, Neil. "Museums in the New Millennium," in Svante Lindqvist ed., *Museums of Modern Science*(Science History Publication, 2000), pp. 3–15.

Crease, Robert P. "The Most Beautiful Experiment," *Physics World*(September, 2002).

Crombie, Alistair C. "Experimental Science and the Rational Artist in Early

Modern Europe," *Daedalus* 115(1986), pp. 49-74.

Dämmrich, Arthur. "The Evidence Does Not Speak for Itself: Expert Witnesses and the Organization of DNA Typing Companies," *Social Studies of Science* 28(1998), pp. 741-772.

Dalmédico, A. D. "Sophie Germain: An Extraordinary Mathematician," *Scientific American* 265(December, 1991), pp. 116-120.

Danilov, Victor J. *Science and Technology Centers*(Cambridge, Mass.: MIT Press, 1981).

Daston, Lorraine. "Fear and Loathing of the Imagination in Science," *Daedalus* 127(1998), pp. 73-95.

_____. "Marvelous Facts and Miraculous Evidence," *Critical Inquiry* 18(1991), pp. 93-124.

_____. "The Naturalized Female Intellect," *Science in Context* 5(1992), pp. 209-235.

De Regt, H. W. "Beauty in Physical Science circa 2000," *International Studies in the Philosophy of Science* 16(2002), pp. 95-103.

Dear, Peter. "Toitus in Verba: Rhetoric and Authority in the Early Royal Society," *Isis* 76(1985), pp. 145-161.

DeMott, Benjamin. "Comenius and the Real Character in England," *PMLA* 70(1955), pp. 1068-1081.

Dennis, Michael A. "Accounting for Research: New Histories of Corporate Laboratories and the Social History of American Science," *Social Studies of Science* 17(1987), pp. 479-518.

Dersen, Linda. "Toward a Sociology of Measurement: The Meaning of Measurement Error in the Case of DNA Profiling," *Social Studies of Science* 30(2000), pp. 803-845.

Dunwoody, Sharon and Hans Peter Peters. "Mass Media Coverage of Technological and Environmental Risks: A Survey of Research in the United States and Germany," *Public Understanding of Science* 1(1992), pp. 199-230.

Durbin, Paul T. "The Science and Culture Debate, 1945-1984," *Humanities and*

Technology(1982), pp. 24–32.

Easlea, Brian. *Fathering the Unthinkable: Masculinity, Scientists and the Nuclear Arms Race*(London: Pluto, 1983).

_____. *Science and Sexual Oppression: Patriarchy's Confrontation with Woman and Nature*(London: Weidenfeld & Nichoson, 1981).

Ede, Siân. "Science and the Contemporary Visual Arts," *Public Understanding of Science* 11(2002), pp. 65–78.

Edgerton, Samuel Y. "Galileo, Florentine 'Disegno' and the 'Strange Spottednesse' of the Moon," *Art Journal* 44(1984), pp. 225–232.

Edwards, Paul N. "The Army and the Microworld: Computers and the Politics of Gender Identity," *Signs* 16(1990), pp. 102–127.

Eigen, Joel Peter. *Witnessing Insanity: Madness and Mad-Doctors in the English Court*(New Haven: Yale University Press, 1995).

Elgin, Catherine Z. "Creation as Reconfiguration: Art in the Advancement of Science," *International Studies in the Philosophy of Science* 16(2002), pp. 13–25.

Elkins, James. "Art History and Images That Are Not Art," *The Art Bulletin* 77(1995), pp. 553–571.

Elliott, Ralph W. V. "Isaac Newton's 'Of an Universal Language'," *MLR* 52(1957), pp. 1–18.

Emery, Clark. "John Wilkins' Universal Language," *Isis* 38(1948), pp. 174–185.

Engler, Gideon. "Einstein and the Most Beautiful Theories in Physics," *International Studies in the Philosophy of Science* 16(2002), pp. 27–37.

Epstein, Steven. "The Construction of Lay Expertise: AIDS Activism and the Forging of Credibility in the Reform of Clinical Trials," *Science, Technology & Human Values* 20(1995), pp. 408–437.

Fee, Elizabeth. "Women's Nature and Scientific Objectivity," in Marian Lowe and Ruth Hubbard eds., *Woman's Nature: Rationalizations of Inequality*(New York: Pergamon Press, 1983), pp. 9–27.

Fehlhammer, Wolf P. "Communication of Science in the Deutsches Museum: In Search of the Right Formula," in S. Lindqvist ed., *Museums of Modern Science*

(Canton: History of Science Publications and Nobel Foundation, 2000), pp. 17–28.

Feyerabend, Paul K. "Art as a Product of Nature as a Work of Art," *World Futures* 40(1994), pp. 87–100.

Feynman, Michelle ed., *The Art of Richard P. Feynman*(Basel: Gordon and Breach Science Publishers, 1995), on p. 21.

Findlen, Paula. "Science as a Career in Enlightenment Italy: The Strategies of Laura Bassi," *Isis* 84(1993), pp. 441–469.

______. *Possessing Nature: Museums, Collecting and Scientific Culture in Early Modern Italy*(Berkeley, Calif.: University of California Press, 1994).

Finn, Bernard S. "The Museum of Science and Technology," in Michael S. Shapiro ed., *The Museum: A Reference Guide*(New York: Greenwood Press, 1990), pp. 59–83.

Fisher, George. "The Jury's Rise as Lie Detector," *Yale Law Journal* 107(1997), pp. 575–713.

Force, James. "Hume's Interest in Newton and Science," *Hume Studies* 13(1987), pp. 166–217.

Ford, Alan and F. David Peat, "The Role of Language in Science," *Foundation of Physics* 18(1988), pp. 1233–1242.

Foucault, Michel. "About the Concept of the 'Dangerous Individual' in 19th Century Legal Psychiatry," *International Journal of Law and Psychiatry* 1(1978), pp. 1–18.

Fox, Mary Frank. "Women, Science and Academia: Graduate Education and Careers," *Gender and Society* 15(2001), pp. 654–666.

Frank, Manfred. "The Entropy of Language: Reflections on the Searle–Derrida Debate," in Andrew Bowie ed., *The Subject and the Text: Essays on Literary Theory and Philosophy*(Cambridge: Cambridge University Press, 1997), pp. 123–189.

Frankel, Mark S. and Audrey R. Chapman. "Facing Inheritable Modifications," *Science* 292(18 May, 2001), p. 1303.

Freedman, David. "The Aggressive Egg," *Discover* 13(June, 1992), pp. 61–65.

French, Robert M. "Discovery and Creation: Opposite Ends of a Continuum of

Constraints," at (paper presented at www.fapse.ulg.ac.be/Lab/Trav/, 2000).

Friedman, Alan J. "Museums, Communities and Contemporary Science," in Lindqvist ed., *Museums of Modern Science*(Science History Publication, 2000), pp. 43–51.

Galison, Peter. "Trading Zone: Coordinating Action and Belief," in Mario Biagioli ed., *Science Studies Reader*(New York: Routledge, 1999), pp. 137–160.

_____. *Image and Logic: A Material Culture of Microphysics*(Chicago: University of Chicago Press, 1997).

Gamwell, Lynn. *Exploring the Invisible*(Princeton: Princeton University Press, 2002).

Gans, Herbert. *Deciding What's News*(New York: Random House, 1979).

_____. *Popular Culture and High Culture*(New York: Basic Books, 1974).

Garber, Daniel. "Experiment, Community and the Constitution of Nature in the Seventeenth Century," *Perspectives of Science* 3(1995), pp. 173–205.

Garte, Edna J. "Kandinsky's Ideas on Changes in Modern Physics and Their Implications for His Development," *Gazette des Beaux Arts* 110(October, 1987), pp. 137–144.

Gibbons, John H. "On the Intimate Kinship among the Methods of Science, Art and the Humanities," *Technology in Society* 25(2003), pp. 1–4.

Gieryn, Thomas F. "Boundary-Work and the Demarcation of Science from Non-Science: Strains and Interests in Professional Ideologies of Scientists," *American Sociological Review* 48(1983), pp. 781–795.

Gieryn, Thomas F., George M. Bevins and Stephen C. Zehr. "Professionalization of American Scientists: Public Science in the Creation/Evolution Trials," *American Sociological Review* 50(1985), pp. 392–409.

Ginzburg, C. "Morelli, Freud and Sherlock Holmes: Clues and Scientific Method," *History Workshop Journal* 9(1980), pp. 5–36.

Glanz, James. "Human Rights Fades as a Cause for Scientists," *Science* 282(9 October, 1998), pp. 216–219.

Golan, Tal. *Laws of Men and Laws of Nature: The History of Scientific Expert Testimony in England and America*(Cambridge, Mass.: Harvard University

Press, 2004).

Gombrich, E. H. "Experiment and Experience in the Arts," in R. B. McConnell ed., *Art, Science and Human Progress*(London: John Murray, 1983), pp. 145–173.

Goodenough, Oliver R. and Kristin Prehn. "A Neuroscientific Approach to Normative Judgement in Law and Justice," *Philosophical Transactions* B(2004), pp. 1709–1726.

Goran, Morris. "The Literati Revolt Against Science," *Philosophy of Science* 7(1940), pp. 379–384.

Gosden, Roger. "The Vocabulary of the Egg," *Nature* 383(1996), pp. 485–486.

Gossin, Pamela. "Literature and the Modern Physical Sciences," in Mary Jo Nye ed., *The Cambridge History of Science, Volume 5: The Modern Physical and Mathematical Sciences*(Cambridge: Cambridge University Press, 2002), pp. 91–110.

Gregory, J. and S. Miller. *Science in Public: Communication, Culture and Credibility* (New York and London: Plenum, 1998).

Gross, Alan G. "On the Shoulders of Giants: Seventeenth Century Optics as an Argument Field," *Quarterly Journal of Speech* 74(1988), pp. 1–17.

______. *The Rhetoric of Science*(Cambridge, Mass.: Harvard University Press, 1996) [앨런 그로스, 오철우 옮김, 『과학의 수사학—과학은 어떻게 말하는가』(궁리, 2007)].

Gross, Robin. "Intellectual Property Rights and the Information Commons," in Jørgensen ed., *Human Rights in the Global Information Society*, pp. 107–120.

Guerlac, Henry. *Radar in World War II 2 vols*.(New York: AIP, 1987).

Haack, Susan. "Truth and Justice, Inquiry and Advocacy, Science and Law," *Ratio Juris* 17(2004), pp. 15–26.

Hacking, Ian. "Working in A New World: The Taxonomic Solution," in P. Horwich ed., *World Changes*(Cambridge, Mass.: MIT Press, 1993), pp. 275–310.

Hafner, E. M. "The New Reality in Art and Science," *Comparative Studies in*

Society and History 11(1969), pp. 385–397.

Halfon, Saul. "Collecting, Testing, Convincing: Forensic DNA Experts in the Courts," *Social Studies of Science* 28(1998), pp. 801–827.

Hamlin, Christopher. "Scientific Method and Expert Witnessing: Victorian Perspectives on a Modern Problem," *Social Studies of Science* 16(1986), pp. 485–513.

Hannaway, Owen. "Laboratory Design and the Aim of Science: Andreas Libavius versus Tycho Brahe," *Isis* 77(1986), pp. 585–610.

Haraway, Donna. "Situated Knowledge: The Science Question in Feminism and the Priviledge of Partial Perspective," in *Simians, Cyborgs, and Women: The Reinvention of Nature*(New York: Routledge, 1991), pp. 183–201.

Harding, Sandra. "Women's Standpoint on Nature: What Makes Them Possible?" *Osiris* 12(1997), pp. 186–200.

_____. *The Science Question in Feminism*(Ithaca: Cornell University Press, 1986)[산드라 하딩, 이재경·박혜경 옮김, 『페미니즘과 과학』(이화여자대학교출판부, 2002)].

Harlan, David. "Intellectual History and the Return of Literature," *American Historical Review* 94(1989), pp. 581–609.

Harmon, Thomas. "The Devil in Restoration Science: The Glanvill–Webster Witchcraft Debate," *Isis* 72(1981), pp. 343–356.

Hein, Hilde ed., *The Exploratorium: The Museum as Laboratory*(Washington, DC: Smithsonian Institution Press, 1990).

Hekman, Susan. "Truth and Method: Feminist Standpoint Theory Revisited," *Signs* 22(1997), pp. 341–365.

Henderson, Linda D. "Etherial Bride and Mechanical Bachelors: Science and Allegory in Marcel Duchamp's 'Large Glass'," *Configurations* 4(1996), pp. 91–120.

_____. "X Rays and the Quest for Invisible Reality in the Art of Kupka, Duchamp and the Cubists," *Art Journal* 47(1988), pp. 323–340.

_____. "The Fourth Dimension and Non-Euclidean Geometry," in *Modern Art*(Princeton, 1983).

Henriksen, Ellen K. and Merethe Frøyland. "The Contribution of Museums to Scientific Literacy: Views from Audience and Museum Professionals," *Public Understanding of Science* 9(2000), pp. 393–415.

Henry, S. L. "Paul Klee's Pictorial Mechanics form Physics to the Picture Plane," *Pantheon* 47(1989), pp. 147–165.

Herrmann, Wolfgang. *The Theory of Claude Perrault*(London: A. Zwemmer, 1973).

Heydenreich, Ludwig H. "Leonardo da Vinci, Architect of Francis I," *The Burlington Magazine* 94(1952), pp. 277–283.

Hilgartner, Stephen. "The Dominant View of Popularization: Conceptual Problems, Political Uses," *Social Studies of Science* 20(1990), pp. 519–539.

Hill, Christopher. "Science in Pictures," *Interdisciplinary Science Reviews* 14(1989), pp. 374–383.

Hirschauer, Stefan and Annemarie Mol, "Shifting Sexes, Moving Stories: Feminist/Constructivist Dialogues," *Science, Technology & Human Values* 20(1995), pp. 368–385.

Holliman, Richard. "Media Coverage of Cloning: A Study of Media Content, Production and Reception," *Public Understanding of Science* 13(2004), pp. 107–130.

Holloway, M. "A Lab of Her Own," *Scientific American*(November, 1993), pp. 94–101.

Holmes, Frederic L. "Argument and Narrative in Scientific Writing," in P. Dear ed., *The Literary Structure of Scientific Argument*(Philadelphia: University of Pennsylvania Press, 1991), pp. 164–181.

______. *Meselson, Stahl and the Replication of DNA: A History of "The Most Beautiful Experiment in Biology"*(New York, 2001).

Holton, Gerald. "Henri Poincare, Marcel Duchamp and Innovation in Science and Art," *Leonardo* 34(2001), pp. 127–134.

______. "Imagination in Science," in *Einstein, History and Other Passions*(New York: AIP Press, 1995), pp. 160–184.

______. "The Rise of Postmodernisms and the 'End of Science'," *Journal of the History of Ideas* 61(2000), pp. 327–341.

______. "The Roots of Complementarity," in Gerald Holton, *Thematic Origins of Scientific Thought: Kepler to Einstein*(Cambridge, Mass.: Harvard University Press, 1988), pp. 99–145.

Holtzman, Erig and David Klasfeld, "The Arkansas Creationism Trial: An Overview of the Legal and Scientific Issues," *Science, Technology & Human Values* 7(1982), pp. 94–99.

Hong, Sungook. "Historiographical Layers in the Relationship between Science and Technology," *History and Technology*(1999), pp. 289–311.

Hosein, Gus. "Privacy as Freedom," in Jørgensen ed., *Human Rights in the Global Information Society*, pp. 121–147.

Hye, Allen E. "Bertolt Brecht and Atomic Physics," *Science/Technology & Humanities* 1(1978), pp. 157–168.

Ilgen, Fre. "Science Reflected in the Arts—Art in the Sciences," at (paper presented at http://www.mi.sanu.ac.yu/vismath/info/tudm.htm, 1999).

Jackson, Myles W. "Illuminating the Opacity of Achromatic Lens Production: Joseph Fraunhofer's Use of Monastic Architecture and Space as a Laboratory," in P. Galison and E. Thompson eds., *Architecture and Science* (Cambridge, Mass.: MIT Press, 1999), pp. 141–163.

Jardin, Lisa. *On a Grander Scale: The Outstanding Career of Sir Christopher Wren*(New York: Harper Collins, 2002).

Jasanoff, Sheila. "The Eye of Everyone: Witnessing DNA in Simpson Trial," *Social Studies of Science* 28(1998), pp. 713–740.

Jones, Richard Foster. "Science and Language in England of the Mid-Seventeenth Century," in *The Seventeenth Century: Studies in the History of English Thought and Literature from Bacon to Pope*(Stanford: Stanford University Press, 1951), pp. 143–160.

Jørgensen, Rikke Frank ed., *Human Rights in the Global Information Society* (Cambridge, Mass.: MIT Press, 2006).

Kahn, Louis I. "Remarks," *Perspecta* 9(1965), pp. 303–335.

Kass-Simon, G. and Patricia Farnes eds., *Women of Science: Righting the Record*(Bloomington: Indiana University Press, 1990).

Kates, Robert W. "Human Issues in Human Rights," *Science* 201(11 August, 1978), pp. 502–506.

Kaufmann, Emil. "Étienne-Louis Boullée," *Art Bulletin* 21(1939), pp. 213–227.

Keller, Evelyn Fox and Helen E. Longino eds., *Feminism and Science*(Oxford: Oxford University Press, 1996).

Keller, Evelyn Fox. "Developmental Biology as a Feminist Cause?" *Osiris* 12(1997), pp. 16–28.

_____. "Gender and Science: Origin, History and Politics," *Osiris* 10(1995), pp. 26–38.

_____. "The Origin, History and Politics of the Subject Called 'Gender and Science': A First Person Account," in Sheila Jasanoff et al. ed., *Handbook of Science and Technology Studies*(Thousand Oaks: Sage, 1995), pp. 80–94.

_____. *A Feeling for the Organism: The Life and Work of Barbara McClintock* (New York: W. H. Freeman & Co, 1983)[이블린 폭스 켈러, 김재희 옮김, 『생명의 느낌: 유전학자 바바라 매클린톡의 전기』(도서출판 양문, 2001)].

_____. *Reflections on Gender and Science*(New Haven: Yale University Press, 1985).

Kemp, Martin. *The Science of Art: Optical Themes in Western Art from Brunelleschi to Seraut*(New Haven: Yale University Press, 1992).

_____. *Visualizations: The Nature Book of Art and Science*(Oxford: Oxford University Press, 2000).

Kim Pang, Alex Soojung. "Visual Representation and Post-Constructivist History of Science," *Historical Studies in the Physical Sciences* 28(1997), pp. 139–171.

Kim, Yung Sik. "Chu Hsi on Specialized Knowledge," in his *The Natural Philosophy of Chu Hsi* (1130–1200)(American Philosophical Society, 2000), pp. 245–294.

_____. "Science and the Confucian Tradition in the Work of Chong Yakyong," 《다산학》 5호(2004), 127–168쪽.

Knoppers, Bartha M. et. al., "Commercialization of Genetic Research and Public Policy," *Science* 286(17 December, 1999), pp. 2277–2278.

Knowles, Scott G. and Stuart W. Leslie. "Industrial Versailles: Eero Saarinen's Corporate Campuses for GM, IBM and AT&T," *Isis* 92(2001), pp. 1–33.

Knowlson, J. R. "The Ideal Languages of Veiras, Foigny and Tyssot De Patot," *Journal of the History of Ideas* 24(1963), pp. 269–278.

Knowlson, James. *Universal Language Schemes in England and France, 1600–1800* (Toronto: University of Toronto Press, 1975).

Kohn, Richard H. "History and the Culture Wars: The Case of the Smithsonian Institution's Enola Gay Exhibit," *Journal of American History* 82(1996), pp. 1036–1063.

Koster, Emyln H. "In Search of Relevance: Science Center as Innovators in the Evolution of Museums," *Daedalus* 128(1999), pp. 277–285.

Kramers, David. "The Delbruck Paradox 2.0," *Art Journal* 55(Spring, 1996), pp. 38–39.

Kranakis, E. "Hybrid Careers and the Interaction of Science and Technology," in P. Kroes and M. Bakker eds., *Technological Development and Science in the Industrial Age*(Norwell, Mass.: Kluwer Academic, 1992), pp. 177–204.

Krohn, Wolfgang, and Diederick Raven. "The 'Zilsel Thesis' in the Context of Edgar Zilsel's Research Programme," *Social Studies of Science* 30(2000), pp. 925–933

Kuhn, Thomas S. "Comment on the Relations of Science and Art," *Comparative Studies in Society and History* 11(1969), pp. 403–412.

_____. "Commensurability, Comparability, Communicability," *PSA 1982 Vol. 2* (1983), pp. 669–688. 조인래 옮김, 「공약 가능성, 비교 가능성, 의사 소통 가능성」, 『쿤의 주제들: 비판과 대응』(이화여자대학교출판부, 1997), 225–255쪽.)

_____. "Metaphor in Science," in Andrew Ortony ed., *Metaphor and Thought* (Cambridge: Cambridge University Press, 1979), pp. 409–419.

Kuipers, Theo A. "Beauty, A Road to the Truth," *Synthese* 131(2002), pp. 291–328.

La Follette, Marcel C., Lisa M. Buchholz and John Zilber. "Science and Technology Museums as Policy Tools: An Overview of the Issues," *Science, Technology and Human Values* 8(1983), pp. 41–46.

Lang, S. "Leonardo's Architectural Designs and the Sforza Mausoleum," *Journal of the Warburg and Courtauld Institutes* 31(1968), pp. 218–233.

Lankford, J. "Amateurs and Astrophysics: A Neglected Aspect in the Development of a Scientific Specialty," *Social Studies of Science* 11(1981), pp. 275–303.

Latour, Bruno and Peter Weibel eds., *Iconoclash: Beyond the Image Wars in Science, Religion and Art*(Cambridge, Mass.: MIT Press, 2002).

Latour, Bruno. "Mixing Humans and Nonhumans Together: The Sociology of a Door Closer," *Social Problems* 35(1988), pp. 298–310.

_____. "Morality and Technology: The End of the Means," *Theory, Culture & Society* 19(2002), pp. 247–260.

_____. *Politics of Nature: How to Bring the Sciences into Democracy*(Cambridge, Mass.: Harvard University Press, 2004).

Leahey, Erin and Guang Guo. "Gender Differences in Mathematical Trajectories," *Social Forces* 80(2001), pp. 713–732.

Leatherdale, W. M. *The Role of Analogy, Model and Metaphor in Science* (Amsterdam: North-Holland, 1974), pp. 201–212.

Leem, So Yeon. "Reconceptualizing Environmental Exhibits: Postmodern Critique of Exhibits in American Natural History Museum."(Texas Tech University Master's Thesis, 2004).

Leslie, Stuart W. "Reestablishing a Conversation in STS: Who's Talking, Who's Listening? Who Cares?" *Bulletin of Science, Technology & Society* 19(1999), pp. 271–280.

Lewenstein, Bruce. "Cold Fusion and Hot History," *Osiris* 7(1992), pp. 135–163.

_____. "From Fax to Facts: Communication in the Cold Fusion Saga," *Social Studies of Science* 25(1995), pp. 403–436.

Lindqvist, Svante ed., *Museums of Modern Science*(Science History Publication, 2000).

Longino, Helen E. "Feminist Epistemology as a Local Epistemology," *Proceedings of the Aristotelian Society* 71(1997).

_____. "Can There be a Feminist Science?" *Hypatia* 2(1987), pp. 51–64.

_____. *Science as Social Knowledge: Values and Objectivity in Scientific Inquiry*

(Princeton: Princeton University Press, 1990).

Lockyer, Norman and Winifred L. Lockyer. *Tennyson as a Student and Poet of Nature*(London: Macmillan, 1910), on p. 2.

Lowenthal, David. *The Past is a Foreign Country*(Cambridge: Cambridge University Press, 1988) [데이비드 로웬덜, 김종원·한명숙 옮김, 『과거는 낯선 나라다』(개마고원, 2006)].

Lynch, Michael and Steve Woolgar. *Representation in Scientific Practice* (Cambridge, Mass.: MIT Press, 1990).

MacDonald, Sharon and Roger Silverstone. "Science on Display: The Representation of Scientific Controversy in Museum Exhibitions," *Public Understanding of Science* 1(1992), pp. 69–87.

MacDonald, Sharon ed., *The Politics of Display: Museums, Science, Culture* (London and New York: Routledge, 1998).

MacDonald, Sharon. "Exhibitions and the Public Understanding of Science Paradox,"(paper presented at the workshop on "Exhibitions as a Tool for Transmitting Knowledge at http://www2.hu-berlin.de/hzk/files/MacDonald.pdf, 26–27 April 2002, Berlin).

Mahlck, Paula. "Mapping Gender Differences in Scientific Careers in Social and Bibliometric Space," *Science, Technology & Human Values* 26(2001), pp. 167–190.

Mainzer, Klaus. "Symmetry and Beauty in Arts and Mathematical Sciences," *Physis* 32(1995), pp. 91–107.

Markley, Robert. "Objectivity as Ideology: Boyle, Newton and the Language of Science," *Genre* 16(1983), pp. 355–372.

Marks, Stephen P. "Human Rights Assumptions of Restrictive and Permissive Approaches to Human Reproductive Cloning," *Health and Human Rights* 6(2002), pp. 80–100.

Martin, E. "The Egg and the Sperm: How Science Has Constructed a Romance Based on Stereotypical Male–Female Roles," *Signs* 16(1991), pp. 485–501.

Matte, J. A. *Forensic Psychophysiology Using the Polygraph: Scientific Truth Verification, Lie Detection*(J. A. M. Publications, 1996).

Mauron, Alex. "Is the Genome the Secular Equivalent of the Soul?" *Science* 291(2 February, 2001), pp. 831–832.

Maxwell, James Clerk. "Introductory Lectures on Experimental Physics," in W. D. Niven ed., *The Scientific Papers of James Clerk Maxwell*(New York: Dover, 1965), pp. 241–255.

McAllister, James W. "Is Beauty a Sign of Truth in Scientific Theories?" *American Scientist* 86(1998), pp. 174–183.

_____. *Beauty and Revolution in Science*(Ithaca, NY: Cornell University Press, 1996).

Megill, A. D. "Theory and Experience in Adam Smith," *Journal of the History of Ideas* 36(1975), pp. 79–94.

Merchant, Carolyn. *The Death of Nature: Women, Ecology and the Scientific Revolution*(San Francisco: Harper and Row, 1980).

Metzl, Jamie F. "Information Technology and Human Rights," *Human Rights Quarterly* 18(1996), pp. 705–746.

Meyers, Morgan. "Partially Connected to Science—On Weak Ties, Strong Ties and Everything In-between," at paper presented at EASST(Lausanne, 23–26 August 2006).

Michelson Livingston, Dorothy. "Michelson, Artist in Physics," *Science/Technology & Humanities* 1(1978), pp. 187–192.

Miller, Arthur I. "Aesthetics, Representation and Creativity in Art and Science," *Leonardo* 28(1995), pp. 185–192.

_____. *Einstein, Picasso: Space, Time and the Beauty That Causes Havoc*(New York: Basic Books, 2001).

Miller, David. "Introducing the 'Gay Gene': Media and Scientific Representation," *Public Understanding of Science* 4(1995), pp. 264–284.

_____. "Risk, Science and Policy: Definitional Struggles, Information Management, the Media and BSE," *Social Science and Medicine* 49(1999), pp. 1239–1255.

Milton, John R. "The Origin and Development of the Concept of the 'Laws of Nature'," *Archive of European Sociology* 22(1981), pp. 173–195.

Molella, Arthur P. "Exhibiting Science in Historical Context: The Case of 'Science in American Life'," *Museum Anthropology* 26(1993), pp. 37–49.

Molella, Arthur P. and Carlene Stephens. "Science and its Stakeholders: The Making of 'Science in American Life'," in Susan Pearce ed., *Exploring Science in Museums*(London: Athlone, 1996), pp. 95–106.

Morey, Robert H. "Education in Science Museums: Or the Ten Parts of the Functional Exhibit," *Science* 99(1944), pp. 535–536.

Morrell, J. B. "The Chemist Breeders: The Research Schools of Liebig and Thomas Thomson," *Ambix* 19(1972), pp. 1–46.

Mumford, Lewis. "Authoritarian and Democratic Technics," *Technology and Culture* 5(1964), pp. 1–8.

Musson, A. E. and E. Robinson. *Science and Technology in the Industrial Revolution*(Manchester: Manchester University Press, 1969).

Needham, Joseph. "Human Laws and the Laws of Nature in China and the West," *Journal of the History of Ideas* 12(1951), pp. 3–32.

Neurath, Otto. "Unified Science and Its Encyclopaedia," *Philosophy of Science* 4(1937), pp. 265–277.

Noble, David F. *A World Without Women: The Christian Clerical Culture of Western Science*(New York: Knopf, 1992).

O'Mahony, Patrick and Mike Steffen Schafer. "The 'Book of Life' in the Press: Comparing German and Irish Media Discourse on Human Genome Research," *Social Studies of Science* 35(February, 2005), pp. 99–130.

Ophir, Adi and Steven Shapin. "The Place of Knowledge: A Methodological Survey," *Science in Context* 4(1991), pp. 3–21.

Pachter, H. M. *Magic into Science: The Story of Paracelsus*(New York: Henry Schuman, 1951).

Parsons, Glenn G. and Alexander Rueger. "The Epistemic Significance of Appreciating Experiments Aesthetically," *British Journal of Aesthetics* 40(2000), pp. 407–423.

Pérez-Gómez, Alberto. "Architecture as Science: Analogy or Disjunction?" in Peter Galison and Emily Thompson eds., *Architecture and Science*

(Cambridge, Mass.: MIT Press, 1999), pp. 337–351.

Persson, Per-Edvin. "Science Centers Are Thriving and Going Strong!" *Public Understanding of Science* 9(2000), pp. 449–460.

Pinch, Trevor J. "Normal Explanations of the Paranormal: The Demarcation Problem and Fraud in Parapsychology," *Social Studies of Science* 9(1979), pp. 329–348.

Pinnick, Cassandra L. "Feminist Epistemology: Implications for Philosophy of Science," *Philosophy of Science* 61(1994), pp. 646–657.

Ploeger, Joanna S. "The Art of Science at Fermi National Accelerator Laboratory: The Rhetoric of Aesthetics and Humanism in the National Laboratory System in the Late 1960s," *History and Technology* 18(2002), pp. 23–49.

Poovey, Mary. *A History of the Modern Fact: Problems of Knowledge in the Sciences of Wealth and Society*(Chicago: University of Chicago Press, 1998).

Porter, Roy. "The Two Cultures Revisited," *Boundary 2* 23(1996), pp. 1–17.

Price, D. De Solla. "Of Sealing Wax and String: A Philosophy of the Experimenter's. Craft and its Role in the Genesis of High Technology," *Little Science, Big Science and Beyond*(New York: Columbia, 1986), pp. 237–253.

Quinn, Helen. "Belief and Knowledge — A Plea about Language," *Physics Today*(January, 2008).

Rabb, Theodore K. *The Struggle for Stability in Early Modern Europe*(New York: Oxford University Press, 1975).

Rapp, F. "Technology and Natural Science: A Methodological Investigation," in F. Rapp ed., *Contributions to a Philosophy of Technology*(Dordrecht: Reidel, 1974), pp. 93–114.

Raven, Peter H. "Science, Sustainability and the Human Prospect," *Science* 297(9 August, 2002), pp. 954–958.

Redfern, Martin. "Meet the Citizen Scientists," *BBC News* 24(10 September, 2006) available at http://news.bbc.co.uk/1/hi/sci/tech/5328762.stm.

Reill, Peter Hanns. "Science and the Construction of the Cultural Sciences in Late Enlightenment Germany: The Case of Wilhelm von Humboldt," *History and Theory* 33(1994), pp. 345–366.

Reisch, George A. "Pluralism, Logical Empiricism and the Problem of Pseudoscience," *Philosophy of Science* 65(1998), pp. 333–348.

Rennie, L. J. and T. P. McClafferty. "Science Centres and Science Learning," *Studies in Science Education* 27(1996), pp. 53–98.

Restivo, Sal P. "Parallels and Paradoxes in Modern Physics and Eastern Mysticism I," *Social Studies of Science* 8(1978), pp. 143–181.

Ribe, Neil M. "Goethe's Critique of Newton: A Reconsideration," *Studies in History and Philosophy of Science* 16(1985), pp. 315–335.

Ribe, Neil M. and Friedrich Steinle. "Exploratory Experimentation: Goethe, Land and Color Theory," *Physics Today*(July, 2002).

Richards, Evelleen and John Schuster. "The Feminine Method as Myth and Accounting Resource: A Challenge to Gender Studies and Social Studies of Science," *Social Studies of Science* 19(1989), pp. 697–720.

Rider, Robin. "Measure of Ideas, Rule of Language: Mathematics and Language in the 18th Century," in Tore Frangsmyr, John L. Heilbron and Robin E. Rider eds., *The Quantifying Spirit in the Eighteenth Century*(Berkeley: University of California Press, 1990), pp. 113–140.

Risman, Barbara J., Joey Sprague and Judy Howard. "Comment on Francesca M. Cancian's 'Feminist Science'," *Gender and Society* 7(1993), pp. 608–609.

Robbin, Tony. *Shadows of Reality: The Fourth Dimension in Relativity, Cubism and Modern Thought*(New Haven: Yale University Press, 2006).

Rogers, G. A. J. "Boyle, Locke and Reason," *Journal of the History of Ideas* 27(1966), pp. 205–216.

Rolin, Kristina. "Why Gender Is a Relevant Factor in the Social Epistemology of Scientific Inquiry," *Philosophy of Science* 71(2004), pp. 880–891.

Root-Bernstein, Robert S. "Aesthetic Cognition," *International Studies in the Philosophy of Science* 16(2002), pp. 61–77.

_____. "On Paradigms and Revolutions in Science and Art: The Challenge of Interpretation," *Art Journal* 44(1984), pp. 109–118.

Rosenberg, Nathan. "Scientific Instrumentation and University Research," *Research Policy* 21(1992), pp. 381–390.

Rossiter, Margaret W. *Women Scientists in America: Before Affirmative Action, 1940−1972*(Baltimore: Johns Hopkins University Press, 1995).

_____. *Women Scientists in America: Struggles and Strategies to 1940*(Baltimore: Johns Hopkins University Press, 1982).

Ruby, Jane E. "The Origins of Scientific 'Law'," *Journal of the History of Ideas* 47(1986), pp. 34−59.

Rueger, Alexander. "Aesthetic Appreciation of Experiments: The Case of 18th Century Mimetic Experiments," *International Studies in the Philosophy of Science* 16(2002), pp. 49−59.

Ruse, Michael. "Commentary: The Academic as Expert Witness," *Science, Technology & Human Values* 11(1986), pp. 68−73.

Schaffer, Simon. "Genius in Romantic Natural Philosophy," in Andrew Cunningham and Nicholas Jardine eds., *Romanticism and the Sciences*(Cambridge: Cambridge University Press, 1990), pp. 82−98.

_____. "Object Lessons," in Lindqvist ed., *Museums of Modern Science*(Science History Publication, 2000), pp. 61−76.

_____. "Self Evidence," *Critical Inquiry* 18(1992), pp. 327−362.

Schiebinger, Londa. "Creating Sustainable Science," *Osiris* 12(1997), pp. 201−216.

_____. *Nature's Body: Gender in the Making of Modern Science*(Boston: Beacon Press, 1993).

_____. *The Mind Has No Sex: Women in the Origins of Modern Science* (Cambridge, Mass.: Harvard University Press, 1989).

Schwartz, Lillian. "The Art Historian's Computer," *Scientific American*(April, 1995), pp. 106−111.

Schweizer, Paul D. "John Constable, Rainbow Science and English Color Theory," *The Art Bulletin* 64(1982), pp. 424−445.

Sellers, C. C. Mr. *Peale's Museum: Charles Wilson Peale and the First Popular Museum of Natural Science and Art* (New York: Norton, 1980).

Serjeantson, R. W. "Testimony and Proof in Early-Modern England," *Studies in History and Philosophy of Science* 30(1999), pp. 195−236.

Shackelford, Joel. "Tycho Brahe, Laboratory Design and the Aim of Science:

Reading Plans in Context," *Isis* 84(1993), pp. 211–230.

_____. "Documenting the Factual and the Artifactual: Ole Worm and Public Knowledge," *Endeavour* 23(1999), pp. 65–71.

Shapin, Steven and Simon Schaffer. *Leviathan and the Air Pump: Hobbes, Boyle and the Experimental Life*(Princeton: Princeton University Press, 1986).

Shapin, Steven. "Pump and Circumstance: Robert Boyle's Literary Technology," *Social Studies of Science* 14(1984), pp. 481–520.

_____. "The House of Experiment in Seventeenth Century England," *Isis* 79 (1988), pp. 373–404.

Shapiro, Alan. "Artists' Colors and Newton's Colors," *Isis* 85(1994), pp. 600–627.

Shapiro, Barbara J. "'To a Moral Certainty': Theories of Knowledge and Anglo-American Juries, 1600–1850," *Castings Law Journal* 38(1986), pp. 153–193.

_____. "Testimony in Seventeenth Century English Natural Philosophy: Legal Origins and Early Development," *Studies in History and Philosophy of Science* 33(2002), pp. 243–263.

_____. "The Concept of 'Fact': Legal Origins and Cultural Diffusion," *Albion* 26(1994), pp. 227–252.

_____. *Probability and Certainty in Seventeenth Century England*(Princeton: Princeton University Press, 1983), pp. 194–226.

Shlain, Leonard. *Art and Physics: Parallel Visions in Space, Time and Light*(New York: Quill, William Morrow, 1991).

Simon, Bart. "Public Science: Media Configuration and Closure in the Cold Fusion Controversy," *Public Understanding of Science* 10(2001), pp. 383–402.

_____. "Undead Science: Making Sense of Cold Fusion after the (Arti)fact," *Social Studies of Science* 29(1999), pp. 61–85.

Simon Schaffer, "Object Lessons," in Lindqvist ed., *Museums of Modern Science*(Science History Publication, 2000), pp. 61–76.

Singer, Thomas C. "Hieroglyphs, Real Characters and the Idea of Natural Language in English Seventeenth Century Thought," *Journal of the History of Ideas* 50(1989), pp. 49–70.

Slaughter, M. M. *Universal Languages and Scientific Taxonomy in the*

Seventeenth Century(Cambridge: Cambridge University Press, 1982).

Snow, C. P. *The Two Cultures and the Scientific Revolution*(Cambridge, 1959).

Soble, A. "In Defense of Bacon," *Philosophy of the Social Science* 25(1995), pp. 192–215.

Solomon, Shana M. and Edward J. Hackett. "Setting Boundaries between Science and Law: Lessons from Daubert vs Merrell Dow Pharmaceuticals, Inc.," *Science, Technology & Human Values* 21(1996), pp. 131–156.

Song, Sang-yong. "Some Thoughts on the UNESCO Recommendation of 1974," 『과학기술자 윤리강령을 향하여』(유네스코 과학기술윤리 포럼 자료집, 2006), pp. 1–6.

Spiegel, Gabrielle M. "History, Historicism and the Social Logic of the Text in the Middle Ages," *Speculum* 65:1(1990), pp. 59–86.

Star, Susan Leigh and James R. Griesemer. "Institutional Ecology, 'Translations' and Boundary Objects: Amateurs and Professionals in Berkeley's Museum of Vertebrate Zoology," *Social Studies of Science* 19(1989), pp. 387–420.

Stent, Gunther S. "Meaning in Art and Science," in K. Pfenninger and V. Shubik eds., *The Origins of Creativity*(Oxford: Oxford University Press, 2001), pp. 31–42.

_____. "Prematurity and Uniqueness in Scientific Discovery," in *Scientific Genius and Creativity: Readings from Scientific American*(New York: Freeman, 1982), pp. 95–104.

Stepan, Nancy. "Race and Gender: The Role of Analogy in Science," *Isis* 77 (1986), pp. 261–277.

Stillman, Robert E. *The New Philosophy and Universal Languages in Seventeenth Century England*(Lewisburg, 1995).

Stoller, Sarah E. and Paul Root Wolpe. "Emerging Neurotechnologies for Lie Detection and the Fifth Amendment," *American Journal of Law & Medicine* 33(2007), pp. 359–375.

Sutton, Clive. "'Nullius in verba' and 'nihil in verbis': Public Understanding of the Role of Language in Science," *British Journal for the History of Science* 27(1994), pp. 55–64.

Tangley, Laura. "Who Owns Human Tissues and Cells?" *BioScience* 37(June,

1987), pp. 376–378.

Tarbell, D. Stanley. "Perfectibility vs Entropy in Recent Thought," *Science/Technology & the Humanities* 2(1978), pp. 103–113.

Tauna, Nancy ed., *Feminism and Science*(Bloomington: Indiana University Press, 1989).

Tauna, Nancy. "Re-Presenting the World: Feminism and the Natural Sciences," *Frontiers: A Journal of Women Studies* 8(1986), pp. 73–75.

Taylor, Robert. "Spotlight on a Visual Language," *Science* 415(2002), p. 961.

Ten Eyck, Toby A. "The Media and Public Opinion on Genetics and Biotechnology: Mirrors, Windows or Walls?" *Public Understanding of Science* 14(2005), pp. 305–316.

Terrall, Mary. "Émilie du Châtelet and the Gendering of Science," *History of Science* 33(1995), pp. 283–310.

Thagard, Paul. "Resemblance, Correlation and Pseudoscience," in M. P. Hanen, Margaret J. Osler and R. G. Weyant eds., *Science, Pseudoscience and Society*(Waterloo: Wilfrid Laurier University Press, 1980), pp. 17–27.

Toews, John E. "Intellectual History after the Linguistic Turn: The Autonomy of Meaning and the Irreducibility of Experience," *American Historical Review* 92(1987), pp. 879–907.

Tomasula, Steve. "Genetic Art and the Aesthetics of Biology," *Leonardo* 35 (2002), pp. 137–144.

Topper, David. "Natural Science and Visual Art: Reflections on the Interface," in Elizabeth Garber ed., *Beyond History of Science: Essays in Honor of Robert E. Schofield*(Bethlehem: Lehigh University Press, 1990), pp. 296–310.

Toulmin, Stephen. *The Philosophy of Science*(London: Hutchinson, 1953).

Trevor-Roper, Hugh. *The Crisis of the Seventeenth Century: Religion, the Reformation and Social Change*(Indianapolis: Liberty Fund, 2001).

Van Frassen, B. C. "Interpretation of Science; Science as Interpretation," in Hilgevoord J. ed., *Physics and Our View of the World*(Cambridge: Cambridge University Press, 1994), pp. 169–187.

Vickers, Brian. "Analogy versus Identity: The Rejection of Occult Symbolism,

1580-1680," in Brian Vickers ed., *Occult and Scientific Mentalities in the Renaissance*(Cambridge: Cambridge University Press, 1984), pp. 95-163.

Walker, D. P. "Leibniz and Language," *Journal of the Warburg and Courtauld Institutes* 35(1972), pp. 294-307.

Walters, Frank D. "Taxonomy and the Undoing of Language: Dialogic Form in the Universal Languages of the Seventeenth Century," *Style* 27(1993), pp. 1-16.

Ward, Tony. "Law, Common Sense and the Authority of Science: Expert Witnesses and Criminal Insanity in England, Ca. 1840-1940," *Social & Legal Studies* 6(1997), pp. 343-362.

Watson, Andrew. "A New Breed of High-Tech Detectives," *Science* 289(11 August, 2000), pp. 850-854.

Weil, S. E. *Making Museums Matter*(Washington and London: Smithsonian Institution Press, 2002).

Weingart, Peter and P. Pansegrau. "Reputation in Science and Prominence in the Media: The Goldhagen Debate," *Public Understanding of Science* 8(1999), pp. 1-16.

Weingart, Peter. "Science and the Media," *Research Policy* 27(1998), pp. 869-879.

Weingerg, Steven. *Dreams of a Final Theory*(New York: Pantheon Book, 1992).

Weisskopf, Victor F. "Art and Science," *American Scholar* 48(1979), pp. 473-485.

Westfall, Catherine. "Fermilab: Founding the First US 'Truly National Laboratory'," in Frank A. J. L. James ed., *The Development of the Laboratory: Essays on the Place of Experiment in Industrial Civilization*(New York: American Institute of Physics, 1989), pp. 184-217.

Wilkins, John. *Essay Towards a Real Character and a Philosophical Language* (London, 1668).

Wilkins, Lee. "Between Facts and Values: Print Media Coverage of the Greenhouse Effect, 1987-1990," *Public Understanding of Science* 2(1993), pp. 71-84.

Wilson, Edward O. *Consilience: The Unity of Knowledge*(New York: Alfred A. Knopf, 1998)[에드워드 윌슨, 최재천·장대익 옮김, 『통섭』(사이언스북스, 2006)].

Wilson, Stephen. *Information Arts: Intersections of Art, Science and Technology* (Cambridge, Mass.: MIT Press, 2002).

Winner, Langdon. "Do Artifacts Have Politics?" in *The Whale and the Reactor: A Search for Limits in an Age of High Technology*(Chicago: University of Chicago Press, 1986), pp. 19–39.

Winsor, Mary P. *Reading the Shape of Nature: Comparative Zoology at the Agassiz Museum*(Chicago: University of Chicago Press, 1991).

Yanni, Carla. *Nature's Museums: Victorian Science and the Architecture of Display*(Baltimore: Johns Hopkins University Press, 1999).

Zambelli, Paola. "Magic and Radical Reformation in Agrippa of Nettesheim," *Journal of the Warburg and Courtauld Institutes* 39(1976), pp. 69–103.

Zamora, Lois Parkinson. "The Entropic End: Science and Eschatology in the Works of Thomas Pynchon," *Science/Technology & the Humanities* 3(1980), pp. 35–43.

Zilsel, Edgar. "The Genesis of the Concept of Physical Law," *The Philosophical Review* 51(1942), pp. 245–279.

_____. "The Sociological Roots of Science," *American Journal of Sociology* 47(1942), pp. 544–562.

Zukav, Gary. *The Dancing Wu-Li Masters*(Harpercollins, 2001)[게어리 주커브, 김영덕 옮김, 『춤추는 물리』(범양사, 1981)].

[J.T.K.], "The Alternation of Science and Art in History," *Contemporary Review* 10(1869), pp. 285–295.

"Last Act," *Technology and Culture* 39(3)(1998), pp. 457–498.

AIBS(American Institute of Biological Sciences), "Biology's Most Beautiful," (paper presented at http://www.aibs.org, 2003)

_____. "Editorial: Beautiful Biology," (paper presented at http://www.aibs.org, 2004)

"A Declaration of the Independence of Cyberspace" (http://homes.eff.org/~barlow/Declaration-Final.html)

"California State University-Program for Education and Research in Biotechnology—CSUPERB DEFINITION OF BIOTECHNOLOGY"

(http://www.csuchico.edu/csuperb/BiotechDef.htm)
"Cornell News" (http://www.news.cornell.edu/releases/Jan00/RRWilson_obit.hrs.html)
"Dana Centre—Eat, Drink, Talk Science" (http://www.danacentre.org.uk/)
"Declaration of Principles" (http://www.itu.int/wsis/docs/geneva/official/dop.html)
"Declaration on Science and the Use of Science Knowledge"
(http://www.unesco.org/science/wcs/eng/declaration_e.htm)
"Declaration on the Use of Scientific and Technological Progress in the Interests of Peace and for the Benefit of Mankind"
(http://www.unhchr.ch/html/menu3/b/70.htm)
"Discovering Lewis & Clark : Useful Knowledge in the New Republic—C. W. Peale" (http://www.lewis-clark.org/content/content-channel.asp?ChannelID=376)
"Fermilab" (http://history.fnal.gov/)
"Human Rights and the Environment"
(http://www.unhchr.ch/environment/index.html)
"International Covenant on Economic, Social and Cultural Rights"
(http://www.unhchr.ch/html/menu3/b/a_cescr.htm)
"Laboratory Architecture—Examples"
(http://people.seas.harvard.edu/~jones/lab_arch/lab_arch.html)
"OECD Guidelines on the Protection of Privacy and Transborder Flows of Personal Data"
(http://www.oecd.org/document/18/0,2340,en_2649_34255_1815186_1_1_1_1,00.html)
"Science Museum" (http://www.sciencemuseum.org.uk/)
"The Human Right to Renewable Energy"
(http://www.wrea2005.org/final_communique.php)
"The Royal Society" (http://royalsociety.org/page.asp?id=1211)
"The Universal Declaration of Human Rights"
(http://www.un.org/Overview/rights.html)
"United Nations Environment Programme—environment for development"
(http://www.unep.org/Documents.multilingual/Default.asp?DocumentID=78&ArticleID=1163)
"WebMD" (http://www.webmd.com/content/article/51/40790.htm)

"World Conference on Science"
(http://unesdoc.unesco.org/images/0012/001207/120706e.pdf)
"World Socialist Web Site"
(http://www.wsws.org/articles/1999/mar1999/chin-m02.shtml)

* 이 책을 쓰는 과정에서 참조했으나 2008년 12월 현재 접속이 안 되는 사이트

"과학연구 종사자 지위에 관한 권고"
(http://www.unesco.or.kr/kor/ency/na_sci_rec_1.html)
"Declartion of Geneva" (http://www.koreabioethics.net/code/code8.htm)
"Declaration of Helsinki" (http://www.koreabioethics.net/code/code11.htm)
"Universal Declaration on the Human Genome and Human Rights"
(http://portal.unesco.org/en/ev.php-URL_ID=13177&URL_DO=DO_TOPIC&URL_SECTION=201.html)

찾아보기

인명

주제어

Abstract

Science with a Human Face

Scientific Culture in the Age of Fusion

Sungook Hong

This book explores the various "faces" of science. Its goal is to examine the construction of such faces of science from historical, philosophical, and sociological perspectives to obtain a novel and balanced understanding of science. For this purpose, this book illuminates the relationship between science and other human activities such as science and the humanities(chapter 1), science and art(chapter 2), science and architecture(chapter 3), science and language(chapter 4), science and gender(chapter 5), science and law(chapter 6), science and human rights(chapter 7), science and museums(chapter 8), as well as the various boundaries between science and nonscience(chapter 9). I believe that the illumination of the existing interfaces and interactions between science and other human activities is important in the effort to fully incorporate science into culture. It is less because the gap between the two cultures is not serious, than because revealing the efforts that have been made to cross the gap is more important for making meaningful interactions. Understanding science as culture can be an antidote against the narrow identification of science with its application to technology and industry.

홍성욱

서울대학교 물리학과 졸업(1984)
서울대학교 과학사 및 과학철학 협동과정 석·박사(1986, 1994)
토론토대학교 조교수(1995-2000)
토론토대학교 부교수(2000-2003)
서울대학교 생명과학부 부교수(2003-2006)
서울대학교 생명과학부 교수(2006-현재)

저서

『생산력과 문화로서의 과학 기술』(문학과지성사, 1999)
Wireless: From Marconi's black-box to the Audion(MIT Press, 2001)
『파놉티콘 — 정보사회 정보감옥』(책세상, 2002)
『네트워크 혁명, 그 열림과 닫힘』(들녘, 2002)
『과학은 얼마나』(서울대학교출판부, 2004)
『그림으로 보는 과학의 숨은 역사』(책세상, 2012)
『홍성욱의 STS, 과학을 경청하다』(동아시아, 2016)
『과학, 일단 상상하자』(나무나무, 2017)

편저 및 공저

『남성의 과학을 넘어서』(창작과비평사, 1999)
『2001 싸이버스페이스 오디세이』(창작과비평사, 2001)
『과학, 그 위대한 호기심』(궁리, 2002)
『글로벌 정보사회의 전개와 대응』(나남신서, 2002)
『뉴턴과 아인슈타인』(창작과비평사, 2004)
『인문학으로 과학 읽기』(실천문학사, 2004)
『공학기술과 사회』(지호, 2006)
『과학 고전 선집』(서울대학교출판부, 2006)
『과학으로 생각한다』(동아시아, 2007)

기타

『잡종, 새로운 문화 읽기』(창작과비평사, 1998)
『하이브리드 세상 읽기』(안그라픽스, 2003)
『홍성욱의 과학 에세이』(동아시아, 2008)
Isis, Technology and Culture, Annals of Science 등 학술지에 논문 다수

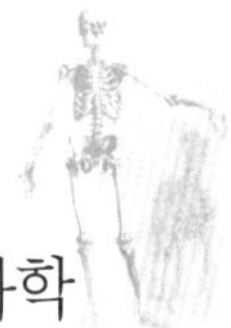

인간의 얼굴을 한 과학

융합 시대의 과학 문화

초판 1쇄 발행 2008년 12월 20일
초판 8쇄 발행 2019년 5월 25일

지은이 홍성욱
펴낸이 오세정
펴낸곳 서울대학교출판문화원

출판등록 제15-3호

주소 08826 서울 관악구 관악로 1
대표전화 02-880-5252 팩스 02-889-0785
제작유통팀(주문 상담) 02-889-4424, 02-880-7995
이메일 snubook@snu.ac.kr
홈페이지 www.snupress.com

ISBN 978-89-521-1916-2 93400

2009년 대한민국학술원 우수학술도서